ALIMENTOS
Calidad, corrección y prevención

ALIMENTOS
Calidad, corrección y prevención

Carlos Luján D'Andrea

Licenciado en Ciencias Biológicas
Facultad de Ciencias Exactas y Naturales
de Buenos Aires

Editorial ACRIBIA, S.A.
ZARAGOZA (España)

ALIMENTOS
Calidad, corrección y prevención

Autor: Carlos Luján D'Andrea

I.S.B.N.: 978-84-200-1342-8

www.editorialacribia.com

Depósito legal: Z-1163-2025   Editorial ACRIBIA S.A.- Santuario de Cabañas, 5, Local - 50013 Zaragoza (España)

Imprime: PODIPRINT   2025

A mis amadas Ana María, Claudia y Abi,
y particularmente a la memoria de Cintia.

Agradezco al Dr. Veterinario Daniel Tálamo, por los estímulos que he recibido para la realización de este libro a través del conocimiento mutuo personal y profesional.

Haberlo conocido en mis charlas y disertaciones tanto en la Universidad de Buenos Aires como en su ciudad, Olavarría, constituyó un privilegio.

Índice de contenido

(-) Ítem calidad, expresado por guion
(E_n) Ejemplos, expresado por
(A_n) Anexos, expresado por
(F_n) Anexo fotos, figuras, gráficos, registros

(Fn) Anexos Fotos, Figuras, Gráficos, Registros

El problema es saber qué hacer

Abelardo Pithod en su libro, *Psicología y Ética de la Conducta,* expresa:

"Todos los seres humanos desean y necesitan saber la verdad. Es tal esa necesidad que cuando no lo logramos normalmente, el alma se lanza a sustitutos que la enajenan".

Siempre que la verdad sea nuestra base de sentimiento, su ausencia nos demuestra un fracaso en nuestro espíritu. La búsqueda de alternativas viables no debe orientarse a sustitutos para justificar la falta de verdad porque si no, se convierten en remedos de esta.

Las ideas y demostraciones de Copérnico asomaban como verdades que chocaban con las supuestas verdades existentes. El resultado fue que el teólogo del Vaticano, R.C. Bellarmine (siglo XVI), expresó que "la libertad de pensamiento es perniciosa. No es nada más que la libertad de estar equivocado". Pero al intentar conciliarse con la ciencia que emergía con fuerza del conocimiento, a su vez se justificaba diciendo que "ello no entraña ningún peligro".

Las afirmaciones que no son sostenidas por la comprobación con hechos pueden conducir a situaciones difíciles de sostener lo que anteriormente se afirmaba como verdades. Una supuesta verdad que no sea más que una suposición, es un argumento que intenta apoyar ciertas opiniones que parecen razones, pero no llega a ser un razonamiento u operación mental.

La principal diferencia que existe entre un razonamiento y un argumento es que el primero describe la conclusión a la que llegamos después de evaluar ciertas situaciones o pruebas, mientras que un argumento es una idea que tratamos de sostener o sustentar con otras ideas secundarias y análogas que nos conduzcan a justificar nuestra equivocada situación. Utilizamos solo argumentos cuando queremos convencer a una persona acerca de una idea, y utilizamos el razonamiento cuando nosotros queremos llegar a una conclusión u obtener algún conocimiento en determinadas circunstancias.

Es triste ver a una persona sentirse acorralada por la verdad que negaba en sus anteriores afirmaciones. Parecerá contrariado como un enfermo que balbucea razones científicas, que no son más que razones discursivas y que recurre a la capacidad de la razón que lo lleven a una conclusión que justifique su actitud, sin llegar a completar toda su inteligencia.

Sin embargo, G. Lamaitre, sacerdote y cosmólogo, científicamente propuso en el siglo XX, la formación del universo a través del Big Bang. compatibilizando una función de fe con una de razonamiento científico diciendo, "Hay dos modos de buscar la verdad y decidí seguir ambos".

Introducción

Por razones que no corresponden a este libro, había dejado el Instituto Nacional de Microbiología en donde dirigía el laboratorio de elaboración de Vacuna Antituberculosa BCG, e interinamente la jefatura del departamento de productos biológicos para iniciar mis actividades en la industria alimentaria como jefe del departamento microbiológico.

Mi experiencia en el tema alimentario era muy pobre, aunque no en microbiología. Es así como tuve que hacer un autoaprendizaje acelerado, pero que me resultó muy productivo. Además, no fue difícil habituarme al laboratorio ya que también había trabajado durante tres años en un importante laboratorio farmacéutico del país, doce años en el Instituto Malbrán y asistido a una beca en el Statens Seruminstitut de Copenhague y una breve visita al laboratorio de elaboración de BCG del Instituto Pasteur de París.

El laboratorio de microbiología de la fábrica era bastante completo con dos cubículos para siembra, un sector de esterilización, otro de lavado y el resto eran mesas de trabajo. Además, al ingreso del laboratorio existía un ambiente que en el pasado había sido utilizado como oficina del gerente, pero al tiempo del que estamos hablando oficiaba como biblioteca.

Una de las cosas que comprendí como profesional era que el cumplimiento del horario de trabajo era importante, pero quedarse para aprender lo era mucho más aún, así que me quedaba, hacía estudios y realizaba análisis y a partir de allí comencé a tomar confianza. A pesar de ello, un día fui llamado por el gerente quien me advirtió que "los méritos se hacían a partir de la hora de salida del personal" (sic). Le aclaré que yo me quedaba por el hecho de aprender que en última instancia beneficiaria a la empresa.

En la industria para aprender y entender las distintas actividades resulta importante recorrer la planta de producción, reconocer los distintos sectores e interiorizarse de los pequeños detalles y particularmente conocer al personal tanto jerárquico como operarios. Es así como en esos primeros momentos de recorrida observé que ya en la indumentaria se diferenciaban unos de otros tanto por la jerarquía y el sexo, pero no por la función que desempeñaban.

Al ingresar me resultó extraño que los supervisores de planta no usaran como uniforme más que un guardapolvo sobre la ropa de calle, ni que se cubrieran el cabello. En cambio, mientras que los operarios usaban pantalón, chaqueta y birrete blanco, las operarias usaban solo guardapolvo y cofia. Evidentemente había que hacer mucho con respecto a la indumentaria de todos.

El personal de planta no usaba bigotes o barba, mientras había personal superior y no de planta, que sí lo tenía. Con el tiempo establecí que los que usaran barba debían afeitarse o utilizar mascarilla al ingreso a planta de producción. En cierta ocasión me informaron que del área internacional venía un visitante de alto nivel que usaba barba. El gerente me dijo que no le pidiésemos usar mascarilla. No lo discutí, pero le informé a nuestro laboratorista en planta que llevara un barbijo nuevo en el bolsillo para ofrecérselo. Finalmente, cuando el visitante ingresó a planta, el analista le alcanzó un barbijo mientras le explicaba de la norma que había sobre barba y barbijo. Esto causó una buena impresión en el visitante. Sin embargo, tiempo después y en otra empresa recuerdo que el vicepresidente ingresaba a la planta fumando y nadie se animaba a indicarle los reglamentos sobre vestimenta y hábitos que la misma dirección había establecido.

Ejemplo (E01) "Eso a mí no me sirve"

Preocupados por los problemas de calidad, una empresa que tercerizaba el empaque de producción solicitó una auditoría de calidad para conocer las causas y diseñar un plan para evitarlas. Cuando se presentaron los resultados y plan de trabajo evolutivo que llevaría un cierto tiempo, la respuesta del vicepresidente fue *"eso a mí no me sirve"*, demostrando que lo que buscaba era un diagnóstico que lo llevara rápidamente a evitar los problemas, interpretándolos como algo que era fácil de lograr. Esta forma de encarar la calidad es la base de una acción correctiva que fue solamente una etapa en la evolución hacia un sistema de calidad y sus principios la base para las modernas herramientas de calidad, pero que no evitaban que se repitiera.

Uno de los aspectos que me preocupaban era la de los estándares microbiológicos, por lo que le pedí al gerente de calidad que me indicara hasta qué nivel de tolerancia debía analizar y/o aceptar o rechazar las partidas, ya que no había estándares escritos. La respuesta fue que buscara patógenos que pudieran generar intoxicaciones. Esta respuesta tan vaga me condujo a determinar que habían dejado en "mis manos" establecer límites y sus tolerancias.

Pocos días después, desde el extranjero ingresó al depósito una cebolla en polvo por lo que me dispuse a buscar entre otras, bacterias anaerobias reductoras de sulfito, identificando particularmente *Clostridium perfringens*. El resultado fue positivo para esa bacteria, por lo que rechacé la partida, informé al gerente y lo primero que me preguntó fue si estaba seguro, por lo que me pidió que repitiera el ensayo. Lo hice y el resultado fue el mismo. Al día siguiente llamaron desde la oficina central para decir que no era posible ya que *"el producto venía directamente de los Estados Unidos"* (¿?). Mi respuesta algo irrespetuosa fue que también en aquel país estaba esa bacteria. Mi jefe me pidió que nuevamente lo analizara e irónicamente le pregunté si debía hacerlo hasta que el resultado fuese negativo. Este nuevo estudio llevó a confirmar el rechazo. Algunos días después, desde las oficinas informaron que al proveedor no se le habían indicado cuales eran los límites de aceptación de cebolla en polvo sin *Clostridium perfringens,* en un cierto peso expresado en gramos. El precio pautado no garantizaba la ausencia o límite para aquella bacteria.

La gerencia sugirió utilizar la cebolla, pero dosificándola en su inclusión en el producto terminado. Esto demuestra que la ausencia de estándares claros puede generar pérdidas económicas y que la calidad del producto final no se puede formular "diluyendo lo malo". A lo largo de este libro se dan ejemplos y casos detallados sobre no conformidades y de gestión que han generado problemas de calidad a lo largo de años de trabajo.

La evolución tecnológica en alimentos, la metodología establecida por los programas de certificación sobre gestión en el control, así como la capacitación intensiva sobre el tema, han llevado a mejorar el trabajo y los cuidados que surgen de ellos. Sin embargo, varios ejemplos volcados en este libro muestran cómo en muchos casos se resolvieron los problemas y evitaron llegar a situaciones críticas.

Estoy convencido que lo que voy a relatar como ejemplos pueden haber sido superados por la evolución de todo lo que se aplica o conoce desde el momento en el que ocurrieron, aunque siempre existirán analogías que conduzcan a recordar fenómenos que encuentren un razonamiento similar que lo explique.

Calidad

HACIA UN SISTEMA PREVENTIVO

Algunas empresas han sufrido sofocones como consecuencia de la manifestación de problemas que pudieron haberse previsto. Es allí donde surgen las preguntas y afirmaciones, aun de aquellos que se manifiestan ignorantes de los problemas de calidad o lo que es peor, creen que pueden ser dueños de ella.

"¿Por qué no se lo previó?"
"Hubiera avisado que podía ocurrir esto"
"Ud. no insistió lo suficiente"
"Ud. no me dijo que corríamos riesgos tan graves".
"Al fin y al cabo, ¿de qué sirve tener un sistema de calidad si me ocurre esto?

O en la simpleza total,

"¡No tenemos un equipo de trabajo competente!"

El atribulado responsable del área de control de calidad intentará muchas explicaciones y buscará la forma de no volver a incurrir en el mismo error. Mientras tanto otros problemas se estarán gestando en distintos lugares de la compañía, porque nuevamente se operará sobre las consecuencias y no sobre las causas. Finalmente, si la persona de calidad permanece en la empresa se convertirá en una especie de 'bombero' que vivirá de emergencia en emergencia, ya que el resto jamás comprenderá el verdadero sentido de la palabra calidad y todo lo que bajo su amparo puede progresarse.

Hasta ahora hemos hablado del 'responsable del área de calidad' y no de la responsabilidad de trabajar en calidad, vieja creencia que esta es patrimonio de una persona o área. Como veremos más adelante, la calidad para muchos comienza a entenderse si se conoce su historia, pero particularmente algunos necesitan experimentar la desagradable sensación de perder un cliente por falta de calidad. Aun así, caminan como sonámbulos hacia el precipicio sin pensar si el camino es el correcto o en su inconsciencia consideran que habiendo hecho durante muchos años lo mismo y nunca había pasado nada, creen que esta vez será igual. Si llegan a caer esperan que algún milagro, como la ayuda del Estado, puede llegar a ocurrir. Con esta liviandad, consecuencia de la ignorancia y a veces de la desesperación, se intenta justificar lo que ocurre por no buscar 'todas' las causas, aun las que se consideran más pequeñas.

Pero el objetivo del aseguramiento de la calidad y más ampliamente de un 'sistema de calidad' es el de evolucionar sin haber sufrido, o a lo sumo muy levemente, las consecuencias de las fallas en la calidad.

La prevención de calidad es programar para su desarrollo. Pero no es solo la consecuencia del accionar de un área y menos de una persona, sino de un equipo multidisciplinario de trabajo.

En general existe la tendencia a obrar con cierta inteligencia de distinta manera. Se obra inteligentemente si una vez que se produce la pérdida por falta de calidad somos capaces de elaborar un plan o tomamos las medidas para que ello no vuelva a ocurrir. Pero se es más inteligente si se llama a distintas áreas de la empresa y se las invita a discutir las posibilidades de falla y se traza un plan para que el inconveniente no ocurra ni siquiera una única vez. De cualquier manera, si se pretende ser inteligente, lo último que se debe hacer es encarar relativamente cualquier síntoma so pretexto de justificar una posición particular en la empresa.

No existen recetas mágicas que puedan darse para diseñar planes de calidad. Muchas veces estos fracasan por ser tomados de realidades diferentes a las de una determinada compañía. Por ello es por lo que en el avance hacia la calidad y particularmente hacia la seguridad de los productos, es que se deben tener en cuenta las restricciones que limitarán o que deberán salvarse para la toma de decisiones.

En este análisis ya podemos hacernos la pregunta ¿Por qué debo mejorar? a la que se agregan afirmaciones axiomáticas que definen la impotencia de los ejecutivos de una compañía, *"todavía no estamos prepara-*

dos para asumir el cambio" o más sincero aún, *"nunca nos pasó nada y ya ve que estamos bien"*. La respuesta sensata a la pregunta debería ser casi inmediata: *"porque estamos en un mundo dinámico y porque somos perfectibles."* Además, *"porque permanentemente se perfeccionan los métodos y evolucionan los sistemas"*.

Si aparece un cliente muy importante con cuya relación tengamos la posibilidad de realizar el gran negocio, pero nos pide un cierto orden y manejo de nuestra compañía para asegurarles la provisión de productos de calidad estipulada e inocuos, ¿qué tiempo cree el empresario que esa gran empresa le dará para ponerse al día?

Es cierto que en el medio empresarial hay todo tipo de dirigentes. Los que buscan solo precio y los que son realmente exigentes con todos los matices de la combinación de estos dos extremos. Como me dijeran una vez: *"en la laguna hay bagres y pejerreyes, pero para el pescador será mejor cuanto de estos últimos más tenga la laguna"*.

En otros casos nuestro producto o servicio hoy puede no tener futuro, no ser necesario, puede ser reemplazado por algo mejor o llegar a carecer de sentido su uso o consumo. La historia demuestra ejemplos en los que no se han logrado superar los cambios, a pesar de haber visto que el mercado evolucionaba en un sentido diferente al de ellos.

¿Quién puede predecir que en el tipo de producto que hoy elabora se descubra que ocasiona un daño a la salud, por el tipo de proceso o materia prima que emplea? Recordemos que en un momento se hablaba de todas las bondades de la margarina en detrimento de la manteca. Pero la investigación científica demostró que la hidrogenación de los ácidos grasos insaturados producía un cambio drástico en su estructura molecular, de manera tal que en algunos la posición espacial natural 'cis' era transformada en 'trans' (por ejemplo, ácido elaídico) que las enzimas naturales del cuerpo no podían metabolizar. Finalmente, hubo de estudiarse profundamente el proceso como para llegar a una solución plausible.

¿Hasta qué punto podemos predecir si un microorganismo emergente puede llegar a ser el causante de un cuadro clínico que hoy no tenga adecuada explicación? Las respuestas están dadas por numerosos brotes que enfermaron y costaron la vida a muchas personas por microorganismos no considerados entre los de alto riesgo su ingestión hasta ese momento, pero que hoy son conocidos como 'emergentes'. Por mencionar alguno de ellos como variedades de Salmonella, *Campylobacter jejuni, Clostridium botulinum* en lactantes*, Helicobacter pylori, Escherichia coli* O157:H7*, Listeria monocytogenes, prion de la Encefolpatía Espongiforme bovina (*EEB)*, Virus de la *hepatitis A*, etc.

¿Quién puede asegurar que en un país no tradicional para un determinado producto se esté gestando una producción o industria que pueda llegar a competir con la nuestra? Esta y muchas otras preguntas pueden hoy no tener respuesta o parecer muy lejana su realidad en el mercado, tanto interno como externo.

En la Naturaleza cuanto más especializado y menos diversificado se está, menos velocidad de recuperación se tiene, si no existe una estructuración a manera de sistema como respuesta de autodefensa ante la agresión externa. Por lo que en lugar de hablar de éxito en la calidad es mejor merecerla. Las tendencias, los nuevos descubrimientos y la investigación van a tal velocidad que las verdades de hoy pueden no ser las de mañana. De allí que el desarrollo y la investigación deben ser permanentes para no ir a la zaga o copiando lo que otros hacen, lo que es lo mismo que continuar retrocediendo ya que cuando pueda copiar, el líder continuará pensando y trabajando en un nuevo desarrollo.

Antonio Gala dijo: *"Las vanguardias abren la puerta y se quedan con el picaporte en la mano, viendo pasar a quienes las seguían y acabando como las últimas"*.

En muchas compañías el manejo de la calidad se depositaba en el laboratorio de control de calidad como ente fiscalizador, sin otorgarle un nivel ejecutivo importante. Es más, muchas veces se lo miraba como un gasto inevitable y en algunas empresas hasta se lo evitaba. Así, en el mercado convivían compañías con distinto nivel de compromiso con la calidad con el objetivo primordial de cumplir con las especificaciones o lo que es lo mismo conformar los requerimientos, garantizando solamente que los productos se ajusten a los diseños, desarrollos pautados, formulaciones o simplemente a uno solo de los criterios de calidad, tal como el aspecto superficial de lo que el consumidor puede llegar a ver sin ir a lo esencial.

Percepción del consumidor	
Percibe	No percibe
Calidad "extrínseca"	Calidad "intrínseca"
Marca, sensorial, cantidad, de conveniencia (ofertas)	Seguridad, nutrición, identidad de producto y cantidad (a veces)

De esta manera se creía tener la seguridad que solamente a través de un control estadístico de 'bultos cerrados' o productos 'terminados' se podía asegurar lo que no se conocía del propio proceso, y se evolucionó hacia el perfeccionamiento de las técnicas de inspección, los métodos estadísticos se desarrollaron cubriendo necesidades generales y particulares, mientras los laboratorios progresaron extraordinariamente en nuevos, mejores y más rápidos métodos de análisis, así como de equipos. Pero ¿Quién hace la calidad?

Cuando hube de dejar el laboratorio por ser ascendido a la gerencia le dejé el cargo a una joven que se desempeñaba hábilmente en todo lo analítico en materia microbiológica. Solo le agregué una responsabilidad más y era que por lo menos una vez al día recorriera la planta de elaboración y depósitos. Le expliqué que era allí a donde podría controlar mejor la calidad y evitar que la no-calidad se desarrollara. Tiempo después, en una visita a la fábrica vi que estaba en planta estudiando un problema generado en el depósito.

Insistí en ello ya que tuve una experiencia increíble en uno de mis viajes a los Estados Unidos. Luego de haber recorrido una nueva planta elaboradora de mayonesa, acompañado por la jefa del laboratorio de calidad, esta me preguntó si en la empresa de Argentina yo podía ingresar libremente al área de elaboración. Intrigado por tal pregunta le respondí que sí, pero inmediatamente pregunté por qué me hacía esa pregunta, a lo que me dijo que ella tenía la orden de gerencia de planta de ingresar solo con la autorización del gerente. Me pareció una situación muy tonta ya que era como considerar al responsable de calidad como una persona ajena a la empresa. Finalmente le recordé que la calidad se hace en toda la compañía, particularmente en área de elaboración, mientras que el área de calidad necesita fiscalizar y en una actitud de prevención, evitar que se cometan errores.

La tendencia a darle parte de algunos trabajos productivos a terceros, sin efectuar la correlación que permita asegurar los procedimientos que reduzcan los riesgos del cliente mediante un sistema de calidad, constituye un peligro enorme ya que se le da una marca de mucho valor a una empresa que puede no tener un concepto acabado de lo que es la previsión en calidad. Por supuesto se piensa en el 'negocio' y en todo lo relacionado con los costos y las ganancias, pero debe tenerse en cuenta el cuidado de los productos y especialmente su marca a través de la calidad.

Encarado desde el punto de vista de toda la empresa y perfectamente relacionado con lo económico, base de toda actividad productiva e industrial, siempre existió una incertidumbre que podía decirse que estaba de acuerdo con una analogía con una autopsia, se conocían las causas de la muerte, pero ya nada podíamos hacer por remediarlo.

La filosofía de control de calidad, no ya como fiscalizador sino como integrado al proceso productivo en particular y al resto de la empresa en general, dio nuevos y más amplios objetivos a su función y vino a intentar resolver los riesgos más arriba mencionados, aunque sin profundizar las soluciones que debían darse en el proceso productivo mismo.

Esta nueva filosofía de trabajo produjo el acercamiento de la empresa hacia la calidad y al conocimiento de los problemas de producción. La calidad como herramienta de progreso de la producción se estaba convirtiendo en una necesidad, aunque en casos el alto gerenciamiento no llegaba a entender la causa de esta situación. Así la calidad inició su recorrido hacia su función preventiva transformándose en el área de 'aseguramiento de la calidad'. Su éxito no dependía solamente de aspectos materiales, tales como equipamiento de laboratorio, métodos, elementos y nivel profesional, sino de la actitud frente a las necesidades de la planta y su relación con la empresa. Pero particularmente dependía de la gestión organizacional y el compromiso de la compañía.

Bajo esta acción preventiva la calidad de conformidad se transformó en calidad por el desarrollo de producto, con sus procesos y sistema de calidad preventivo específico, que definía un sistema efectivo para integrar esfuerzos de varios grupos de la organización y que buscaba:

• Desarrollo de la calidad.
• Mantenimiento de la calidad.
• Mejoría de la calidad.

Pero para que esto fuese efectivo y no un mero conjunto de documentos y capacitaciones inconexas en la compañía, en esta integración debían jugar un papel fundamental las acciones financieras, de marketing, ingeniería, producción y servicios en el nivel económico para la satisfacción del cliente, ya que era inútil intentar un ingreso a un sistema si este desarrollo no iba acompañado de un ordenamiento en la empresa hacia la estructura que le diera base a su realización.

En el cuadro siguiente se pueden apreciar a través de ejemplos y expresiones corrientes, los criterios que establecen las diferencias entre las aproximaciones correctiva y preventiva para el funcionamiento en calidad.

(F01) Calidad. Aproximaciones correctivas y preventivas

Conceptos	Correctivos	Preventivos
General	Calidad es superficial, aunque se declama, se separa o aleja de otras áreas de la compañía. Actúa en puntos de control final o en algunos puntos de proceso y no participa de la gestión general. Se corrigen errores sin planificar.	Calidad integra el accionar de la compañía previniendo defectos, buscando oportunidades de mejora y reducción de costos.
Control de calidad	Si existe, solamente fiscaliza sin comprometerse con la producción.	Se integra y compromete con la producción.
Producción	No se compromete con la calidad a pesar de generarla.	Se compromete y genera calidad óptima.
Abastecimiento	Busca solamente por precio e intenta tener la mayor cantidad de proveedores. No se consulta por calidad ni continuidad con ella.	Trabaja con plan de desarrollo de proveedores eficientes, integrándolos en el propio sistema.
Costos	Como un todo, sin discernir origen.	Identifica los componentes del total de costos.
Riesgos	Grandes, a veces no previsibles.	Reducidos, previsibles.
Decisiones	No se puede recuperar la calidad perdida por imprevisión.	Mejora del proceso y diseño. Es como una vacuna contra la mala calidad.
Necesidad empresarial	Muchas veces insatisfecha.	Herramienta insustituible.

COSTOS DE CALIDAD

Son muy importantes y no siempre tenidos en cuenta adecuadamente por algunos empresarios pues definen las consecuencias de tomar acciones correctivas o preventivas de una manera azarosa.

Tradicionalmente la calidad se confundía y aun se la confunde solamente con el control de la calidad y su costo de mantenerlo, e indicaba lo que la empresa creía era su necesidad para asegurarse que los productos cumplieran con lo que se esperaba de ellos por diseño, por exigirlo la Ley o porque debía encajar en un mercado donde se copiaba y no se evolucionaba en calidad. Más aún, las decisiones no se tomaban en el momento oportuno que es cuando las cosas 'andaban bien' y donde la empresa se encuentra en las mejores condiciones para absorber todos los costos que son necesarios para encarar los cambios, esto considerando tanto al desarrollo de los productos como la evolución de la misma empresa.

Si por razones coyunturales se decidía reducir los gastos de la empresa se aplicaban recortes en los presupuestos de las distintas áreas, incluida la de control de calidad. De esta manera se continuaba produciendo una 'sangría' permanente de dinero a través de una mala administración de la calidad por la falta de un sistema que redujera los reprocesos, la manipulación reiterativa de un producto o proceso, las pérdidas de materiales, de tiempo, y otros aspectos no menos importantes.

Cuando se comenzaron a investigar los beneficios que se lograban por utilizar racionalmente al control de la calidad, se llegó a la conclusión que como el laboratorio estaba en una función "*día a día*" y su nivel de funcionamiento les competía a las áreas de planta, no llegaba a tener el nivel ejecutivo equivalente a la de otros departamentos, ni podía encarar el objetivo de comprender a toda la compañía en un programa de calidad. Con la aparición de las herramientas de aseguramiento de la calidad esa necesidad fue cubierta llevando al resto de la compañía hacia el trabajo en equipo. Esto se realizó bajo el concepto de calidad de procedimientos generales con el objeto de dar todas las garantías para proveer un producto o grupo de productos inocuos, uniformes, en la cantidad y tiempo que se estipulaban, utilizando como procedimiento principal la prevención. Esto significó redefinir muchos aspectos de las actividades y regulaciones que se debían realizar para los logros de los nuevos objetivos.

De esa manera comenzaba a reducirse el trabajo de control de calidad, o mejor dicho a aprovecharse racionalmente mediante una actitud de prevención y un acercamiento hacia el área de producción. En este punto al área de calidad ya le interesaban los costos y la existencia de insumos para la producción y todo lo relacionado con el proceso y la gestión de la empresa, y a la producción le interesaba la calidad de sus productos y servicios. El costo no era solamente lo que se invertía para controlar, y de una u otra manera se sabía que había un costo adicional que se cargaba al precio del producto y que correspondía a la calidad, o mejor dicho a la no-calidad.

En el cuadro siguiente se pueden ver claramente las diferencias de los componentes de los costos en las dos aproximaciones de calidad.

(F02) **Costos de la calidad. Aproximaciones correctivas y preventivas**

En un sistema correctivo el costo de la calidad solo será uniforme en la medida que no se generen grandes problemas, porque de otra manera se deberán repetir ensayos propios o recurriendo a laboratorios externos no previstos para la confirmación de los datos. El costo de 'No Calidad' puede llegar a ser muy grande enfrentando graves quebrantos que pueden ser de dos tipos tangibles:

• *Deficiencia interna o 'deficiencia pasiva'*. En esta el problema se detecta antes de que el producto haya salido de la fábrica. Este costo incluye las horas hombre por reprocesos y manipulación reiterativa, el material de envase si llegara a perderse este material sin poder recuperar, el producto en alguna de sus etapas de elaboración o producto terminado, todos los servicios empleados, etc.

• *Deficiencia externa o 'deficiencia activa'*, relacionado con los problemas presentados una vez que el producto sale de la fábrica. Incluye los gastos para recuperar el producto, tales como comunicaciones, fletes, viáticos especiales, depósitos de emergencia, etc., como los que representaron la salida de la fábrica. En algunos casos se incluirán multas o acciones legales, además de los costos totales del producto.

Si el producto llega a manos del consumidor, a los gastos tangibles se le deberá sumar los intangibles que representan la pérdida de imagen y credibilidad, tanto ante el cliente como el consumidor, y esto en el mejor caso que es el de no existir un problema de salud causado por el alimento, en donde la intervención de las autoridades respectivas puede llegar a ser terminales para la empresa.

En un sistema preventivo los análisis estarán programados dándose eventualidades para la corrección de valores o estudios con objetivos específicos. La 'No Calidad' o 'No Conformidad' será reducida por no existir problemas importantes. A este costo resulta difícil eliminarlo porque no existe la máquina, el personal o sistema perfectos, y si bien los equipos se van perfeccionando, el personal capacitando y el sistema mejorando, las particularidades para cada empresa son una realidad. Las variables naturales son impredecibles y solo pueden atenuarse sus efectos con conocimiento, información externa, experiencia y preparación.

En el cuadro siguiente se puede observar que en un sistema preventivo el costo de mantener controlados a los defectos es acompañado con bajos costos. En cambio, en un sistema correctivo los costos se van aumentando ya que estos pueden llegar a ser elevados por una serie de manejos para hacerlos aceptables y dentro de las especificaciones.

(F03) **Relación entre el número de defectos y costos**

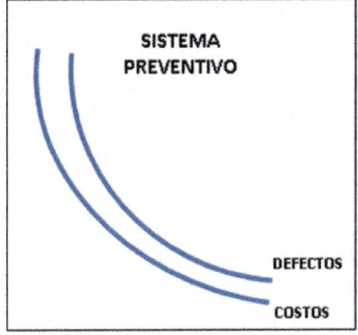
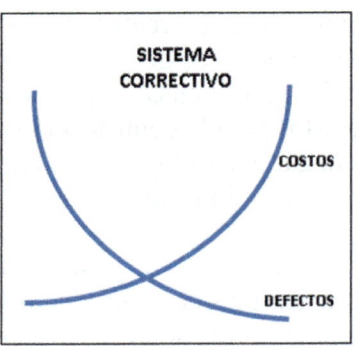

Por ello es sumamente importante que durante la evaluación de la calidad, el cumplimiento de los requerimientos no involucre elevados costos por rechazos, que podrían haber sido evitados mediante estudios de prevención.

Establecer qué es lo que se incluye cuándo y dónde, en la lista de todos los costos de calidad, es una decisión que una vez que se acepta no debe cambiarse arbitrariamente, aunque posteriormente puede hacerse un estudio consensuado sobre la importancia o no de su inclusión o modificación. Esto es porque una vez que se toma esa decisión su cumplimiento permitirá realizar un estudio comparativo de su evolución.

Cada empresa deberá tener una lista de aquellos costos de no calidad realizados por un equipo de calidad integrado por los responsables de área y seguido a través del tiempo con reuniones que discutan la evolución de los resultados con el objeto de asumir responsabilidades y medidas a ejecutar.

En la segunda parte de este libro se dan algunos ejemplos prácticos importantes de experiencia personal a lo largo de varios años de trabajo.

De manera general y dependiente de las políticas definidas por la empresa, es necesario conocer cuáles son los costos que representan mantener el funcionamiento del control de la calidad, resultante de todo lo que implica como fiscalizador dar la conformidad con los estándares exigidos a todo el proceso de producción, desde el ingreso de materias primas hasta los productos terminados. Todo incluye los costos de dar apoyo y mantenimiento técnico del laboratorio, sustentado por la inversión en la capacitación de todo el personal.

En el caso de que no exista un área específica de aseguramiento de la calidad, las tareas que significan prevención a través de planeamiento, capacitación y estudios de no calidad, serán incorporados a la responsabilidad de control de calidad o mejor a un equipo de calidad que incluya también a la producción.

Control de calidad incluirá en sus actividades de apoyo a otras áreas como abastecimiento de materias primas e insumos en general, desarrollo de nuevos productos y modificación de procesos realizados por el área de producción.

Además, dará apoyo a aseguramiento de la calidad en los problemas de no calidad y todos los estudios que emanen de ello.

Como no conformidades que ocurren hasta la salida del producto hacia el mercado, se deben sumar los costos de no calidad, incluyendo los problemas derivados por los reclamos de consumidores, clientes minoristas y mayoristas, transporte y depósitos.

CALIDAD A LARGO PLAZO

La falta de un sistema de calidad conduce a la reducción de la competitividad en los mercados centrales. Este es uno de los aspectos más devastadores de la no-calidad ya que de la misma manera que la empresa no supo vislumbrar cuándo y dónde debía hacer inversiones que aseguren su futuro, se aturde en el momento en que los mercados le dan la espalda y reniega inmediatamente de haber creído en la calidad que mal había sido practicada.

Por sus características estos mercados centrales presentan una dinámica que los hace estar a la avanzada en lo que se refiere a inocuidad de producto, uniformidad de partidas, nuevas variedades y cumplimiento de pedidos en todo sentido como cantidad, tiempo y precio competitivo. Algunos eligieron los mercados tradicionales locales o regionales con menores exigencias y no destinaron parte de las ganancias, subsidios o créditos recibidos en el pasado para mejorar sus condiciones de producción, empaque o manufactura. Siempre estuvieron pensando en que las 'malas rachas' eran pasajeras y luego de uno o dos años inevitablemente se producía la recuperación de las posibles pérdidas que habían sufrido.

Creyendo más en los periodos de variación de los mercados que en la necesidad de progresar, desconocieron las señales que desde distintos puntos recibían de las nuevas tendencias y exigencias internacionales.

Resumiendo, en algunos casos se especializaron y perfeccionaron en aspectos productivos que ya no interesaban a los mercados y muchos simplemente continuaron trabajando en las condiciones con la que habían producido el despegue y crecimiento de sus empresas, pensando solamente en lo que consideraban una calidad tradicional establecida casi exclusivamente por los atributos, aunque sin llegar a ser estrictos en el tema. Esta calidad relativa y de acuerdo con lo que consideraban suficiente para sus productos, no alcanzaba la dinámica de desarrollo y aseguramiento que debía tener un producto.

(E02) Pérdida de sensorialidad de producto

En un momento de crisis por hiperinflación se intentaba ver en la pérdida de calidad la causa de no haber alcanzado las metas. Bastó que en la reunión de gerentes alguien comenzara a mencionar anécdotas sobre quejas que recibía de amigos y familiares para que cada cual aportara su propia y precaria experiencia en el tema. Había algo de cierto y estaba dado porque todos coincidían en que los consumidores se quejaban de que se había aumentado la cantidad de sal en la formulación. Las sospechas se derivaron hacia la falta de calidad de las materias primas o un error sistemático en la preparación ya que la formulación básica no se había tocado. Si bien se había intentado realizar este cambio desde el área financiera para bajar los costos, mediante la multiplicación de los proveedores para aprovechar la competencia externa, no llegó a concretarse porque se poseía un sistema que rechazaba esta posibilidad. La explicación de los cambios sensoriales fue mucho más sencilla. Durante mucho tiempo los directivos se habían negado a fijarle fecha de vencimiento en la vida útil del producto, no exigido por las autoridades de entonces, porque el producto no ofrecía riesgo de intoxicación alguno. Como consecuencia de ello solo se colocaba en el rótulo la fecha de elaboración de manera que el retiro del mercado del producto, con la vida útil real vencida, quedaba a criterio del fabricante (anterior a las Normas Mercosur). En una época de crisis como la que se soportaba en ese entonces, el retiro de los productos de los puntos de venta se demoraba más de lo aceptable. Como consecuencia, el producto sin la hermeticidad correspondiente de entonces, perdía tanto el sabor como el aroma de las esencias dejando solo un fuerte sabor a la sal que actuaba de base en lo sensorial. Recuerdo que cuando anteriormente había solicitado imprimir en el envase la fecha de vencimiento, del área de marketing me contestaron "*no toquemos ese tema*".

APLICACIÓN DE PROGRAMAS DE CALIDAD

El crecimiento de una empresa debe ser acompañado por la aplicación de programas adaptables a su particular situación. Sin considerar las distintas etapas por las que una empresa debe transitar, algunos intentan aplicar modelos extraños no solo a la misma sino al momento particular en que vive.

A continuación, se detallan algunos de los caminos que una empresa puede seguir y las consecuencias que se pueden generar.

a. No hay sistema alguno y solo se sigue con la inercia del comienzo.
Siempre debe existir una definición política para el despegue de una empresa. A veces entienden que deben 'apretar los dientes' para abrirse al mercado y no son puristas en los hechos, aunque a veces lo son en el pensamiento, por lo que esperan lograr un lugar para luego aplicar un programa de desarrollo de calidad en su empresa. El problema se presenta cuando logran el despegue y llegan a un nivel de crecimiento en el mercado que está desproporcionado a las posibilidades estructurales de la compañía, pero no reconocen a tiempo la necesidad de aplicar un programa. Esto es análogo al funcionamiento de un auto con caja de cambio manual en el que, para moverlo, la fuerza que se imprime al 'ponerlo en primera', sirve para romper la inercia, pero no para llevarlo a una velocidad de crucero que permita el mejor funcionamiento del vehículo. Si se continúa en primera intentando llevarlo a velocidad con el pedal del acelerador apretado 'hasta el fondo' se resentirá todo el sistema y el efecto será perjudicial para el vehículo, no logrando el conductor llegar a su objetivo. Ni hablar si en esa etapa se lo carga más allá de sus posibilidades.

Finalmente, y ante el cúmulo de problemas y pérdidas se dan cuenta que el objetivo parece ser de otro mundo o de un mercado que creían saber manejar, y que los ha sobrepasado en su estrategia. En un momento determinado, abruptamente se produce la detención del crecimiento y a pesar de intentar hacerlo, aun poniendo en alerta a todo su personal y recursos, no logra avanzar e inicia el retroceso en el negocio. Este retroceso reconoce diferentes causas de las cuales la falta de uniformidad en el pensamiento y los objetivos es la más importante y a su vez consecuencia de la falta de un sistema de calidad de gestión. En este modelo de empresa, la organización se 'estira' hasta su máxima posibilidad y finalmente se ponen en evidencia la mayor parte de restricciones de las que se mencionan más adelante. En estos casos la solución no es conseguir más clientes, pues de esa manera se aumentará el número de los disconformes ya sea por la falta de puntualidad en las entregas, las entregas a 'cuentagotas' o con problemas de calidad.

La conclusión es que la empresa involuciona al no alcanzar la competitividad adecuada al mercado, consecuencia de su propia realidad y ofreciendo un producto resultado de su eterna mediocridad, si es que permanece en el mercado.

b. Se aplica un programa de desarrollo interno, pero se deja a los proveedores fuera del sistema de calidad.

Una vez que el despegue se ha producido y la empresa comienza a tomar parte del mercado, desarrolla un programa de gestión interna que prepara a la organización para afrontar un crecimiento sostenido. Si se avanza sin ser acompañado por los proveedores, indefectiblemente se carecerá del sustento en la calidad de las materias primas e insumos que puedan abastecer todas las necesidades propias de los productos que deben volcarse al mercado. El problema se agrava cuando se trata de materias primas 'in natura', que no pueden ser llevadas a la calidad exigida en un período corto y cuya inversión para la mejora requiere de un acuerdo previo de la empresa y cliente para proveer una financiación adecuada. En este último caso al intentar ampliar el volumen de ventas la empresa se enfrenta a la deficiencia de calidad en las materias primas para sustentar a su vez la calidad que pretende ostentar y lo que vulgarmente se dice, 'raspar el fondo del tarro' en el ambiente en el que le toca trabajar para llenar las necesidades de los clientes. Finalmente termina utilizando materias primas de calidad no deseada para cumplir con los convenios pactados. Se trata de un crecimiento limitado sin alcance de mercado.

c. Se aplica un programa de desarrollo a los proveedores sin preparar a la propia organización para comprender la problemática de calidad.

La compañía se preocupa porque sus proveedores hagan lo que ella misma no está dispuesta a hacer. No sigue un programa para el desarrollo interno de la calidad, le falta una guía o estándar interno, así como acciones para la individualización de los síntomas que acompañan a esa falta de una gestión. Estos últimos se manifiestan como individualismo, falta de coordinación, incomunicación entre distintas áreas, autoritarismo irracional, prevalencia absoluta de lo financiero sobre el aseguramiento de la calidad, etc. Los riesgos son muchos y finalmente se produce una regresión que puede llegar a comprometer seriamente el futuro de la empresa.

d. Se aplica un programa de desarrollo integral de la calidad.

Construir un sistema de calidad propio conduce a una sólida permanencia en el mercado sin los riesgos de tener que superar los azares de aquello que se deja librado en parte a la improvisación.

Al desarrollar un programa no solo se establecen los estándares de cada sector, sino que se agrega la cobertura de las áreas grises que constituyen las obligaciones entre las mismas y que en muchos casos se dejan de hacer por considerarse que no corresponden a ninguna, o en el caso que lo realicen las dos áreas, duplican las funciones con la confusión de procedimientos y los gastos adicionales que genera.

En empresas pequeñas y medianas y particularmente las familiares, un sistema permite definir perfectamente los límites de la casa y los de la empresa. Esta última deja de ser el patio trasero del hogar y viceversa.

En definitiva, lo que se logra es la permanencia y competitividad construyendo mercados propios y no la supervivencia a través de quedar totalmente expuesto y sin respuesta adecuada a las demandas cada vez más exigentes de los clientes.

CULTURA DE LA CALIDAD

No se puede implantar un sistema de calidad en una empresa si en parte no se modifica su cultura. Esto significa cambiar los malos hábitos por la sistematización, normas y registros a través de un proceso de convencimiento por la integración de equipos de trabajo, que surge del hecho de que los hábitos son difíciles de abandonar por estar arraigados durante años, aunque se los puede modificar. La conducta puede adaptarse, incorporarse o corregirse. Si no se tiene en cuenta lo anterior, todo lo que se intente no tendrá el alcance necesario para permanecer en el tiempo.

Para el logro del objetivo común esta cultura de la calidad necesita desarrollarse mediante:

√ Un cuerpo unificador de ideas.
√ Un vocabulario común a toda la empresa.

De esta manera el primer paso es el de debilitar las ideas que llevan a la confusión que representa trabajar solamente sobre medidas correctivas.

Todo cambio en la cultura de una empresa es relativamente difícil si no es apoyado por la más alta gerencia. Si luego de estar convencidos no se logra el compromiso de que lo que se inicia es lo mejor para la compañía, se producirán las reacciones comunes representadas por el individualismo, la indiferencia, el menosprecio y la hostilidad, consecuencia del desconocimiento de la calidad y del choque contra la realidad de la No Calidad. Es por ello que resulta muy importante que todo el gerenciamiento sea incluido en un programa para capacitar al personal y particularmente imbuirlo de los conceptos en los que el programa se asienta.

(F04) **Cambio en la Cultura de Calidad**

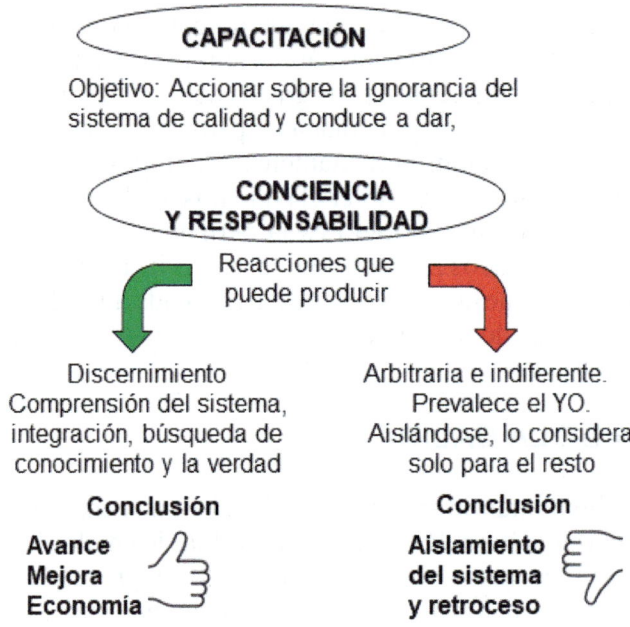

El principal objetivo será entonces el de transformar la ignorancia en un sabio avance hacia la mejora continua y el manejo racional de los recursos. La existencia de excepciones o de alguien que se considere fuera de este esquema de formación, inmediatamente producirá la falta de credibilidad en el programa con el consiguiente retroceso. De esta manera se evitará la introducción traumática de aquellos que tienen un individualismo definido que los hace proclive a rechazar todo lo que pueda ver en su integración al sistema como una manera de reducir su independencia y su poder.

Para llegar a cumplir con los objetivos se debe reconocer liderazgo como proceso que influye en las actividades de una persona o grupo para la realización de objetivos, y en una empresa es la de convertir un grupo en un equipo de trabajo. De esta manera pueden detectarse diferentes habilidades en otras personas para ayudarlas y desarrollarlas como prueba de su capacidad de liderazgo.

Cuando se trabaja en equipo con un liderazgo muy bueno no existen tareas muy sencillas ni muy difíciles sino existe una comunicación ordenada y definida, ya que la participación en equipo mejora mucho las tareas. De allí es que involucrar a los trabajadores en los planes, efectiviza los procesos.

Cuando se limita una tarea por supuestos existentes o inventados, pero no comprobados en el medio laboral, se restringen las actividades ya que estos supuestos generalmente obedecen al desconocimiento real de los hechos.

CAPACIDAD DE UN SISTEMA

Cada empresa presenta variabilidad en sus procesos y sistemas, determinando la aceptabilidad de los límites de acción, y de allí se sabe lo que puede hacer o no hacer para un desempeño aceptable.

Formar los recursos humanos significa que la empresa tenga un sistema con 'capacidad', es decir la elasticidad para progresar en autogestión, tratando de aprovechar las ventajas de los que superan al sistema, actuando como líderes o guías, y recuperando la capacidad oculta de los que están por debajo del mismo.

¿Por qué todo esto? De la forma en que se encare empresarialmente la calidad, tendrá límites muy acotados o límites muy laxos.

En el primer caso la evolución no será trascendente desvirtuando la calidad para encontrarse con la rigidez de áreas aisladas y sometidas a reglamentos sin discusión que finalmente no necesitan de personas que interpreten lo que ocurre. De esa manera ignorando que en las actividades es común que existan los grises, que requieran de personas que puedan convertirlos en blanco o negro.

El segundo caso deja a total criterio del operador los límites establecidos lo que conduce a un caos de decisiones.

En realidad, al existir áreas concatenadas y definidas determina una serie de decisiones razonables para la resolución de problemas en común, sin dejar de dar derecho al responsable de su sector. Esto será palpable por los clientes que verán a cada área con la que actúen como una cadena, cuyos eslabones de una misma solidez comprenderán no solamente los aspectos económicos del negocio, sino que incluirán los aspectos humanos, sociales y ambientales, soportados por una buena formación técnica.

En resumen, la capacidad de un sistema es la elasticidad que se tiene de progresar por autogestión. Esto:

• Posibilita la aplicación de una metodología adecuada para aquellos que superan o están por debajo del sistema.

• La introducción al sistema se realiza mediante el conocimiento de este.

BASES PARA UN ACCIONAR EN CALIDAD
(ver Anexo. Técnica del embudo)

Las bases para un accionar en calidad son aplicables no solamente al control de la calidad, sino que incluyen un estudio intensivo de proceso o de flujo de trabajo, donde:

• *Nada es obvio*, pues puede formar parte de un folclore de supuestos.

• *Los conocimientos son importantes*, pero sin experiencia sobre producción, industrialización y organización no se logrará profundizar en los cambios hacia la calidad.

• La *intuición* es orientadora pero necesariamente debe ser confirmada experimentalmente.

• La *verdad* será un objetivo sin acomodarla a preconceptos para evitar desdecirse.

• Los *métodos de investigación* deberán ser científicos, probados y adecuados.

Muchas veces, cuando se inicia un estudio se dan por sentados detalles que luego se demuestra que eran piezas clave que alteraban el comportamiento de un producto o generaban una serie de problemas en el correcto funcionamiento de la compañía.

En una mesa de discusión se deben poner todas las dudas e inquietudes a consideración del equipo interdisciplinario y de esta manera la discusión será abierta, aunque concentrándose en la búsqueda de los problemas que pueden estar trabando la realización de algún proyecto. Este mecanismo de trabajo es importante como base para la identificación de todo tipo de problemas, porque la generación de muchos de ellos es la falta o la incorrecta comunicación entre personas y/o sectores. Al participar activamente en las reuniones, ya sea formando equipos de trabajo con objetivos definidos o simplemente para informarse, se involucra al personal de la empresa mejorando notablemente la comunicación. Por lo que en primera instancia ninguna idea será desechada sin que sea estudiada exhaustivamente.

Cuando no existe una cultura de calidad y se inicia el desarrollo de un sistema de esa característica, es normal que se produzcan diferencias importantes que estaban subyacentes en la rutina de la empresa y que presionaban las decisiones sin establecer esquemas de trabajo en los cuales al personal se lo inserte de manera ordenada y participativa. Para una empresa de estas características aceptar la iniciación del desarrollo resulta en interminables discusiones sobre su necesidad. De allí que se haga imprescindible realizar un diagnóstico de su situación que podrá o no ser aceptado por todos, pero que pondrá en evidencia las fortalezas y debilidades de la empresa. Este diagnóstico no servirá de mucho si no se tiene en claro a dónde debe ir la empresa y cuánto será el costo que se está dispuesto a pagar por ello.

Todo aquello que esté basado en el conocimiento deberá tener una sólida base de experiencia de trabajo. En muchos casos se hace necesario aconsejar la modificación estructural de algún sector de la empresa, pero si antes no se realiza una correcta evaluación de la compañía no será posible la implantación de sistema alguno. De allí es que sin importar cuan bueno sea un sistema de prevención de la calidad que se elija para una empresa, antes deberán generarse las herramientas adecuadas para su introducción e implantación a través de una adaptación de su cultura a las mismas.

Los conocimientos deben tener la amplitud y profundidad suficientes para conocer los mecanismos íntimos de los procesos, así como de los productos. Pero esto genera la obligación de manejarse con cuidado y tener en cuenta aquellos aspectos en los que no se tiene experiencia.

Muchas veces no se puede tener toda la verdad de un negocio o actividad. Por ello es que la verdad debe ser un objetivo sin que se acomode a preconceptos, porque de otra manera estaríamos desdiciéndonos con relativa frecuencia. Para la mayoría de las personas el reconocimiento de un error conceptual no significa más que un aprendizaje y para unos pocos una vergüenza, con reacciones a veces totalmente fuera de lugar e infantiles, particularmente si se está en una posición elevada.

Es muy común que se tome de manera muy relativa y hasta con menosprecio la gravedad de un problema. La pregunta que siempre se debe hacer es si se trata de un defecto, error, inconveniente o no. Solo cuando el funcionario reconoce que hay un problema puede comenzar a solucionarlo. Debe tener cuidado de no dejarse envolver en el anecdotario de la empresa o actividad que desarrolla ya que siempre que así sea existirá para sus gerentes una explicación que en contadas ocasiones solamente llegará a rozar las causas de los problemas. En casos, justificar algo no significa más que expresar impotencia por la incapacidad para encontrar la verdad enfrentándose a ella.

Finalmente, todos los métodos de investigación que se apliquen en la empresa deberán ser científicos, probados y adecuados. A veces suelen emplearse técnicas o métodos, aplicarse estándares o fijar límites que no fueron correctamente validados mediante estudios que los definieran. En estos últimos casos se carecerá la documentación que justifique estos parámetros de proceso o se desconocerá el origen de su aplicación.

Antes de continuar es necesario aclarar que este caso científico tiene que ver con las exigencias de precisión y objetividad propias de la metodología de investigación.

TOMA DE DECISIONES: ESTRUCTURA

Toda decisión deberá pasar por un estudio que permita la participación de distintas áreas de la compañía y que con algunas modificaciones seguirá una serie de etapas como las que Gordon Shillinglaw menciona en su libro de costos y que por razones de especialidad, en nuestro caso se introducen modificaciones.

Para la estructuración de las decisiones cada una de estas etapas determina la realización de una serie de preguntas orientadoras que se resumen en el siguiente esquema:

Objetivo de trabajo: Estructura de decisiones

• Necesidad de la empresa
¿Qué evidencias marcan insatisfacción?

• Diagnóstico
¿Cómo y dónde se está?

• Selección de metas
¿A dónde se quiere llegar?

• Identificación de restricciones
¿Qué demoraría o impediría avanzar?

• Identificación de alternativas
¿Cuántos caminos se pueden seguir y cuál parece ser el mejor?

• Pronóstico ambiental
¿Qué factibilidad de realización existe?

Antes de poner en discusión cada uno de estos temas es importante entender que cada objetivo o problema que se presenta deben ser encarados por equipos de trabajo.

EQUIPO DE TRABAJO

A la identificación de un problema seleccionado le debe corresponder un desarrollo de la definición clara del objetivo o problema. Para ello el equipo debe hacerlo a través de un consenso, producto de compartir ideas y sentimientos.

• Adecuación del equipo de trabajo

El equipo debe adecuarse, ya que es inútil intentar un ingreso a un sistema si este desarrollo no se acompaña de un ordenamiento hacia la estructura que le dé base a su realización. En esta integración deben jugar un papel fundamental las acciones de todos para el logro de objetivos. Si se trata de manejar un objetivo de manera parcial y solamente de acuerdo con aspectos coyunturales, traerá como consecuencia principal su abandono.

• Pautas positivas para lograr el consenso

Las pautas positivas deben considerar que las diferencias de opinión son naturales en lugar de obstáculos. Las restantes personas pueden no ser expertas en un tema, pero pueden tener un criterio amplio como para ver desde la generalidad hasta problemas que en lo especifico muchas veces quedan cubiertas por lo técnico. De allí, es que se debe pensar que con un equipo se tiene la oportunidad de demostrar la confiabilidad de los resultados, ya que se diferenciará entre lo importante para el conjunto y lo importante solo para uno. De esa manera todo lo que jerárquicamente ataba las posibilidades de muchos, el equipo le da plena libertad, ya que esa libertad se basa en el respeto del conjunto. Esto es muy importante ya que en la presentación ante el directorio no resulta serio que alguien del equipo que lo realizó indique que no estuvo de acuerdo con las conclusiones, cuando algún directivo lo cuestione parcial o totalmente.

• Pautas negativas

Dentro de las pautas para lograr ese consenso se recomienda evitar que la discusión no busque que cada uno lo haga con la "intención de salirse con la suya". En el otro extremo, cambiar de opinión con el propósito de no discutir resulta de una liviandad inconcebible. Por otra parte, no corresponden las técnicas de reducción de conflictos como el voto por la mayoría, establecer promedios, hacer arreglos de grupos, dejarlo al azar, acordar por afinidades, etc.

• Condiciones de trabajo en un equipo

Las consecuencias solo son el resultado y no la causa, por lo que se deberá discutir y obrar sobre las causas. Esto se logra a través de la prevención de calidad mediante la discusión de un equipo multidisciplinario. La base más importante de todo ello es que no hay recetas mágicas que muchas veces fracasan por ser tomadas de realidades diferentes a las de la compañía. Es por ello por lo que en lugar de hablar de éxito en la calidad es mejor merecerlo.

• Ventajas para lograr el consenso

Los equipos obtienen más información que los individuos y es común que tomen mejores decisiones que los individuos. Esto es porque la toma de decisiones por consenso ayuda a obtener resultados más precisos y la gente estará dispuesta a apoyarlas.

Todo conduce a que antes de tomar una decisión se exploren desacuerdos en lugar de evitarlos, para que todos los miembros del equipo puedan ser escuchados o que sean informados debidamente aumentando la base que disponía el equipo.

• Conclusión

La discusión en equipo demuestra que lo que para un miembro su idea puede ser prioritaria, creativa y efectiva, para otra puede ser inaceptable, complicado y parcialmente cierto.

De cada uno y de todos depende el éxito que la colaboración se trasmute en trabajo en equipo. El tiempo no siempre es suficiente para hacer las cosas por lo que, si se está organizado, ese tiempo de reunión será suficiente.

NECESIDAD DE LA EMPRESA

Una empresa se compone de distintas áreas que deben interactuar de manera armónica entre sí y con el exterior. De esta manera cada sector sabe con claridad sus responsabilidades y cómo desempeñarse con las distintas áreas con las que debe interactuar.

En el siguiente cuadro que se muestra (F05), las líneas llenas más gruesas de A hacia B, de allí a C indican una relación directa con importancia fundamental entre esos sectores.

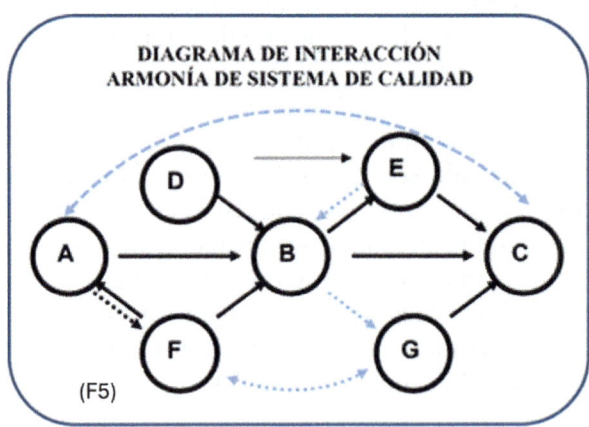

DIAGRAMA DE INTERACCIÓN
ARMONÍA DE SISTEMA DE CALIDAD

(F5)

En un nivel superior al de los operarios y encargados otros problemas se presentan cuando las áreas interactúan mal entre ellas duplicando tareas o lo que es más grave aún, cuando nadie la realiza. En el primer caso es normal que los roces existan por "invasión de zona", produciendo gastos innecesarios, además de mantener una zona de conflicto, y en el segundo se producirán demoras, se perderá agilidad y en el caso de las BPM, el trabajo no cumplirá con los preceptos básicos en la producción de alimentos. Es el juego del "gran bonete" llevado al nivel ejecutivo, "¿yo señor?, sí señor, no señor. Pues entonces, ¿a quién le toca?

Pero suele ocurrir que uno de los principales problemas es desconocer que el sistema no existe o es muy precario. Las interfaces requieren del conocimiento y el criterio que evita la superposición de acciones o lo que es peor la ausencia de acción alguna. Es el caso extremo que se resume en el cuadro siguiente (F06) se observan conflictos permanentes. Las expresiones típicas son, "no era mi responsabilidad" y en el opuesto, "yo pensé que debía hacerlo ¿por qué tú lo hiciste?".

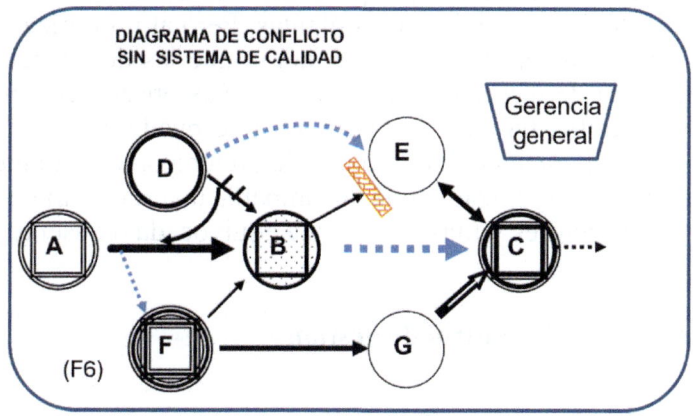

Evitar esto requiere que primero nos hagamos algunas preguntas:
"¿Cómo debería ser nuestra empresa?"

Pero, al hacerse esta pregunta inmediatamente surgen otras:
"¿Qué se debe hacer?" Estructurando un plan de trabajo en función de los objetivos.
"¿Cómo se debería hacer?" Fijando mecanismos de trabajo.
"¿Con qué debería hacerse?" Estableciendo las necesidades de todo tipo.

A veces se necesita un rediseño radical, eliminando viejos conceptos obsoletos y rejuveneciendo los positivos. Pero en ningún caso se obviarán las mejoras estructurales que no deberán ser marginales ni de a pasos pequeños.

En muchas oportunidades es difícil para las empresas conocer sus verdaderas necesidades, particularmente cuando los problemas económicos y financieros cubren los de base productiva, de calidad y de gestión empresarial. Esto es así porque al no conocer en detalle la situación interna de la empresa, la gerencia se enfrenta a una realidad para la que puede no estaba preparada para asimilarla.

De cualquier manera, asumir esta decisión significa un paso fundamental ya que muchas veces el alto gerenciamiento no llega a asociar hechos diarios y comunes con los problemas estructurales y de falta de comunicación, que es típica de la rusticidad o ausencia de un sistema de calidad. La idea que surja del directorio y que tenga por destino el conocimiento de la situación de calidad o las necesidades que tenga, a su vez consecuencia de exigencias externas a la compañía, deben conducir a decisiones de prioridades y administración de recursos para la realización de proyectos en otro nivel coordinado por la alta gerencia.

Al solicitarse una auditoría por problemas de calidad suele encararse el relevamiento de lo visible en las plantas. Pero al minimizar los verdaderos problemas que los causan, ignoran que las deficiencias están en su estructura de dirección. Aún en pequeñas observaciones que se repiten en distintos lugares de la empresa se puede estar detectando problemas que aparecen como la punta de un témpano, ocultando en la profundidad de la organización de la compañía una seria falta de comunicación entre sectores y más aún en una equivocada o ausente política y estrategia.

(F07) Mecanismo de control de gestión

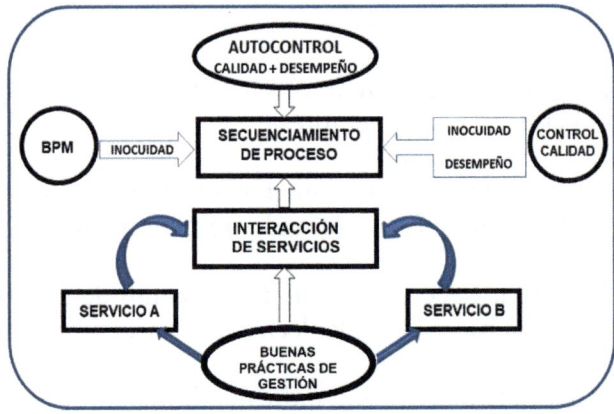

(F08) **Estructura de decisiones**

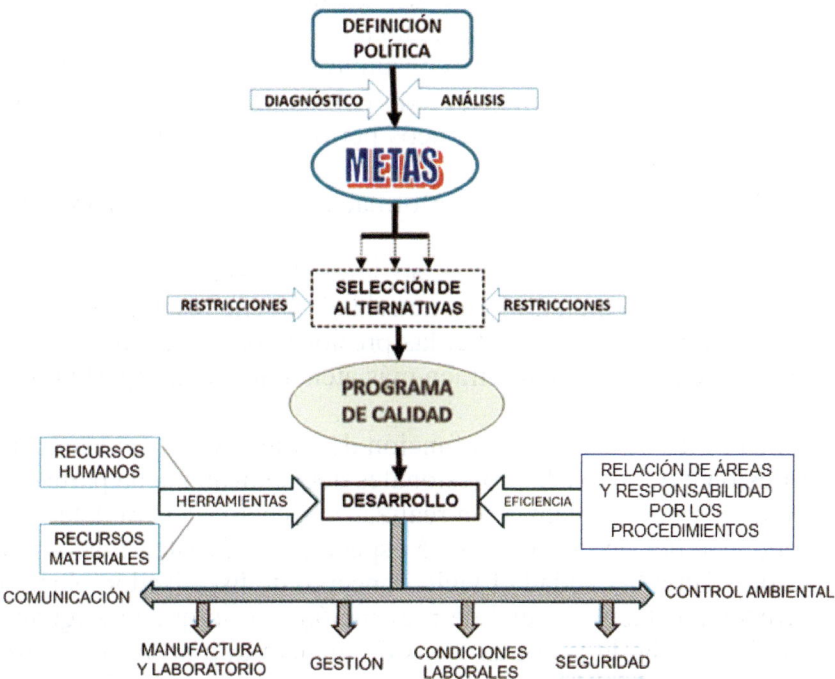

DIAGNÓSTICO DE CALIDAD

Siempre que se adviertan problemas, se presenten oportunidades, se produzcan desvíos o se establezca una comprobación de estado del sistema, entre lo que realmente se está obteniendo y lo que se había deseado, debería efectuarse un estudio para tener un diagnóstico de calidad.

En muchas empresas se intenta un diagnóstico de calidad cuando los resultados económicos no son los esperados. En otros casos cuando el mercado crece, sin que la empresa alcance una mínima parte proporcional de ese crecimiento, se pueden crear sospechas de un inadecuado nivel de calidad. Otras veces las sospechas de baja calidad que intentan ocultar fallas en los pronósticos de producción y ventas son reales, pero no lo suficiente como para estudiar las verdaderas causas de la pérdida de calidad. En algunos casos aparece una seria oportunidad de ganar un importante cliente con un elevado estándar de calidad y sus exigencias van más allá de lo que en lo inmediato pueda realizar la empresa.

Finalmente puede ser necesario realizarlo cuando el mercado está cambiando y, a pesar de tener todavía buenos resultados, se percibe un cambio trascendental que puede alterar el futuro de la actividad. Por lo que, si se trata de manejar a la calidad de manera parcial, solamente de acuerdo con uno de sus objetivos comúnmente coyunturales, puede traer como consecuencia principal su pérdida.

Muchas veces en estudios con consumidores se reconoce que tanto el producto como el servicio no son todo lo buenos que se creía que eran. Lo razonable sería hacer diagnósticos periódicos aun en el caso de ser líder para mantener ese liderazgo. Finalmente, la necesidad de diagnóstico también tendrá su fuente de información en las distintas áreas y en el exterior.

G. Shillinglaw define 'oportunidad' como la distancia entre un resultado previsto y uno mejor. Si una actividad obtiene resultados satisfactorios normalmente no aumentan las presiones para mejorar las cosas. Generalmente los problemas atraen más atención que las oportunidades de mejora.

En ocasiones se confunde la función de calidad con la existencia de un profesional o grupos de profesionales que dedican buena parte de su tiempo a resolver problemas o a realizar inspecciones para determinar que todo esté dentro de lo que está especificado. Existen muchas empresas que dan a la calidad el viejo concepto de fiscalizador, elemento de corrección o factor parcial de prevención, por lo que le asignan un nivel inferior a la de las otras áreas de manera que no tiene acceso a función directiva alguna. En estos casos se entiende a la calidad como exclusivamente la del producto, pero no debe olvidarse del concepto que, como análogo a la libertad, advierte que: "*solo se siente cuando se pierde*".

Si bien no se pueden tener ampulosas oficinas con decorados de muy buen nivel mientras las plantas de elaboración lucen en precario estado, tampoco se pueden tener los mejores establecimientos sin un sistema de calidad que parta desde el más alto nivel de la compañía y como la razón de ser de la empresa es el producto y/o el servicio, un diagnóstico puede comenzar desde las líneas.

Para un correcto diagnóstico las visitas iniciales no tienen por qué ser intensivas, pues bastará una recorrida para tener una aproximación del nivel de calidad de la planta. Así como uno puede saber cómo se trabaja en la cocina de un restaurante mediante una simple escapada al baño, también se puede intuir cómo serán las condiciones de elaboración mediante una rápida visita a los vestuarios, baños, depósitos y almacenes. Muchos gerentes tienen el concepto equivocado que a un hombre de mantenimiento se lo debe vestir con colores oscuros porque es normal que se ensucie. Dentro de este mismo concepto al taller de mantenimiento y a los almacenes de repuestos se los suele aceptar como desordenados y sucios.

La calidad en la magnitud de gestión, oportunidad de mejora y esencia de la empresa no deja de ser un enunciado y un conjunto de frases estudiadas que señalan vagamente objetivos lucrativos o de reducción de personal, si se lo toma desde el punto de vista de una decisión de muy corto plazo y de manera mezquina. De cualquier manera, que se encare la realización de un diagnóstico, la interpretación de sus resultados solo representará una parte de problemas profundos y directamente relacionados con la organización y la hegemonía de ciertas áreas, lo que reconoce la ausencia de una verdadera gestión de la organización.

(F09) Esfuerzo del gerenciamiento
La gestión de la calidad es prometedora, pero:

El esfuerzo requiere cambios en la cultura de sus gerentes. Por ello:

• Con el diagnóstico se puede conocer:
  a) La potencialidad del sistema.
  b) Las restricciones de esa cultura.

• Consecuencia:
  Se debe trabajar sobre un modelo exclusivo para la empresa.

DEFINICIÓN DE LA POLÍTICA

La política de una Empresa es el objetivo de cumplimiento de lo que se cree necesario para alcanzar las metas que se proponen y que no son más que la interpretación que la alta gerencia hace de las necesidades del mercado o a todo aquello que ayude a permanecer en él, mejorar, alcanzar a la competencia o distanciarse de ella.

De allí es que antes de establecer las metas y sus etapas se hace necesario saber dónde se encuentra ubicada la empresa, cuáles son sus debilidades, sus fortalezas, sus puntos de apoyo y sus modelos de referencia, tanto nacional como internacional. No basta con que se esté en un estrato superior respecto de la competencia nacional si se está muy debajo de la competencia internacional, por lo que automáticamente esta última pasará a convertirse en el punto de comparación y objetivo por alcanzar.

La política debe ser explícita y del conocimiento de todos en la compañía para que puedan reconocer el compromiso de la alta gerencia, por lo que antes de que sea escrita y comunicada al personal se debe saber que una vez que se lanza no puede haber retorno porque la credibilidad se perdería.

Este es el aspecto más importante para el comienzo del desarrollo de un programa, porque de cómo se encare la calidad y se sepa que es lo que se busca, se podrá encontrar la herramienta más adecuada. **(F10)**

(F10) **Identificación de objetivos**

SELECCIÓN DE METAS

¿Cómo se podrá dirigir el esfuerzo sin metas? Concluimos por lo tanto que, si no hubiera metas no se necesitarían decisiones para encarar un programa que tampoco existiría.

Si bien en calidad existe la tendencia de llegar a metas muy generales, lejanas y elaboradas, es necesario que se tengan metas más inmediatas u operacionales que abarquen áreas específicas, que una vez cumplidas se vuelquen en conexión con las otras como el efecto de unión de las gotas de aceite sobre la superficie del agua.

Ante la información externa acerca de la necesidad de encarar el desarrollo de la calidad, una compañía puede desear implantar algún sistema. En el mercado de las consultoras inmediatamente se les ofrece un HACCP o una certificación por ISO. A veces el empresario no sabe exactamente de qué se trata ni el esfuerzo que significa. Por algunas de las siguientes razones se encuentra apremiado para hacerlo y normalmente desconoce que alcanzar un sistema no es más que el comienzo del esfuerzo y que la tarea más compleja es mantenerlo en el tiempo, si no se profundiza muy hondo en la cultura de todos, para:

√ Mejorar la eficiencia de sus operaciones y la calidad de sus productos.
√ Satisfacer los requerimientos de sus clientes/consumidores.
√ Mantenerse por encima de sus competidores.

En varias oportunidades he comprobado que varios días antes de la visita de un auditor de una empresa certificada en calidad, la persona responsable de coordinar el sistema dedica su tiempo en completar registros que no se hicieron en su momento y revisan todo lo que se debería haber hecho y no se hizo. La compañía puede no tener un gran deseo de mejorar la calidad sino el de estar particularmente interesada en reunir los requerimientos de su cliente como una condición para un contrato nuevo o para su renovación. Así puede considerar prioritaria la certificación lo antes posible y esto es lo que llamo "tener el diploma colgado a la espalda del sillón de su escritorio".

Si la compañía percibe las diferencias entre nivel de aprobación y valoración de diferentes entes de certificación, puede buscar la certificación de empresas que requieran menor esfuerzo y costo, y esto lo puede definir su estado de calidad previo.

En la actividad alimentaria, aquellas compañías que marchan a la vanguardia en la preparación y presentación de novedades en el mercado, el control de diseño o desarrollo de producto conduce a toda la industria por el camino de la calidad y particularmente la seguridad. Es aquí donde el manejo de la documentación debe conducir a la eficiencia en lograr la inocuidad y calidad asegurada del producto. Al respecto se tendría que notar que una certificadora es capaz de juzgar la aptitud del sistema de gestión de la calidad, aunque esto puede no ser suficiente si antes no se establecen las mínimas normas de Buenas Prácticas de Manufactura (BPM) para operar con alimentos. Sería como querer colocar un techo sin haber hecho los cimientos y pilares sobre el que se sostendrá.

La capacitación en la elaboración correcta de los alimentos —ciencia, tecnología, microbiología, aspectos legales— requiere un tiempo mínimo para lograr un nivel competente de aseguramiento de la calidad. También el desarrollo de un sistema de gestión de la calidad y el entrenamiento en sus principios requiere un tiempo mínimo no reducible, necesario para su comprensión e implantación.

Surge así la necesidad de que las compañías contraten los servicios de especialistas en alimentos más que imaginar que solamente los asesores de calidad de la empresa deben estar entrenados únicamente en técnicas de gestión de calidad generales. Es de importancia enviar a los especialistas en alimentos a cursos sobre sistemas de calidad, particularmente si son dados por una empresa con experiencia en industria alimentaria.

Dentro del gerenciamiento de la calidad la forma más importante de auditoría es la que está directamente relacionada con la seguridad del producto, a través de la autoevaluación referida a la capacidad de un operario de juzgar que sea mantenida la eficiencia de las operaciones y la calidad misma. Un sistema de calidad necesita ser capaz de operar efectivamente sin miembros del departamento de aseguramiento de la calidad, quizás solo con su coordinación. Esa es la base del gerenciamiento de calidad en su sentido de integración como filosofía empresaria.

Los principios coincidentes de los sistemas de calidad, en su concepto integral y preventivo son:

√ Reconocer la importancia de la calidad.
√ Definir las expectativas del consumidor habiendo previamente cumplido con la seguridad de uso y consumo del producto.
√ Fijarlas con los requerimientos de la compañía y capacidad
√ Involucrar a todos en el esfuerzo por lograr la calidad.
√ Adecuarlas al entrenamiento de los recursos humanos.
√ Monitorear/inspeccionar.
√ Chequear esos sistemas de monitoreo.
√ Introducir e implementar toda la documentación de lo anterior.
√ Efectuar una revisión periódica del sistema.

El adecuado entrenamiento del personal, no solo en higiene, pero sí en todos los aspectos del trabajo, es requerido por todos los sistemas existentes. Necesita estar relacionado con la responsabilidad y los conocimientos/habilidades de los operarios. Si dentro de un sistema de gerenciamiento de la calidad se implantara el HACCP (acrónimo en inglés de Análisis de Peligros y Puntos Críticos de Control), parte de este entrenamiento será propio, ya que su desarrollo lo realiza un equipo con gente de proceso y calidad, de forma tal de decidir conjuntamente los procedimientos y formas de monitoreo de los puntos críticos. En estos se identifican peligros potenciales para la inocuidad del alimento y las medidas de control de dichos peligros.

El aspecto que lo completará será la gestión de todo lo que debe "moverse" de la organización, alrededor del eje de inocuidad.

Otro aspecto central del sistema de gerenciamiento de la calidad es la trazabilidad o serie de procedimientos que permiten seguir el proceso de evolución de un producto en cada una de sus etapas. Para ella debe existir la documentación adecuada de todas las etapas. Aunque el HACCP requerirá cierto tipo de documentación, la que se relaciona particularmente a la etapa de monitoreo, ISO requiere un rango más amplio de documentación. Así se puede ver que el HACCP puede ser implantado como parte del sistema de gerenciamiento en calidad certificado. Una compañía que usa HACCP efectivamente encontrará relativamente allanado el camino para adoptar el mismo tipo de gerenciamiento con el objeto de trabajar bajo ISO.

La idea de que el HACCP es el más fácil para implantar porque está referido a producto y proceso específico de alimentos, es relativa porque su implementación involucra muchos inconvenientes operacionales y no es un mero ejercicio en el papel. A pesar de que pareciera diferenciar-se en mucho de ISO las bases de la empresa deben ser muy sólidas para que cualquier sistema tenga éxito.

ISO es un sistema gerencial dirigido a toda la organización. De hecho, cualquier sistema que se quiera implantar requerirá una base estructural mínima de la empresa, donde la necesidad coyuntural debe convertirse en convicción por parte de toda la compañía y transformarse en un compromiso de todos, particularmente del directorio.

Si bien HACCP es el más específico de los dos y generalmente dirigido a los temas de seguridad alimentaria, se lo puede aplicar a las actividades cosmética y farmacéutica. Por ser más amplia, ISO es aplicable a toda industria manufacturera y de servicio. Abarca el total del sistema de gestión y por lo tanto puede ser considerada como de base mucho más amplia.

La certificación por ISO sugiere que los productos elaborados cumplen con un estándar de calidad uniforme definidos por la empresa, aunque sin establecer si ese nivel es bajo, mediano o alto. Esto último puede ser preocupante en industrias de las características de la alimentaria, cosmética, farmacéutica y de productos biológicos, aunque las condiciones básicas de estos productos deberían asegurar la inocuidad hacia la salud.

Existe legislación nacional e internacional que busca la inocuidad de los productos y en algunos casos define al HACCP como un medio de lograrlo y demostrarlo. Sobre esta base la empresa tiene la tarea de identificar los peligros para cada producto, planta y proceso y plantear las medidas de control que garanticen la seguridad del producto.

En alimentos se considera como condición ineludible el establecimiento de las BPM como la base operativa sobre la cual se deberá implantar cualquier sistema de calidad. Si no se hace así solo se logrará un sistema ficticio que figurará en los papeles, vacío de contenido que degenerará en el volcado de datos imaginarios en los registros que pretenderán justificar al sistema.

Cualquiera que sea el sistema que se desee implantar se deberá tener en cuenta que sin una revisión de los problemas que afectan a las comunicaciones y que tiene como causa a la organización de la empresa, no se tendrá continuidad en el tiempo y el sistema finalmente será desvirtuado y literalmente abandonado.

En la práctica se puede comprobar que las grandes empresas tienen sus propios sistemas y la permanencia en el tiempo de sus importantes marcas es una prueba de ello. Por lo que solamente es necesario demostrar su existencia, compatible con los puntos que se enumeran a continuación para que se logre la confianza de un cliente que entiende de calidad o que en caso de un accidente sirva de comprobación de que el hecho fue muy puntual y ajeno a las prácticas de la empresa:

√ Inocuidad de producto y prevención
No existe riesgo por su consumo.

√ Cumplimiento de reglamentaciones
Las normas de la compañía no son más laxas que las normas oficiales.

√ Trazabilidad
Se puede rehacer detalladamente la historia del producto.

√ Mecanismos de recuperación de producto
La gestión que la empresa puede llevar a cabo para encontrar en el mercado sus productos que desea o necesita retirar.

√ Nivel de calidad prometida
Cumplimiento de los estándares.

√ Cantidad declarada o prometida
Capacidad y gestión de la producción uniforme (sin desvíos) para cumplir con los contratos.

√ Tiempo de entrega
Gestión total y complementaria de la producción para que los pedidos se cumplan.

√ Precio
El estipulado.

√ Sistema de atención al cliente y consumidor
Retroalimentación necesaria para conocer la satisfacción del consumidor y clientes y proveer información para la corrección de defectos y desarrollo de sus productos.

√ Capacidad de reacción en las correcciones
Velocidad de respuesta para la satisfacción y corrección de errores.

Es así que cualquier empresa que lo desee puede crear un sistema de calidad propio en la medida en que pueda demostrar que los puntos indicados más arriba son cumplidos. Esto se puede apreciar de manera contundente en el ejemplo que dan las grandes marcas alimentarias que se mantienen en el mercado desde hace mucho tiempo y por lo que a nadie se le ocurriría poner en duda que efectivamente tenga un sistema de calidad. Simplemente su carta de presentación son sus marcas.

IDENTIFICACIÓN DE RESTRICCIONES

Toda acción que se intente realizar reconoce la existencia de restricciones de distinto tipo, particularmente:

• *Cualitativas*
Íntimamente relacionadas con conocimientos, educación, aspectos culturales y psíquicos de la empresa y las personas.
• *Materiales*: tales como recursos y espacio.
• *Tiempo.*

Por la importancia que presentan en el desarrollo de un programa estas restricciones serán consideradas más adelante.

Aquí mencionaremos que, si se adopta el concepto de calidad como un largo recorrido con obstáculos que deben salvarse sin la búsqueda de meandros que desvirtúen el camino trazado, y con la convicción de un beneficio final para todos, en donde en ese aprendizaje la alta gerencia sea un alumno más, se tendrá la gran posibilidad de que el esfuerzo cubra todas las expectativas y sea un éxito. En cuanto exista la restricción marcada por la existencia de alguien que se considere afuera o por encima del esfuerzo común, el plan se debilitará y no tendrá buena culminación por más palabras, discursos o eslóganes que se elaboren.

Ejemplo (E03) Error por considerar la calidad como problema solo de control

Fui invitado a acompañar a un auditor a ir a una planta en el extranjero. Se había organizado un programa que incluía la visita a dos supermercados. Luego de auditar la planta elaboradora, el auditor invitó al gerente de la planta a concurrir con nosotros acompañando al encargado de control de calidad. El gerente se justificó diciendo que tenía cosas importantes que hacer. Se le recordó que estaba programada su presencia y que era una pena que no nos acompañara por la importante oportunidad de ver los productos que eran de su responsabilidad. Además, le llevaría no más de dos horas en prácticamente un año. Finalmente nos acompañó y al ver los problemas que presentaban los productos agradeció haberlo invitado.

ESTUDIO DE ALTERNATIVAS

En un equipo de trabajo es frecuente que se presenten más de una alternativa o variaciones, por lo que es necesario definirla con precisión ya que algunas son más importantes que las aparentemente obvias. A menudo la que supone una solución satisfactoria es la que primero se encuentra. Esto es una buena opción, porque seguir buscando implica a veces una prolongación indebida de las soluciones. Pero la importancia de un equipo es que investigue las restricciones en cada caso con el objeto de reducir la incertidumbre en el resultado.

A un plan de trabajo se lo puede acelerar tanto como varias circunstancias o infraestructura lo permitan. Pero, como la base principal se encuentra en los recursos humanos, la dedicación deberá ser intensa y continua ya que en un plan de calidad que se inicia, si no se le da sustento firme y constante puede hacer caer la credibilidad y retroceder lo actuado hasta más atrás del punto de partida.

La metodología puede ser seguida sin inconvenientes y admite modificaciones sin alterar la esencia del proyecto. Esto no significa abandonar la disciplina de la calidad donde las cosas son o no son, aunque parezca muy duro, pero si tenemos un sistema sabremos dónde y cómo ser flexible sin afectar negativamente a la calidad de la empresa como objetivo y medio de progreso de sus políticas.

Seguramente habrá que llegar a una coordinación de las actividades. La responsabilidad de la calidad en cada planta o dependencia seguirá recayendo en la gerencia respectiva y en realidad no importará de quien dependa la calidad general ya que estará inserto en un contexto. Los mismos responsables podrán continuar actuando no solo como fiscalizadores en su primaria función, verificando que la variabilidad esté dentro de los parámetros esperados como lo permite su capacidad, sino como asesores y docentes de la calidad.

PRONÓSTICO AMBIENTAL

Toda implantación de un programa que se encare con convicción y asumiendo un compromiso total por su realización, conduce al éxito. Pero las restricciones, muchas de ellas coyunturales, pueden mostrar al empresario un panorama no totalmente real y que a veces cubre engañosamente todo su horizonte. Esto no le permite ver aquello que puede realizarse con una mínima inversión para preparar a la compañía para su nuevo crecimiento en el mercado. Este "aire fresco" dentro de las corrientes a veces encontradas de una empresa, llega a mostrar un nuevo enfoque del negocio y una manera de apoyo al mercadeo, tan necesario para estimularla y motorizarla. Este apoyo debe ser decodificado para el público y clientes, para que las virtudes que un producto tuviera se vean avaladas y asegurada su elaboración brindando la seguridad que de él se espera.

RESTRICCIONES EN LAS DECISIONES

Entre los factores que influyen como parámetros básicos que acotan decisiones están la cultura y la situación de la empresa, la hegemonía de algún sector o persona y la participación que se tenga, el nivel de base personal, nivel de base de la empresa y las necesidades no cumplidas y las que se exigen.

SITUACIÓN DE LA EMPRESA

Las restricciones tendrán mayor o menor efecto de acuerdo con la situación siguiente:

- Empresa floreciente
Es la situación ideal para evolucionar porque esto es un hecho volitivo, que contará con los recursos apropiados y logrará la verdadera ventaja competitiva que permita una correcta evolución, sin callejones, salidas exigidas o medidas desesperadas.

Sin embargo, no es un hecho frecuente no ve clara la necesidad de iniciar un camino hacia un sistema de aseguramiento de la calidad, particularmente si lo que se produce va a mercado sin marca propia, o se trate de un mercado de restaurantes o comidas, donde la marca sola importa en caso de un incidente. En estos últimos casos resulta una desventaja competir con calidad súper *versus* precios muy bajos.

- Buena situación con competencia en desarrollo
En este caso el aprovechamiento del conocimiento tecnológico, la búsqueda de la excelencia, el estudio de la competencia, sus virtudes y flaquezas, puede no vislumbrarse por las mismas razones que las expresadas anteriormente y esto está agravado porque en lugar de quedarse estático, retrocede ante el avance de la competencia. La actitud en este caso es conformista, tanto por lo que retrospectivamente la empresa ha crecido como por lo que la empresa es en el momento en que el diagnóstico sería necesario.

- Situación precaria

Aquí las restricciones pueden hacerse notar aún más que en el caso de las empresas florecientes, ya que de la misma manera que no existió cuidado por no tener un sistema de calidad, la situación económica hace creer que la calidad y la seguridad son gastos y no inversiones. No es justamente la que debe reducir sus inversiones en calidad, sino que debe "asociarse con la misma".

Si se recuerda que habíamos comparado a un sistema preventivo como una vacunación contra la no calidad, para aquellos que no hayan tomado esta previsión inevitablemente deberán asumir los costos para corregir los defectos, siempre y cuando se tenga tiempo y posibilidades para rectificarlos.

CULTURA DE LA EMPRESA

La cultura es un valor muy apreciado y especial, pero si no está acompañada de un orden que le permita afianzarse en calidad su historia suele llegar a pesar mucho, especialmente si los años de esplendor han pasado y no se entiende claramente que, a través del tiempo las debilidades han ido superando las fortalezas de la empresa. El desconocimiento de lo que representa un sistema de aseguramiento de la calidad y particularmente la voluntad y disposición para aprender acerca de su importancia y beneficios, suele ser una de las restricciones más frecuentes. En la mayoría de los casos no se entiende porqué luego de muchos años de éxito en un negocio, se debe recurrir a algo de lo que hasta ese momento se prescindió o rústicamente se practicó.

Hay frases que desnudan la falta de compromiso y de reconocimiento de las propias carencias en la justificación permanente al decir que cuando se pide que se haga algo correcto contestan que "nadie lo hace", mientras que cuando se solicita que no se haga algo incorrecto aducen, "todo el mundo lo hace". Así permanentemente se tiene un supuesto argumento para seguir haciendo las cosas de la misma manera que hasta el presente, esperando que el cambio no modifique ninguna de las viejas estructuras y particularmente el "folclore" propio de toda actividad particular.

Todo cambio requiere conciencia, convencimiento, decisión, compromiso y aprovechamiento de los recursos existentes y si fuese necesario aporte externo. Este cambio a veces significa olvidarse de buena parte de la forma de realizar muchas de las actividades generales y algunas particulares ya que, al decir de Deming, es muy probable que estén mal. Sin embargo, se debe tener cuidado con lo que se hace y cómo se hace ya que los cambios de estructuras al estilo Nerón, quemándolas hasta la base para luego construir todo nuevo, es una actitud arriesgada por lo que finalmente muchos gerentes terminan culpando a otros por sus propios fracasos.

Algunos productores e industriales necesitan tomar conciencia de sus necesidades de calidad a través de problemas extremos por lo que se denomina la "*bofetada del cliente o del consumidor*", situación que surge luego que los clientes que se tiene o se pretende tener dejan de comprar o no aceptan comprar si previamente no existe un programa de calidad perfectamente desarrollado.

Es necesario saber dónde las bases no están bien para cambiarlas por las adecuadas, afianzarlas o repararlas. Por lo que siempre es aconsejable que se realice un "*Diagnóstico de Calidad*".

Cuando se está interesado en un tema es común obviar el capítulo correspondiente a la historia y se busca directamente el aspecto técnico que muestre las claves para resolver problemas. Pero la historia muestra cómo se evolucionó hacia la actual situación. En la tercera parte de este libro se dan ejemplos de no conformidades que marcaron una evolución positiva que a consecuencia de la aplicación de acciones correctivas y preventivas se evolucionó positivamente.

En todo proceso evolutivo existen grandes vías de acción, algunas que terminan en callejones sin salida y otras que se convierten en troncos principales que sobreviven gracias a sus posibilidades potenciales de dar progreso y economía. Este es un proceso dinámico y las verdades son variables. Una cosa sí es totalmente cierta, se puede ingresar a la calidad en distintas etapas de su evolución, tal como indicáramos al hablar de "compromiso con la calidad". Esto es como ser un operador de una computadora que dependerá del grado de conocimiento y práctica que se tenga para el aprovechamiento y la evolución a la que se llegue. La historia de la calidad puede decirnos en qué etapa de la misma estamos y cómo debemos obrar sobre su cultura para darle impulso a los cambios. Si no se aplican correctamente, los injertos no siempre darán buenos resultados.

Cuando se estudia evolución biológica aparece un concepto muy significativo que da la clave sobre las distintas etapas que debió superar la vida para llegar a progresar hasta seres tan complejos y biológicamente perfeccionados como el ser humano.

En el desarrollo embrionario del ser humano el nuevo ser pasa por etapas que semejan a la evolución biológica. Así suele decirse que la *ontogenia* —formación y desarrollo embrionario del individuo, considerado independientemente de la especie— es una recopilación de la *filogenia* o formación sucesiva de las especies. Es decir que lo que ocurre dentro una empresa no es más que lo que ha ocurrido en el medio en que esa empresa se desempeña. De allí que se hace necesario que la evolución ingrese de manera que no genere traumas que puedan conducir al colapso.

La persona que hace su crecimiento en calidad podrá entender, orientar y evitar caminos sin salida, si entiende lo que otros han pasado por experiencia de calidad, tendencias, éxitos y fracasos. Si se tiene un negocio no está obligado a saber en el ámbito técnico sobre distintos aspectos de la calidad de producto, aunque sería bueno aprender. Es decir, se tienen varias opciones de acuerdo con un concepto restringido de calidad.

Muchas veces algunos empresarios lograron éxito sin necesidad de pensar en un esquema de calidad. No lo necesitaban porque la protección, la inflación o la falta de libertades le quitaban al consumidor la posibilidad de comparar. Sin embargo, lo aprendido por experiencia, su intuición y la profundidad de su ser particularmente social pudo bastarle para llegar al presente exitoso. La evolución de los mercados, su apertura y globalización han obligado al cambio de concepto donde la calidad se convierte en inversión y herramienta fundamental para competir. Esto fue evidente en la industria automotriz de países cerrados económicamente, baste con dar el ejemplo de modelos que se fabricaron durante un cuarto de siglo y cuyo mercado se derrumbó casi inmediatamente al abrirse la importación y entender con ejemplos lo que el Mundo había cambiado.

Las compañías que se apoyaron sobre marcas tradicionales generando ganancias sin retorno para la inversión, dejaron a su estructura como un globo con su interior sin sustancia y muy frágiles. Muchas empresas pequeñas se auto justificaron en su precariedad sin saber que podían haber hecho "algo más" para evitar su caída, generalmente dedicadas a un solo producto o variedades de un mismo producto.

Años de crisis, sobreprotección gubernamental, mercados cerrados y cautivos, provocaron desinversión, falta de mantenimiento preventivo, calidad variable no uniforme, rusticidad en los diseños y falta de control en la producción. Ni hablar del trato hacia los clientes y consumidores tomados del mal trato que los servicios y empresas estatales daban a la población.

La realidad y la falta de tiempo impide ponerse a pensar en lo que no se hizo durante años, pero obliga a trabajar en la recuperación de la calidad perdida, siempre que no se haya pasado por el umbral del *"no retorno"*.

He conocido plantas de todo tipo y edad y particularmente observé que no importaba el tamaño de la empresa o su poder económico. La cultura general del medio se asentaba en la mayoría de ellos. Solamente cuando existía un cambio hacia una cultura de calidad, el medio interior era encauzado en un sistema.

El riesgo para las compañías grandes está dado por la tendencia hacia la compartimentación, conocidas como "quintas", donde los ingresos de información no son muchas veces aceptados y los egresos magros o precarios. El cambio en estos casos solo puede ser vertical, pero principalmente por aporte externo o por necesidades competitivas que hace que el alto gerenciamiento tome medidas drásticas con la cúpula directiva.

Pero no nos confundamos, el éxito no es el resultado a corto plazo sino las estructuras que dejamos para el largo plazo. Aplicar la idea atribuida a Luis XV, *"después de mí el diluvio"*, implica un egoísmo sin precedentes. La economía se recupera a corto y mediano plazo, la moral solo con el cambio cultural y en este aspecto muy pocos tienen claro cómo hacerlo. De donde se deduce que un sistema de calidad solo puede ser la decisión de una empresa que, si bien no puede ser impulsada desde abajo, la alta gerencia deberá ser "creíble" para imponerlo "desde arriba".

ARBITRARIEDAD O PARTICIPACIÓN QUE SE TENGA

Por arbitrariedad solamente se tratará de cumplir con directivas no discutibles, bajo cuyo mandato muchos intentarán una cobertura personal para lograr la evasión en caso de catástrofe.

Esto es así porque por el poder del mando algunos se molestan con aquellos que expresan la verdad. Conducen las empresas de manera autoritaria y cometen el error de elegir verdaderas nulidades debajo de la cúpula En esa estructura endeble bramarán las pasiones de los espíritus poderosos pues considerándose incólumes, será muy difícil lograr su compromiso con los programas que intente imponer.

Esto resultó muy bien representado en el cuento apológico *"El traje nuevo del emperador"* o *"El rey desnudo"*, que escribió Hans Christian Andersen como mensaje de advertencia siguiente: «No tiene por qué ser verdad lo que todo el mundo piensa que es verdad», por lo que «no hay preguntas estúpidas».

El relato mostraba que un rey se preocupaba mucho por su vestuario. Es así como le dijeron que dos sastres, Guido y Farabutto, podían fabricar una tela suave y delicada con la capacidad de ser invisible para los estúpidos o incapaces. Ninguno de los dos ayudantes de confianza del rey tuvo valor para aceptar la realidad mostrándose como incapaces de ver la prenda y comenzaron a alabarla. Toda la ciudad había oído hablar del fabuloso traje y estaba deseando comprobar cuán estúpido era su vecino.

Ayudado por los estafadores a vestirse con la supuesta prenda invisible, el emperador salió con ella en un desfile, sin admitir que era demasiado inepto o estúpido como para poder verla. Así toda la gente del pueblo alabó enfáticamente el traje, temerosa de que sus vecinos se dieran cuenta de que no podían verlo hasta que un niño dijo, «*¡pero si va desnudo!*». Finalmente, toda la multitud gritó que el emperador iba desnudo. El emperador lo oyó y supo que tenían razón, pero levantó la cabeza y terminó el desfile de manera digna de un soberano.

Esto no era solo privativo de la idea de Andersen, sino que la historia estaba diseminada por el Mundo con las características particulares de cada uno como cuentos moralizantes. Andersen, inspirado en la versión española de "*Así es el discurrir del mundo*", basó su versión, dirigiendo el foco hacia el orgullo y la vanidad intelectual cortesanas.

Hoy se usa a menudo en alusión al cuento de Andersen ya que la metáfora indica una situación en la que una amplia y mayoría de los observadores decide compartir una ignorancia colectiva de un hecho obvio, aun cuando individualmente reconozcan lo absurdo de la situación en que cada individuo insiste en su propuesta, a pesar de las evidencias de los demás.

La verdad a menudo es dicha por gente demasiado ingenua para entender que haya grupos de presión que dicen lo contrario a lo obvio. Este es un tema de la pureza con la inocencia, y se refiere a cualquier verdad obvia negada por la mayoría a pesar de la evidencia, especialmente cuando es proclamada por el mandamás.

Esto lo pude observar claramente en una degustación de un nuevo producto del que participó el directorio de la empresa. Fue muy llamativo que casi todos esperaron a que el gerente general hiciera señales que le gustaba para aprobar el producto.

Con directivas claras, mensajes únicos y no contradictorios podrá llegarse a una participación con el compromiso serio de todo el equipo de trabajo. El éxito será de toda la empresa que mostrará la capacidad de conducción de la alta gerencia, y no existirá fracaso ya que no será tomado como tal, sino que del traspié se obtendrán conclusiones que obligarán a un replanteo del problema. Aquí es muy importante que los tiempos sean los adecuados para evitar apremios innecesarios o demoras interminables. Las metas tendrán etapas y en cada etapa se valorarán los resultados e introducirán las nuevas fechas si fuese necesario.

A través de la convicción que tenga de la calidad y del compromiso que asuma en ser el primero en cumplir con las políticas que proclama, el ser hegemónico tiene que dar lugar al líder con todos los atributos que corresponden para el mando o para asumir la conducción de programas totales de calidad (F11).

Concluyendo, aquel que intente ser arbitrario deberá saber que hablar de calidad significará sentir la calidad. Lo cierto es que sonará diferente y en último término podrá no ser creíble lo que diga. Estará solamente dando información sin ofrecer la contundencia de quien cree. También podrá hacer creer o más aún, creer el mismo que está convenciendo a un grupo cuando el temor será la esencia de su verdad. El futuro será triste, aunque en el presente los resultados fuesen brillantes. Un proverbio sentencia *"es mucho más fácil decir cómo debe hacerse algo que hacerlo uno mismo"*.

(F11)   ARBITRARIEDAD
Restricción muy importante

Solamente se trata de cumplir con directivas no discutibles

Como consecuencia, muchos intentan una cobertura personal para lograr una evasión en caso de catástrofe.

¿CÓMO SE EVITA?

El ser arbitrario debe:
- **Convertirse en líder.**
- **Tener convicción de la calidad y compromiso con ella.**
- **Ser el primero en cumplir con las políticas que proclama.**
- **Poseer todos los atributos correspondientes al mando.**
- **Asumir la conducción de programas totales de calidad.**

NIVEL DE BASE DE LA EMPRESA

Involucra el conocimiento real de la empresa, cual es la fuente de información interna y externa, y qué percepción personal se tiene de ello.

Cuando se desea mejorar en algo no existen muchos caminos para hacerlo. Lo cierto es que se hace necesario revisar las estructuras desde sus cimientos para ver si estos resisten o admiten toda la superestructura que se intenta construir encima. Algunos de los empresarios consideran que no tienen nada de un sistema de calidad. Sin saberlo o sin reconocerlo suelen tener un sistema en estado embrionario y buena parte de lo que tienen puede servir para el armado de un sistema. Esto lo pueden definir con una auditoría.

En el análisis se debe incluir las propias ideas y un considerable espíritu de autocrítica para evitar que todos se amolden al superior con sus virtudes y/o defectos. Si todo lo hacen "mirando de reojo" por la aprobación del superior, no aportarán nada nuevo porque todo será realizado a su imagen, semejanza y deseo.

Esa autocrítica no deberá tocar los extremos. Si es muy benévola solo justificarán todos los actos y no se buscarán correcciones. Si es muy estricta será autodestructiva, haciendo de cada decisión una interminable consulta sin ejecutividad. Por lo que se deberá intentar un equilibrio y aunque es una palabra fácil de decir como acción, es extremadamente difícil de ejecutar.

Entre los problemas difíciles de resolver y que se presentan cuando se inicia un programa hacia la calidad, está la falta de comunicación entre los distintos sectores y particularmente la de los supervisores con los operarios, verdaderos hacedores de la calidad y artífices de la seguridad de los productos. La definición explícita de la política, la capacitación y el armado de un sistema de gestión que cubra los baches entre sectores y funciones, es la piedra angular del desarrollo del programa. La formación de equipos de trabajo es el embrión de la mejora de la comunicación.

NECESIDAD DE ESPECIALISTAS

En ningún caso el camino hacia la calidad es de finalización inmediata, por lo que se debe tener cuidado de no adquirir un "*enlatado*" o programa totalmente armado exteriormente para introducir en la empresa, sin análisis de sus realidades. Es como comprarse un traje por correspondencia sin siquiera enviar las medidas al sastre, puede ser que llegue a quedar bien, pero en la mayoría de los casos no se podrá ajustar al cuerpo del que lo necesita y si lo puede usar, al tiempo lo dejará porque le resultaría incómodo o no adecuado a su personalidad.

En esta búsqueda de especialistas existen dos opciones importantes que dependen del tiempo que la empresa dispone antes de llegar al "*límite de no retorno*". En el primer caso se recurre a un muy largo camino hacia la mejor calidad de su trabajo a través de una preparación personal para realizarlo por sí mismo. Esto es efectivo, pero puede llevar mucho tiempo o no, dependiendo de varios factores. En el segundo se puede contratar un grupo de expertos, lo que resolverá el problema más prontamente, aunque igualmente demandará un tiempo considerable dependiendo de las características de la empresa, tamaño, nivel y tipo de actividad, situación respecto a los problemas relacionados con la calidad y la seguridad del producto. Por lo tanto, si se acepta que se necesita especializarse por sí mismo o mediante terceros, demuestra que se tiene el suficiente criterio como para reconocer sus limitaciones, primer requisito para tener calidad.

Demás está decir que cuando hablamos de calidad debemos hacer una correcta diferenciación de las actividades que se centran en el planeamiento de operaciones futuras de aseguramiento de la calidad y el control de las actuales de acuerdo con estándares prefijados para control de calidad.

TÉCNICAS DE CALIDAD

En general los procesos de calidad utilizan distintas técnicas muy relacionadas. Si bien estas técnicas son descritas para los trabajos de auditoría, de manera análoga son útiles para los trabajos en calidad. Estas comprenden:

• Calidad a través de la organización de las actividades;
• Calidad por la conducción a todo nivel;
• Para dar respuesta a los problemas —*regresión*—;
• Para evitar los problemas —*previsión*—;
• Por la valoración del desempeño de la gestión.

1. Calidad a través de la organización de las actividades

La eficacia de un sistema de calidad dependerá de la etapa de planificación de las acciones que presenta muchas variables a considerar, de manera que como dijéramos antes sin un estudio previo en cada caso —diagnóstico— no se pueden tomar medidas.

La organización de las actividades se debe realizar siguiendo la secuencia siguiente:

• Definición de políticas o base sobre la cual se apoyará el programa de calidad y los límites que tendrá estructuralmente. Esta definición requiere de la decisión realizada con convicción por la más alta gerencia con la sinceridad que brinda el compromiso por su realización.

• Selección de los distintos esquemas buscando el más apropiado a la actividad y características de la empresa, ya que a pesar de tener la misma actividad es muy probable que dos empresas tengan culturas diferentes.

• Ejecución del programa por la organización de la empresa en torno a la calidad.

2. Calidad por la conducción a todo nivel

Son los procesos que permiten conducir los negocios por el manejo en todos los niveles de mando, para ejecutar el programa de organización y obtener resultados. Este es un control directo o asistencia que busca la previsión en lugar de la corrección, para evitar que se generen problemas que vayan más allá de la capacidad de control de la empresa e incluye:

- Verificación de la calidad de la gestión en todos los aspectos y en su sentido más amplio y particular;

- Aplicación de las normas escritas y de registros del manejo de todos los asuntos de la empresa;

- Mantenimiento de los gastos de calidad de acuerdo con los planes establecidos.

Para la realización de esta actividad es fundamental que los mandos tengan cualidades humanas que proyecten su liderazgo a través de una relación armónica con el resto del personal, particularmente con los subordinados. Necesita de la capacidad de prevenir problemas y de adoptar medidas para que no se concreten incidentes. Además, exige la capacidad de intuir cuando un hecho puede degenerar en problemas significativos, no solo en lo económico, sino en lo concerniente a salud y/o protección del producto.

En este ítem es importante establecer la diferencia para referirse a una terminología muy importante. *"Un incidente es un suceso repentino no deseado que ocurre por las mismas causas que se presentan los accidentes, sólo que por cuestiones del azar no desencadena lesiones en las personas, daños a la propiedad, al proceso o al ambiente. Un incidente es una alerta que es necesario atender"*.

El conocimiento determinado por la experiencia puede aportar una estructura lógica de razonamiento unida a la intuición, al orden, a la disciplina y a la existencia de un sistema de trabajo en calidad. Esto permitirá resolver los problemas que asomen y que muy probablemente la mayoría pueda no advertir en la dimensión que puede alcanzar con el transcurrir de los días o semanas. Esta cualidad es de especial importancia ya que de otra manera siempre se deberán esperar señales directas, pero más dramáticas que necesitarán de una crítica respuesta de regresión.

3. Calidad para dar respuesta a los problemas o "regresión"

Es el sustrato y objetivo de una aproximación correctiva hacia la calidad. Esta técnica de control debe ser reducida como objetivo de método, ya que trabaja mediante respuestas que se dan a las acciones explícitas a las que se les podrá dar o no soluciones adecuadas, dependiendo de lo avanzado del problema. Nadie reconocerá el permanente empleo de esta técnica, ya que ello significaría obrar displicentemente hacia la calidad, por lo que se caerá reiterativamente en la regresión. La prevención es la mejor herramienta para evitarla, pero aun así siempre se producirán respuestas de retroacción ya que las fallas personales y de equipo, aunque en su mayoría son controlables, obedecen a una serie de variables y no son totalmente evitables.

La respuesta a la retroacción es de dos tipos, correctiva o adaptativa:

a) correctiva: cuando el control directo ha sido inadecuado y por lo tanto se debe corregir lo mal realizado;

b) adaptativa: si la causa está en una previsión no ajustada totalmente a la realidad o el medio es poco propicio para su cumplimiento. Es una manera de volver al diseño o desarrollo, cuestionándolo con sentido de modificarlo y evitar las causas de desvío (modelos de comportamiento).

El control solo detectará el problema, pero si no hay acciones directas y rápidas, ningún informe por mejor que sea redactado será suficiente para restablecer la línea de calidad cuando esta se haya desviado de sus orígenes de diseño. Como conclusión este tipo de acción tiene objetivos intermedios:

√ Mantener la calidad de procedimientos y productos a través de su control.
√ Mejorarla a través de un estudio profundo con las demás áreas.
√ Acrecentar la confianza de las gerencias en la calidad de su gestión y productos.

4. Calidad para evitar los problemas o "previsión"

La prevención es la organización para no tener que estar frecuentemente corrigiendo irregularidades que apartan de la calidad deseada, especialmente los hechos críticos que rebasan la seguridad de consumo o uso de un producto. A través de un sistema bien pensado, con la capacitación adecuada de todos, las regulares auditorías de gestión y su seguimiento como control de correcciones, puede lograrse la seguridad en el cumplimiento de normas, tanto oficiales como empresariales.

5. Calidad por la valoración del desempeño de la gestión

La valoración de un desempeño requiere de un patrón, unidad de medida y punto de referencia —resultado satisfactorio u objetivo— contra el cual se contraste lo alcanzado como resultado real.

Previamente a cualquier estudio debe definirse perfectamente este patrón, así como las herramientas que serán utilizadas en la medición. Una vez definidos los resultados no podrán ser cuestionados de manera arbitraria pretendiendo relativizarlos con preconceptos acerca de la metodología de la evaluación.

Alimentos

NIVEL MÍNIMO DE ACEPTACIÓN

Los alimentos forman parte de nuestra vida de manera esencial ya que sin ellos no podríamos vivir. Pero un alimento por el solo hecho que nutra puede no ser aceptado por los consumidores por distintas razones tales como la cultura de las poblaciones, costumbres, disponibilidad, clima, estructura social, nivel socioeconómico, etc.

Cualquiera que sea el tipo de alimento y la población que lo consuma existen cuatro aspectos básicos que deberán ser tenidos en cuenta al producirlo si seriamente se desea permanecer en el mercado. Estos aspectos son los siguientes:

(F12) **ALIMENTO - OBJETIVOS**

✓ **NUTRIR**: NO PODEMOS VIVIR SIN ELLOS

✓ **AGRADAR LOS SENTIDOS**: NOS TIENE QUE GUSTAR COMERLOS

✓ **SEGURO**: NO QUEREMOS ENFERMARNOS POR COMERLOS

✓ **ACCESIBLE**: PODEMOS PAGARLOS

RESUMEN
SATISFACER LAS EXPECTATIVAS DEL CONSUMIDOR A UN PRECIO RAZONABLE POR EL QUE ESTÉ DISPUESTO A PAGAR.

Un análisis más detallado permitirá comprender estas verdades:

• Nuestra existencia depende de ellos
Por el hecho de pertenecer al reino animal y en su carácter de omnívoro, el ser humano debe lograr su nutrición a través de la ingestión equilibrada de alimentos tanto de origen animal como vegetal.

• Nos da placer comerlos
Es por ello por lo que deben prepararse de acuerdo con el paladar de la población a la que va dirigido. Todos sabemos que muchas veces se prefiere un alimento a otro por su sabor, color, textura, aroma, disponibilidad local o simplemente porque estamos acostumbrados a consumirlo. De allí es que permanentemente se busca a través de la investigación y desarrollo, nuevos tipos de alimentos introduciéndolos en el mercado mediante un marketing inteligente. Como ejemplo de límite de esa búsqueda de aceptación en sabor están aquellos alimentos que deben ser formulados para personas con deficiencias metabólicas, como la hipertensión arterial, hipercolesterolemia, enfermedad celíaca y alegrías, como ejemplos de una larga lista de necesidades alimentarias, y las destinadas a determinadas comunidades religiosas —comida Kosher— o las de hábitos especiales como vegetarianos y veganos.

• Elaborados o conservados incorrectamente pueden provocar enfermedades, llamadas intoxicaciones, y aun la muerte
De la forma en que se elaboren los alimentos se logrará darle seguridad o inseguridad a su consumo, y es así como a menudo vemos a personas afectadas y aun muertos por el consumo de alimentos contaminados tanto microbiológicamente como químicamente. Para algunos empresarios la no ocurrencia de incidentes con los alimentos durante muchos años fue y es la única garantía de que nada podía ocurrir con sus productos y por supuesto, ¿quién es el desconocido que llega intentando explicarle acerca de deficiencias en su negocio que él tan bien conoce y ha desarrollado sin su ayuda? En este caso no piensan que las cosas no ocurren hasta que ocurren, pero entonces ya resulta muy tarde, como cierta vez le dije a alguien, "nunca fallecí, pero el día que ocurra nada podré hacer".

Particularmente, por esto último y sin esperar que se apele a la sensibilidad de los que están íntimamente relacionados con la producción, empaque, transformación, almacenamiento, transporte o cualquier otra actividad relacionada con los alimentos es que existen códigos oficiales o reglamentos que deben cumplir los alimentos para ser considerados *"aptos como comestibles"*. El cumplimiento no resulta tarea fácil ya que los alimentos en su mayoría provienen de productos naturales que pueden estar expuestos a distintos factores no agregados por el hombre como por venenos naturales, o pueden ser incorporados por este a través de las prácticas de cultivo, manufactura, almacenamiento o transporte.

En el siguiente cuadro se brinda un esquema que muestra que el "nivel mínimo de aceptación" es el que establece que un alimento debe ser saludable y puro. Estar por encima de este límite de aceptación básico es cumplir con los estándares de higiene y seguridad mientras que si no se da este "cumplimiento elemental" el alimento estará en la zona de inseguridad de consumo.

Una vez que se ha asegurado que un alimento se encuentra por encima del límite mínimo de aceptación pueden aplicarse otros programas dentro de un sistema para darle el nivel de calidad en el que la compañía desea que su producto encuentre un nicho comercial adecuado a sus expectativas.

(F13) **Condiciones de sanidad para la elaboración de alimentos**

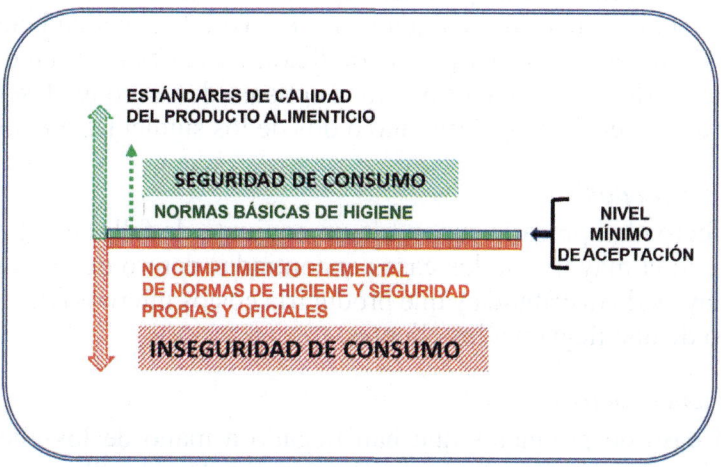

Por lo tanto, podemos concluir que el camino que debe recorrer una empresa comienza por la etapa consistente en darse una estructura de calidad en la gestión de manera práctica y con la participación de todo su personal. Este primer paso no debe tener como objetivo principal más que lograr la unidad de criterios en el funcionamiento de un sistema. De esta manera se puede aspirar al desarrollo de las *Buenas Prácticas de Manufactura* (BPM), para así poder asegurar la inocuidad de los productos. Finalmente, la empresa podrá ambicionar el sistema que considere sea el que más se adecue a sus objetivos comerciales.

Un negocio se inicia con la factibilidad de lograr dividendos al cubrir una fracción del mercado, pero al profundizar en las necesidades para llevarlo a cabo no puede obviarse que en el caso de los alimentos deberá considerarse inmediatamente en la implementación de las BPM ya que estas no pueden ser consideradas apenas una porción de un sistema de calidad en la industria alimentaria. Esto también es aplicable a otras actividades como la farmacéutica, la cosmética y por supuesto y con más razón la de productos biológicos.

Ningún programa en su desarrollo debe obviar o disminuir la importancia de las BPM y para ello debe redactarse el manual respectivo, en conjunto con los manuales o procedimientos para la gestión de toda la empresa. Mantener un cúmulo de documentación sin poner a las BPM en el nivel que se merece, no es suficiente para sostener el aspecto que más es apreciado y a veces sobreentendido en un alimento, el de su seguridad.

LÍMITES DE SEGURIDAD

Todo el que trabaja con alimentos tiene la obligación de conocer los límites de seguridad para su producto, que como dijéramos anteriormente no deben ser transpuestos cualquiera sea el nivel de la calidad elegido.

Este límite es crítico porque la condición básica es la inocuidad, sin la cual existiría un riesgo cierto para el consumidor. Pero un desempeño inferior al requerido produciría uno o dos de los siguientes efectos.

a. Deficiencia pasiva

De efectividad precaria supondría un conjunto de fallas en el desempeño, en la mayoría de los casos encontradas dentro de la planta sin que haya sido distribuida y que produciría costos internos con elevado riesgo de que lleguen a los clientes.

b. Deficiencia activa

Es el caso de productos que han llegado a mano de los clientes y usuarios y a pesar de estar latente la no calidad, podría llegar a ser detectada o no. Su riesgo en el mercado lo convierte en potencialmente activo por la incertidumbre de los efectos que puede generar.

El nivel de base solo puede ser alcanzado por las BPM en el caso de la inocuidad y por un sistema de calidad que debe ser similar al de HACCP (Análisis de Peligros-Riesgos y Puntos Críticos de Control) o de manera similar a una identificación y estudio de la prevención en los puntos de exposición del alimento en el proceso. Para el desempeño se debe considerar la metodología y habilidad de los técnicos dada por sus conocimientos, capacitación, experiencia y por la infraestructura, equipamiento y materiales.

Toda empresa tiene sectores, áreas o servicios que desarrollan sus tareas específicas de manera que en la mayoría de los casos no se pueden considerar deficientes. Muchas de las acciones relacionadas con la especialidad de alimentos que se procesan son del conocimiento profundo de quien trabaja. Los inconvenientes están relacionados con su inserción en un contexto de prácticas, que no solo tienen en cuenta a lo específico de la calidad sensorial de un alimento, sino a las prácticas sanitarias que deben acompañarlas.

Cuando describíamos las necesidades de la empresa se podía observar un diagrama de la acción que desarrollan diversas áreas, teniendo como objetivo la producción dentro de un sistema de gestión y en adecuada comunicación. En el personal toda falta de correcta comunicación tiene como resultado que cada deficiencia que se pone en evidencia trae consigo la permanente justificación de las acciones no tomadas o de las que se tomaron erróneamente. La consecuencia extrema es la pérdida de seguridad del producto, pues en una empresa de tales características lo que no se ve o se ignora es lo que primero se obvia en el cuidado (ver Ejemplo 17).

Demás está decir que debe existir una calidad en la organización dada por la interrelación de los servicios y sus propias estructuras, de manera que sirvan al sistema productivo mediante una buena calidad de gestión. De esta manera la secuenciación del proceso tendrá un desarrollo armónico. Todo el sistema descansará sobre las BPM y el sistema HACCP o similar para darle las condiciones higiénico-sanitarias para la inocuidad de los productos. Cada servicio realizará un autocontrol en esa secuenciación de proceso para lograr los niveles de potencia y calidad de sus productos. Mientras tanto el laboratorio realizará una previsión al controlar los ingresos y un estudio final tradicional para la liberación del producto, pero esto será solo al efecto de tener un valor retrospectivo que avale el desempeño del producto y permita estudiar la evolución tanto del programa como de los procesos.

ADULTERACIÓN DE LOS ALIMENTOS

Lo contenido en este ítem es un resumen e interpretación del workshop al que asistí en 1994 en el The Food and Drug Law Institute realizado en Washington D.C. "Good Manufacturing Practice and Sanitation Requirement". Introduction to Food Law: A Workshop on Government Regulations, legislative Action, and Industry Compliance" Prepared by

Richard S. Silverman and Martin J. Hahn of the law firm of Hogan & Hartson L.L.P., Washington, D.C. office for FDLI's Basic Food Law Workshops. Posteriormente realicé una comparación con nuestro Código Alimentario Argentino.

La evolución de la legislación sobre seguridad de los productos alimenticios ha sido continua como consecuencia de la inquietud de aquellos que, estando a la vanguardia del pensamiento, buscaron darle solución a la problemática alimentaria por un lado y prevenir por el otro las intoxicaciones que pudieran producirse. En todo este camino hacia el presente existieron hitos que marcaron cambios que hoy parecen abruptos pero que no eran más que la lógica continuidad a un pensamiento moderno de evolución hacia mejores y más seguros alimentos.

A comienzo del Siglo XX las leyes enfocaban su atención y preocupación sobre la manufactura y venta de alimentos adulterados y/o sin identificación. Como consecuencia de precarias condiciones sanitarias de las plantas y sus procesos productivos, las intoxicaciones seguían produciéndose por lo que, hacia fines de la década del 30 y como ejemplo, las políticas sobre alimentos fueron haciéndose más concretas.

Así quedó definido como alimento adulterado, al que, de acuerdo con las deficiencias de un proceso comenzado en el ingreso de materias primas y materiales, se lleva hasta la exhibición comercial y consumo sin cumplir elementalmente con las condiciones básicas, convirtiéndolo en peligroso para la salud. Esta fue la base legal a partir de la cual comenzaban a esbozarse las normas elementales que se debían considerar para la elaboración de un alimento y que casi a fines de los '60 se reglamentaron a través de lo que se denominó "un paraguas" y que posteriormente se fueron perfeccionando y completando, particularmente para los alimentos de alto riesgo de contaminación microbiológica.

Buenas prácticas de manufactura y requerimientos sanitarios: Breve Historia (FDA)

— Alimento adulterado (1938): "si ha sido preparado, empacado o mantenido bajo condiciones no sanitarias que pueden contaminarlo con suciedad o haberlo convertido en peligroso para la salud".

— Reglamentación para BPM (1967): se propone un "paraguas" después de determinar que tales controles sobre la manufactura serían una de las formas más efectivas para implementar y mantener una provisión de alimentos segura y sanitaria.

— BPM, obligación actual para los productores y así controlar el riesgo de todo tipo de contaminación en alimentos.

Esta evolución de las normas preventivas ha conducido a la obligación del control de todo tipo de contaminación de los alimentos. La iniciativa privada con la necesidad de encarar desafíos cada vez mayores a su actividad y para prevenir problemas no considerados hasta ese momento, las perfeccionó logrando un sistema de aseguramiento (HACCP) y aplicando procedimientos que implican el estudio de rutinas y el análisis organizacional para el logro de alimentos seguros. Esta fue la más acabada demostración de cómo se puede lograr un sistema de calidad más seguro y demostrable mediante un esquema propio.

Las BPM cumplen análogamente el papel del articulado de la constitución de un país, a partir de la cual se dictan leyes que reglamentan cada aspecto de la actividad de una nación. Ninguna norma ni acto que se realice puede ir en contra de ella. De similar manera nada de lo que se realice o reglamente en una empresa puede contradecir lo que las BPM establecen. Si la producción se realiza con descuido de las BPM, los alimentos pueden contaminarse hasta llegar a producir enfermedad y aun la muerte por alguna de las sustancias denominadas tóxicas.

Si bien en nuestro Código Alimentario Argentino (CAA) la adulteración no tiene el amplio concepto que le da la FDA de los Estados Unidos de Norteamérica, lo considera un hecho inaceptable y por lo tanto punible. La FDA entiende que, al considerar adulterado a un alimento, se le da la máxima responsabilidad al empresario por el alimento que produce, almacena, transporta o exhibe y de esa manera lo obliga a extremar sus esfuerzos para que no lo contamine como consecuencia de la negligencia que pueda tener en las prácticas de manufactura. En sus reuniones internacionales el grupo técnico del MERCOSUR definió uniformidad en la reglamentación bromatológica de los países que lo integran y tomo al CODEX como punto de referencia para las diferencias.

TÓXICOS Y VENENOS ALIMENTARIOS

Básicamente a los tóxicos se los puede clasificar en naturales y agregados. Esta clasificación es fundamental porque de su entendimiento el productor o industrial asumirá su responsabilidad como agente esencial para que un producto se contamine o no.

Los tóxicos naturales se encuentran como componentes de los vegetales (por ejemplo, alcaloides, factores anti nutricionales, saponinas) y animales, y cumplen funciones específicas en los mismos. Una vez que el alimento es tomado de su forma natural e incluida en la dieta de los humanos puede llegar a consumirse en elevadas cantidades y si no se establecen controles se pone en riesgo la salud de la población.

También existen microorganismos que atacan los vegetales y afectan sus distintos componentes, como las semillas, hojas, frutos, raíces, tallos, etc., que constituyen parte de la dieta humana y de los animales. Estos microorganismos, la mayor parte de ellos *hongos* y *levaduras*, producen distintos tipos de *micotoxinas*, algunas de extraordinario poder toxigénico.

Por la actividad productiva se desarrollan numerosas tareas en los establecimientos rurales que incluyen la utilización de diversos productos químicos, tales como los plaguicidas y herbicidas, muchos de ellos considerados todavía como sustancias químicas inevitables.

PROCESO DE UN TÓXICO ALIMENTARIO

Generalmente comprende tres fases: exposición, toxicocinética y toxicodinámica.

La exposición presenta factores de diferente tipo de acuerdo con cada actor que alcanza la vía digestiva. Las condiciones que comprenden la higiene y seguridad de los lugares, la formulación, la información a los clientes y consumidores, y los hábitos alimentarios.

Una sustancia tóxica al ingresar al organismo de acuerdo con sus características y disponibilidad física se absorberá, distribuirá por el organismo y transformará o no metabólicamente para alcanzar su efecto deletéreo.

En la fase de acción basado además en su disponibilidad, se manifestará la tercera fase o toxicodinámica, como efecto tóxico.

SUSTANCIAS PELIGROSAS: EVITABLES *VS.* INEVITABLES

• *Sustancia evitable*: el alimento es considerado adulterado, a menos que sea requerido para la producción de alimentos y no pueda ser evitado por BPM.

• *Sustancia inevitable*: si es necesaria para la producción y no puede ser evitado por BPM, se puede establecer una tolerancia. Si no existiera tolerancia se considerará adulteración.

Este agregado de productos comunes para los productores, pero extraños a los alimentos se ha convertido en un hábito, la mayoría de las veces necesarias para la obtención de alimentos en cantidad cada vez mayor debido al crecimiento de la población mundial. La industria alimentaria en sus procesos también incorpora los más diversos productos químicos o naturales transformados, ya sea como adyuvantes de proceso y aditivos.

COADYUVANTES DE PROCESO

Con un fin tecnológico, en algunos procesos elaboradores de alimentos se requiere de adyuvantes que, en diversas etapas, participan de la filtración, envasado, desmoldado, controladores de microorganismos, mejoradores de calidad de los productos, transformadores de materias primas, además de variados otros objetivos que se mencionan en el CAA, participando solo con un fin tecnológico sin formar parte de la composición final del producto.

No son considerados ingredientes por lo que no se mencionan en el etiquetado, pero para algunos con cierto riesgo, pueden permanecer en trazas en el producto final, aunque no debe poner riesgo para la salud. De allí es que para ello se fijan tolerancias.

El CAA en su Capítulo XVI lista los correctivos y coadyuvantes admitidos en la elaboración de alimentos, definiendo sus funciones como:

- Catalizadores, enzimas o preparaciones enzimáticas, fermentos biológicos, nutrientes para fermentos biológicos, gases propelentes, gases para embalajes, lubricantes, agentes desmoldantes, antiadherentes, auxiliares de moldeo, resinas de intercambio iónico, membranas y tamices moleculares, solventes de extracción y procesamiento, detergentes.

- Agentes de:
Floculación, inmovilización de enzimas, lavado y/o pelado, enfriamiento/congelamiento por contacto, desgomado, inhibición enzimática, clarificación/filtración, coagulación, control de microorganismos.

Algunos ejemplos prácticos:

√ Enzimas pectinolíticas, en enología para clarificación de zumos de frutas.
√ Catalizador metálico de níquel, platino o paladio, en la hidrogenación de aceite.
√ Aceite o cera de abeja como desmoldante en confiterías.
√ Arcilla caolinita que mejora la extracción del aceite.
√ Gas nitrógeno, para estabilizar el envasado de agua, elimina el oxígeno y evita oxidaciones.

ADITIVOS ALIMENTARIOS

Se definen como sustancias que se añaden a los alimentos para mejorar su sabor o su olor.

Comprenden conservadores, exaltadores de sabor, saborizantes, enmascaradores de sabor, inhibidores microbianos, antioxidantes, secuestrantes de metales, colorantes naturales o artificiales, etc., los que quedarán incluidos íntegra y totalmente en el alimento hasta su ingestión por el consumidor.

En el Capítulo XVIII del CAA, Artículo 1391 se establecen las condiciones para su agregado en los alimentos. Además, en el Artículo 1392 se determina que los que cumplan las exigencias de este código podrán agregarse para mantener o mejorar el valor nutritivo, aumentar la estabilidad o capacidad de conservación, incrementar la aceptabilidad de alimentos sanos y genuinos pero faltos de atractivo y permitir la elaboración económica y en gran escala de alimentos de composición y calidad constante en función del tiempo.

En su Art. 1393 se establecen las prohibiciones de agregado para enmascarar técnicas y procesos defectuosos de elaboración y/o de manipulación, provocar una reducción considerable del valor nutritivo de los alimentos, perseguir finalidades que pueden lograrse con prácticas lícitas de fabricación, económicamente factibles, engañar al consumidor.

Los aditivos son distintos a los coadyuvantes y son más conocidos, aunque en casos menos aceptados por los consumidores. Uno de los aditivos que más se utilizan en la industria alimentaria son los emulsionantes, es decir, aquellos que ayudan a unir dos sustancias difíciles de mezclar. Las más conocidas son las lecitinas, encargadas de facilitar y estabilizar las mezclas de aceite y agua, interaccionando con las grasas y aceites y creando una película a su alrededor que permite que el aceite se distribuya en el agua.

Algunos de estos aditivos tienen efectos nocivos sobre la salud si no se los dosifica correctamente, por lo que a la práctica de las BPM se le debe agregar una sistematización de los procedimientos de medición y agregados descritos en procedimientos operativos estandarizados e implantados por una capacitación concurrente.

CONDICIONES MÍNIMAS, CAMINO AL ASEGURAMIENTO DE CALIDAD

Históricamente a la necesidad de establecer condiciones mínimas para la producción de alimentos se agregó la de legislar sobre su adulteración. Demás está decir que la más evidente de las adulteraciones es la que se realiza mediante dolo criminal o fraude, que por su intencionalidad implica un cambio perjudicial o engaño para el consumidor. La nueva condición que se agregó se basaba en la ignorancia del fabricante respecto de las prácticas que se debían realizar para la preparación de los alimentos. Así se dio un paso importante al tener en cuenta la evolución de la tecnología y el incremento de los conocimientos que de las enfermedades causadas por alimentos se tenía. Esto era fundamental ya que de la misma manera que para otras actividades se requería la existencia de responsables o se legislaba muy minuciosamente, la actividad alimentaria comenzaba a requerir de mecanismos y responsabilidades cada vez mayores por parte de todos los involucrados en la cadena alimentaria.

La artesanía y el reparto local habían dado paso a una distribución masiva que implicaba un riesgo superior, debido a que ya no se producía para una familia o comunidad reducida, sino que los productos llegaban a millones de personas y los brotes por intoxicación podían ser catastróficos como ocurrió en España con el síndrome del aceite tóxico, también conocido como síndrome tóxico o enfermedad de la colza en 1981. La enfermedad afectó a más de 20.000 personas y causó la muerte de unas 330 personas, según los estudios forenses y análisis clínicos recogidos por la sentencia que condenó a los responsables de la intoxicación.

En 1989 el Tribunal Supremo de España consideró probada la relación de causalidad por la ingesta de aceite de colza desnaturalizado con piridina, condenando a los industriales de la distribución y comercialización de este aceite, y al Estado como responsable civil subsidiario. Según la sentencia por "un desmedido afán de lucro", el aceite de colza desnaturalizado para uso industrial fue desviado conscientemente al consumo humano.

Volviendo a los aspectos microbiológicos se debe pensar y estudiar la aparición de microorganismos emergentes, es decir aquellos que hasta ese momento no se les asociaba con intoxicaciones alimentaras y que se fue demostrando tanto su participación como patogenicidad por vía digestiva.

Mucho camino debía recorrerse hasta nuestros días, pero ya se había alertado acerca de la necesidad de establecer medidas preventivas en un establecimiento elaborador de alimentos. De esta manera, y corroborando tales objetivos, se ha considerado a un "alimento adulterado" como aquel que ha sido preparado, empacado o mantenido bajo condiciones no sanitarias que pueden contaminarlo con suciedad o haberlo convertido en peligroso para la salud".

De allí es que como conclusión de estos primeros y resumidos conceptos queda claramente establecido que cualquier "Sistema de Aseguramiento de la Calidad" que se pretenda instaurar en una empresa, deberá inexorablemente quedar enmarcada en el contexto de estas prácticas de higiene. Es evidente que, así como en la tierra conviven al mismo tiempo seres humanos que viven en distinto nivel de adelanto tecnológico, es en la preparación de alimentos donde ese gradiente es notable.

El desconocimiento de las Buenas Prácticas de Manufactura es en sí una falta, puesto que la producción de alimentos queda librada al criterio, la experiencia y mirada económica del fabricante, como únicas bases para el negocio.

La experiencia es un factor que para el productor e industrial es fundamental para conocer el mercado y el mejor aprovechamiento en un rubro determinado de la producción de alimentos. También es muy cierto que ningún negocio resulta de interés si no se tiene en cuenta el aspecto económico. Pero al referirnos al criterio, debemos tener en cuenta que este puede ser bueno o malo, y en este último caso se complica grandemente cuando es acompañado del desconocimiento de las condiciones mínimas que enunciamos más arriba.

La propuesta para la implementación de las Buenas Prácticas de Manufactura, en las actividades que realizan tanto los productores como los industriales, tiene como objetivo el establecimiento de autocontroles y gestión de las operaciones de manufactura como una de las formas más efectiva para el mantenimiento de una provisión de alimentos seguros. Actualmente es obligación para los productores ejecutar el control del riesgo de todo tipo de contaminación en alimentos y en esto no existen excepciones.

Tradicionalmente diferentes productos se han considerado totalmente inocuos, existiendo aún hoy este tipo de creencia lo que ha llevado a muchos productores e industriales a definir su práctica invulnerabilidad y carencia de peligros para la salud. Por ello es por lo que se resisten a realizar un estudio que abra su proceso al análisis de riesgos y a buscar en su propia actividad la posible causa de la desconfianza con que los consumidores e importadores miran a sus productos. Perciben que el mundo en el que hacían sus negocios ha cambiado, pero toda la terminología y metodología parece ser extraña a las actividades que llevaron a cabo durante años con el éxito comercial que los llevó a ubicarse en el mercado con el nivel que hoy ostentan.

Mientras la producción y la industria evolucionaron se produjo en el Mundo un acompañamiento en las normas alimentarias surgiendo definiciones que luego serían fundamentales para establecer el grado de responsabilidad que una empresa tendría ante un eventual incidente en el cual un alimento de su producción se viera involucrado.

CONTAMINACIÓN DE ALIMENTOS

La adulteración define la alteración o eliminación de la calidad y pureza de una cosa añadiéndole algo que le es ajeno o impropio. En los alimentos la adulteración tiene como base a una contaminación y un alimento se considera contaminado cuando contiene sustancias que pueden ser nocivas para la salud. Es decir, no significa que en casos no pueden ser nocivas, pero al no cumplir con las normas oficiales puede convertirse en un peligro para la salud.

Un ejemplo ocurrido en el mercado argentino ha sido el agregado de alcohol metílico —metanol— al vino en damajuana hace casi tres décadas que mató a 29 personas. Muchos de los que se salvaron quedaron ciegos, debido a que el metanol conduce a la ceguera irreversible al producirse una neuropatía tóxica y una necrosis de la retina.

En aquel momento el caso marcó el fin de la comercialización de vino en damajuana.

Sin embargo, el alcohol metílico se encuentra naturalmente en los alimentos, especialmente las frutas y verduras frescas y sus jugos. La concentración de metanol de los jugos de frutas varía de 1 a 640 mg/l. Es resultado no de la fermentación, sino de la hidrólisis de las pectinas que existen en la piel de la uva mediante acción enzimática. Los vinos blancos contienen mucho menos alcohol metílico que los tintos.

El Código Alimentario Argentino en el artículo 1110, en especificaciones técnicas, consideran aptas para el consumo humano las bebidas alcohólicas que cumplan, sin perjuicio de otras, las siguientes especificaciones de límites máximos, expresados en mg/100 ml de alcohol anhidro:

Alcohol metílico	200 mg/100 ml*
Ácido cianhídrico	5 mg/100 ml
Furfural	5 mg/100 ml
Alcoholes superiores y aldehídos	5 g/I

Dentro de la definición de alimento contaminado se incluyen los venenos y las sustancias deletéreas. A partir de esto surgen dos posibilidades de acuerdo con si el veneno o sustancia deletérea es de origen natural o es agregado al alimento.

---

* El nivel de 200 mg/100 ml de alcohol anhidro comprende a todas las bebidas alcohólicas (con excepción de las fermentadas), excluyendo a las bebidas provenientes de destilados de mostos fermentados de pulpa de frutas o de orujos de uva, en cuyo caso el límite máximo es de hasta 700 mg/100 ml de alcohol anhidro.

• *Tóxico o sustancia dañina natural*

El alimento será considerado adulterado solo si tal sustancia normalmente llega a dañar la salud. Un ejemplo es el del aceite de colza por la presencia de ácido erúcico o ácido cis-13 docosenoico, ($CH_3(CH_2)_7CH=CH(CH_2)_{11}COOH$), que es un ácido graso monoinsaturado omega 9, con doble enlace C=C en la posición del carbono 13 (ω-9). Consumido en cantidades excesivas es nocivo. Para evitar este efecto se somete al aceite a un tratamiento especial.

(F14) ÁCIDO ERÚCICO

Fórmula: **C22H42O2**

Para uso alimenticio se han obtenido variedades con bajo contenido de ácido erúcico como la variedad de colza canadiense, denominada canola (Canadian Oil Low Acid), con menos de un 2%, y la variedad de canola australiana contiene por término medio menos de un 0,3%.

Por antecedentes y estudios el Comité Científico sobre la Alimentación Humana (SFC) de la Comisión Europea en el año 1975, mediante un dictamen sobre el uso del aceite de colza en los alimentos, advirtió sus riesgos de consumo, sin determinar terminantemente sobre los riesgos del consumo de ácido erúcico.

Por la Directiva 2006/141/CE de la Comisión fijó un contenido máximo de ácido erúcico más estricto en los preparados para lactantes y preparados de continuación, de 10 mg/kg de grasa, a partir del dictamen sobre requisitos esenciales para preparados para lactantes y preparados de continuación que elaboró el Comité Científico de la Alimentación Humana (SFC) en el año 1995. En ausencia de datos toxicológicos en recién nacidos humanos, el Comité consideró prudente que en las fórmulas infantiles el contenido en ácido erúcico no debía superar el 1% de la grasa total.

Además, la Comisión modificaba el Reglamento (CE) N° 1881/2006 incluyendo como toxina vegetal inherente, los valores máximos con respecto al contenido de ácido erúcico en aceites y grasas vegetales y en alimentos que contienen aceites y grasas vegetales.

En el 2016, el Reglamento delegado 2019/828 modificó el Reglamento Delegado 2016/127 rebajando el contenido máximo de ácido erúcico en preparados para lactantes y en preparados de continuación hasta 0,4% del contenido en grasa.

Entre otras decisiones, por ejemplo, también se han encontrado glucosinolatos que cuando se hidrolizan tienen un efecto antitiroideo, que por el consumo rutinario favorece la aparición de bocio.

• *Tóxico o sustancia dañina agregada*

El alimento será considerado adulterado si tal sustancia "puede llegar a" dañar la salud. Es el caso de metanol en el vino descrito anteriormente.

Estas aparentes sutilezas nos muestran que en todo caso el agregado de sustancias extrañas al alimento puede llegar a ser una adulteración. De allí el cuidado que debe poner el productor para evitar incluir contaminantes durante todo el proceso de producción, almacenamiento y distribución.

Un alimento tiene como contaminante a sustancias de distinta índole ya sea física, química o microbiológica. Si bien todas constituyen una preocupación permanente, las sustancias denominadas peligrosas son las más críticas. A estas últimas también se las puede distinguir de acuerdo con su origen en natural o agregada. Si bien las naturales pueden ser muy dañinas existe siempre la posibilidad de que puedan aparecer en un alimento, aun a pesar de las buenas prácticas que el productor o fábrica tengan. De cualquier manera, tanto uno como otro deberá tener un sistema que asegure el control de tal situación.

SUSTANCIAS PELIGROSAS: AGREGADAS *VS.* NATURALES

• *Agregada*

Es una sustancia venenosa o deletérea que no ocurre naturalmente. Significa artificialmente introducida.

• *Natural*

Cuando se incrementa a niveles anormales, a través de mal manejo u otros procedimientos indebidos, se lo considera como una sustancia no agregada.

Las peligrosas agregadas son sustancias venenosas que afectan a la salud y que no ocurren en la naturaleza. A veces, la sustancia ocurre en la naturaleza, pero no es característica del producto en cuestión, por lo que se la considera agregada sin importar la concentración. La sustancia peligrosa natural debe estar en un nivel de aceptación ya que cuando se incrementa a niveles anormales, a través de mal manejo u otros procedimientos indebidos, se lo considera como una sustancia agregada.Pero en realidad muchas son las sustancias que no son naturales y que se agregan a un alimento. El caso de los aditivos y los plaguicidas es el ejemplo más elocuente que se puede tener de ello. De allí que las sustancias peligrosas pueden ser evitables e inevitables.

• *Sustancias Peligrosas Evitables*

Transforman a un alimento en adulterado, a menos que sean requeridas para su producción, en cuyo caso se las puede considerar inevitables.

• *Sustancias Peligrosas Inevitables*

Son absolutamente necesarias para la producción y no se pueden evitar por BPM y para las que se establece una tolerancia. Como ya se lo mencionara anteriormente es el caso de los adyuvantes de proceso, necesarios para la transformación, refinación o purificación.

Queda perfectamente entendido que en el caso de que no se haya establecido una tolerancia, no se permite en un alimento la existencia de la sustancia en cuestión y cuando se encuentre en un nivel más elevado que el de la tolerancia se lo debe considerar una adulteración.

TOLERANCIA DE UNA SUSTANCIA

El empleo indistinto de las palabras aceptabilidad y tolerancia pareciera ser algo que no tiene importancia, pero merece una breve explicación para entender cuando una sustancia puede adulterar a un alimento.

En un alimento es aceptable toda aquella sustancia para lo que no existe límite alguno y que por lo general constituyen la composición típica natural del mismo, mientras que una sustancia es tolerable cuando por una razón u otra no se lo acepta, pero resulta importante su incorporación en las cantidades relativas registradas en las reglamentaciones vigentes, nacionales o internacionales. En pocas palabras existe consentimiento hacia muchas sustancias en principio no aceptables que se encuentran o agregan a un alimento, aunque más allá de cierto límite establecido no se las acepte.

Un plaguicida, un aditivo, un antioxidante artificial, etc., es una sustancia totalmente extraña a un alimento y no es aceptable su presencia, aunque no constituye motivo de rechazo o de riesgo para la salud siempre y cuando esté dentro de cierto límite. Por otra parte, en un alimento no natural como el caso de un aceite, el agregado de antioxidantes es tolerado, aunque sería de preferencia cuidar los tocoferoles durante el proceso de refinación que son sus antioxidantes naturales. En el caso de vegetales "in natura" como frutas u hortalizas, es recomendable la producción orgánica dirigida por metodologías especiales.

CONDICIONES PARA ESTABLECER UNA TOLERANCIA

1. La sustancia no puede ser evitada por las BPM.
2. La tolerancia establecida es suficiente para la protección de la salud pública.
3. No se vislumbran cambios tecnológicos u otros que puedan modificar las características de las tolerancias establecidas.
4. Un residuo más elevado que una tolerancia constituye adulteración.

Estas condiciones están basadas en lo siguiente:

1ª Condición

La sustancia no puede ser evitada por la aplicación de buenas prácticas de manufactura. Este es un punto muy importante ya que a veces se aduce demostrativamente que resulta imposible lograr objetivos de calidad y aun de inocuidad sin el agregado de ciertos aditivos.

Ejemplo (E04) Antioxidante EDTA (Ver Caso A24)

Una mayonesa es un producto con alto contenido de aceite (68 a 75%). En la composición de este último puede existir una elevada cantidad de ácidos grasos poliinsaturados los que a su vez son muy sensibles a los procesos de oxidación generando radicales libres y acelerando los procesos de enranciamiento. La presencia de metales aumenta la reacción por lo que se adiciona ácido etilendiaminotetraacético o conocido por su acronímico EDTA, como secuestrante ya que de otra manera la mayonesa sería lábil y su vida útil muy reducida.

Ejemplo (E05) Antioxidante natural tocoferol

Por lo general un aceite requiere el agregado de antioxidantes. Sin embargo, si durante el proceso de refinación se cuida de no reducir drásticamente los niveles de tocoferoles (vitamina E), y se evita la acción de la luz natural que afecta principalmente a los ácidos grasos poliinsaturados, se podrá evitar o por lo menos reducir la cantidad de antioxidantes artificiales que se pudieran agregar.

Ejemplo (E06) Aditivo Ácido benzoico. Mayonesa bajas calorías

La "mayonesa calorías reducidas" o mejor dicho aderezo, tiene la mitad de aceite que la verdadera mayonesa (mayonesa real), lo que aumenta su riesgo al deterioro por acción de lactobacilos o a las 'levaduras resistentes a la acidez de conservación', más conocidas como APRY (*Acid Preservative Resistant Yeast*). Esta contaminación es perfectamente evitable si se elabora dentro de un marco estricto de BPM, por lo que no necesitaría conservadores antimicrobianos ya que bastaría con la acidez y otros componentes de la formulación. Sin embargo, existe un límite sensorial para el agregado de acidez, particularmente vinagre, por lo agresivo a los sentidos.

En una reunión del Comité del Código Alimentario Argentino a la que asistía como miembro de la industria, una empresa había solicitado la incorporación de ácido benzoico en la formulación de este tipo de 'mayonesa'. La justificación era presentada por el hecho que el ácido benzoico se encuentra naturalmente en varios alimentos y bebidas como i.e., ciruelas, moras, manzanas, uvas, tomates, productos lácteos, entre otros, además de ser utilizado en la conservación de refrescos, encurtidos, aderezos, zumos, y otros alimentos. La explicación del rechazo se apoyó en el hecho que haciendo un estudio exhaustivo de las condiciones higiénicas y técnicas de producción no se generaban problemas para el producto.

2ª Condición

Se determina cuando es suficiente como para que se vea protegida la salud pública dentro del nivel especificado. Este nivel surge de varios estudios estadísticos y de las características propias de la sustancia en cuanto a su efecto en los ensayos de laboratorio y el conocimiento médico y farmacológico.

Ejemplo (E07) Tolerancia metales pesados

Los niveles de metales pesados se determinan por estudios estadísticos teniendo en cuenta los hábitos alimenticios y la incidencia que tienen globalmente en los mismos el nivel de cada metal pesado.

Ejemplo (E08) Tolerancia Ácidos Grasos Trans

Cuando se llegó a la conclusión de la existencia de ácidos grasos trans (TFA) en cantidad indebida en los aceites hidrogenados artificialmente, para reducir su insaturación, en algunos países se estableció tolerancia según estudios estadísticos de consumo en determinados alimentos y su evolución para reducir esos niveles.

3ª Condición

Se basa en que no se vislumbren cambios tecnológicos u otros que puedan afectar las características de las tolerancias establecidas. Sin embargo,

---

Ejemplo (E09) Tolerancia plaguicidas

El combate contra las plagas en los cultivos necesita de la utilización de plaguicidas para los cuales se han establecido tolerancias. Las nuevas tendencias están reemplazando su uso por el empleo de técnicas de lucha biológica que conducen a la obtención de productos calificados como orgánicos y por la profundización en el estudio de nuevas variedades. Además, mediante métodos de producción de alimentos exclusivamente naturales, que restringen el uso de aditivos químicos tales como pesticidas, herbicidas y/o fertilizantes artificiales o cualquiera otra sustancia que contenga materiales sintéticos, se evoluciona hacia los productos llamados "orgánicos". Estos cultivos mantienen los nutrientes esenciales de su naturaleza, elementos que en muchos casos se pierden con la manipulación genética o utilización de agroquímicos.

Ejemplo (E10) Rechazo partida frutos orgánicos por contaminación

En el exterior una partida de frutas orgánicas fue rechazada por contaminación química del empaque. Esta tuvo origen en los desordenados depósitos de la empacadora, por el salpicado de un derrame de productos químicos hacia el empaque almacenado no informado.

4ª Condición

Como se dijera anteriormente sobre la necesidad de tolerar algo que básicamente no es aceptable, esta condición constituye un límite critico no traspasable. Si por ejemplo se viola esta condición al ser superada "por poco", surgirá la pregunta ¿Cuándo es poco o mucho si hay un límite? Y además ¿en qué medida se realizó el estudio? De allí es que la tendencia al consumo de alimentos orgánicos ha llevado a certificaciones de origen.

Los mercados internacionales están sensibilizados hacia la calidad a través de la seguridad de consumo. El precio no es el único que interviene en sus decisiones de compra. La competitividad de una empresa o producto es función de la calidad y productividad y esta, a pesar de que muchas veces no se vea claramente, es a su vez función de la primera en un sentido total de compañía. Este sentido en el que se entiende la calidad es un concepto fundamental en la gestión empresarial y solo asumible desde el más alto nivel de responsabilidad.

Uno de los riesgos básicos que debe enfrentar la industria alimentaria es el de evitar la contaminación de los alimentos y su adulteración por transgresión de la tolerancia. Por lo tanto, resulta evidente que el empresario debe tener un considerable conocimiento de los alimentos que procesa y las medidas que debe tomar para no caer en tal situación. En este sentido recuerdo cuando fuimos a comer a un restaurante y me recomendaron la "mayonesa de atún". Pregunté que mayonesa usaban y la contestación fue, "la mejor, la casera". En esos tiempos no se había prohibido su preparación en lugares públicos por las frecuentes intoxicaciones que provocaba.

El mejor conocimiento de los alimentos puede lograrlo estudiando los peligros que pueden afectar su inocuidad. De allí que debe comprender que existen maniobras inadecuadas de su personal, aun realizadas con la más sana intención que puede transformar a un alimento en adulterarlo por una contaminación. Es por ello por lo que la adecuada capacitación en las correctas prácticas de manejo y transformación de los alimentos establece la diferencia entre el éxito y el fracaso en el logro de alimentos sanos.

ALIMENTOS, PELIGRO Y RIESGO

Es frecuente que se emplee indistintamente estos dos términos, sin embargo, su utilización debe ser cuidadosa ya que el peligro existe en muchos casos sin tener un riesgo cierto tanto en lo inmediato como mediato.

El peligro es una condición o característica intrínseca que puede causar lesión o enfermedad, daño a la propiedad y/o la paralización de un proceso, en cambio, el riesgo es la combinación de la probabilidad y la consecuencia de no controlar el peligro. En pocas palabras el peligro es potencialmente la capacidad de causar daño y el riesgo es la probabilidad de que ocurra un daño real.

Un ejemplo es una ventana de vidrio en una fábrica alimentaria. Si el vidrio tiene alguna resquebradura, pero está ubicada en un pasillo que conduce al área en donde se elabora alimentos, pero no en su interior, constituye un riesgo eventual con la probabilidad ocasionar algún daño. Es una no calidad media a menor, pero requiere ser cambiada en un plazo regularmente corto. En cambio, si existe una ventana de vidrio con rajaduras en un área en donde el producto está en cualquier etapa de elaboración, tiene un riesgo extremo y constituye un problema crítico y debe ser reemplazado inmediatamente.

Si bien el objetivo de este libro es el de explicar que son las Buenas Prácticas de Manufactura y la razón de cada una de sus medidas, es necesario que previamente hagamos un resumen de los peligros concretos y sus riesgos que pueden llegar a afectar a un alimento. De esa manera todo estudio que se haga en una planta alimentaria no deberá perder de vista todos los peligros a que se somete a los alimentos mediante las malas prácticas o desidia.

Los peligros deben ser considerados con mucho cuidado porque no en todos los casos un peligro puede poner en riesgo a un determinado producto. Depende del tipo de alimento el mayor o menor riesgo de producir un problema para la salud o para el producto mismo. Ambos aspectos son importantes para la empresa, aunque si bien los primeros deben ser de la más absoluta atención por lo que significa la vida de una persona, los segundos pueden iniciar una decadencia de las marcas y la empresa misma.

1. Problemas para la salud

La existencia de tóxicos químicos, de microorganismos patógenos o de sus toxinas y de toda aquella sustancia que signifique un peligro que puedan desencadenar afecciones en los consumidores.

2. Problemas para el producto

Son los peligros que pueden desencadenar una serie de alteraciones en las características sensoriales o de identidad del producto o porque simplemente no tienen nada que ver con él y que son detectados por el consumidor a través de sus sentidos.

A excepción de los patógenos en cualquier alimento, no es posible calificarlos en uno u otro de los problemas ya que como dijéramos antes dependerá del producto. Para algunos la existencia de una bacteria normalmente banal determinada en un alimento que va a ser cocido puede no representar un riesgo, prueba de ello es la carencia de análisis que determinen el grado de higiene de proceso y la presencia o no de estos microorganismos. Por otra parte, algunos que pueden entrañar gran riesgo para algunos alimentos, pueden no ser significativos para otros. Es el caso de enterobacterias pueden estar sobre la superficie de un corte vacuno que por acción del fuego o temperatura elevada morirán, pero para un corte vacuno convertido en carne picada permanecerá viable si no se tiene en cuenta tiempo y temperatura de penetración térmica.

Por ello es por lo que se los califica de acuerdo con sus propias características en físicos, químicos y biológicos. A veces algo que se considera totalmente inocente como la limpieza de la planta y equipos, por mala práctica puede involucrar la seguridad de un alimento. Durante mi trabajo en la industria alimentaria he observado algunos hechos que sirven de ejemplo:

Físicos	Químicos	Biológicos
Cabellos	Limpiadores	Bacterias
Plásticos	Desinfectante	Hongos
Vidrios	Cosméticos	Levaduras
Suciedad	Plaguicidas	Virus
Virutas	Aceites minerales	Parásitos
Cerdas	Combustibles	Vermes
Restos de telas	Grasa de motores	Toxinas
Piedrecitas	Antibióticos	Insectos
Detritos de animales	Micotoxinas	

¿Cómo pueden evitarse la acción de estos peligros? La respuesta es mediante la aplicación de las Buenas Prácticas de Manufactura, que son lo opuesto a las prácticas que conducen al no-cumplimiento elemental.

Buenas prácticas de manufactura (BPM)

Son un conjunto de directivas generales relacionadas con las actividades higiénicas y sanitarias que tienen por objeto el aseguramiento del producto y de la calidad a través de un programa de prevención.

Son criterios que permiten establecer si los:
• Establecimientos
• Métodos
• Procedimientos
• Controles

Empleados en el:
• Procesamiento
• Envasado
• Manipulación de alimentos

Están cumpliendo o siendo administrados de manera tal que:
• Los alimentos son aptos para el consumo
• Han sido preparados y manipulados en condiciones de higiene y seguridad.

Estas prácticas solo se pueden llevar a cabo cuando se conoce cómo hacer bien un trabajo desde el punto de vista de la higiene y la seguridad, y se logra imponerlas cuando se toma conciencia de los riesgos que se asumen cuando no se cumplen.

Las buenas prácticas de manufactura y de seguridad deben ser cumplidas en toda la cadena de producción, comercialización y consumo.

ASPECTOS GENERALES

El objetivo de las buenas prácticas de manufactura es el de producir y comportarse de acuerdo con normas con las cuales todo el personal deberá estar comprometido. Por ello es muy importante el análisis crítico que la misma empresa pueda realizar, ya que es preferible una autocrítica de la que pueden salir los cambios necesarios en la empresa, antes que lo llegue a hacer un auditor, el organismo oficial o el mismo comprador.

Cuando el que descubre un problema es el auditor, ya no se discute y como efecto, al no-cumplimiento de las BPM se le agregará la necesidad de resolverlo con mucho menos tiempo, siempre y cuando en el caso de que el cliente acepte una nueva visita. Esto puede ser casi limitante ya que el cliente de otro país puede venir una vez al año, en el mejor de los casos. Al discutirlo se generan opciones y proyectos. Se determinan los tiempos de ejecución y las metas que se vayan alcanzando. Cuando se busca la solución integral a través de un proyecto se evitan los parches que solamente son arreglos precarios de corto alcance, pues las soluciones deben ser radicales y definitivas.

En la industria alimentaria las políticas son definidas o modificadas a partir de un hecho técnico que obliga al cambio o de lo contrario a convivir con el problema con todos los inconvenientes que ello representa. El conocimiento y el compromiso que todo el personal tome acerca del cumplimiento de las BPM permite prevenir los problemas para que estos no se presenten.

DEFECTOS O TRANSGRESIONES A LAS BPM

Lo que en general se busca es que los operarios y técnicos vean en su ambiente de trabajo las cosas en las cuales no prestan atención. Los técnicos del área de aseguramiento de la calidad tienen que verlo con más espíritu crítico y detallista. Por ello es por lo que las transgresiones a las BPM tienen distinto grado de gravedad dadas por el riesgo que puede alcanzar el producto en sus distintas etapas de elaboración, almacenamiento, transporte y conservación. Como consecuencia de establecer una medición de ese riesgo es que los defectos o transgresiones se los clasifica en Críticos, Mayores o Menores. Si bien una no calidad pareciera no ser objetiva, el conocimiento de los ítems de un manual y su evaluación de un riesgo para un producto será establecido por el estudio de la probabilidad de que ocurra total, parcial o no.

En los anexos se dan una serie de ejemplos prácticos de hechos ocurridos sobre estos defectos, algunos de los cuales en general no cambian, mientras que otros pueden tener otra gravedad diferente de la que se indica. De allí es que a los defectos se los clasifica en tres niveles. Cada empresa tiene sus propias realidades para ello, dependiendo de los productos y establecimiento.

1. Defectos críticos

Son los que afectan o pueden afectar directamente al producto. Requieren una solución inmediata o por lo menos bajarles el nivel de riesgo en un lapso muy reducido.

Ejemplo (E11) Defectos críticos

a) Establecimiento, diseño general y mantenimiento
• Baños conectados directamente a las áreas de producción.
• Instalaciones de lavado de manos/desinfección, ubicadas donde exista alimento no protegido.
• Basura y desechos transportados, almacenados y dispuestos indebidamente que pueden atraer plagas o producir olor.
• Goteras, filtraciones o condensaciones en áreas de exposición de productos.
• Reflujos a través de conexión cruzada entre el sistema de cañerías de agua para proceso y agua efluente o aguas servidas.
• Aire comprimido u otros gases no filtrados, lavados ni libres de aceite, condensado o materiales extraños, mecánicamente introducidos en los alimentos o usados para limpiar las superficies en contacto con los alimentos.

b) Recursos humanos
• Operarios que trabajan en contacto directo con los alimentos con infecciones en la piel o enfermedades contagiosas.
• En zonas donde los productos en proceso o terminados están expuestos, hay operarios cuyos uniformes no están completos.

c) Equipos de proceso y utensilios
• Detectores de metal desactivados, o dispositivos para la eliminación de materiales extraños tales como mallas, tamices o filtros sucios, no operativos.
• Superficies de contacto de equipos y utensilios sucios o en malas condiciones. Contaminadas con materiales, sustancias minerales o microbios.

(continúa)

Ejemplo (E11) Defectos críticos (*continuación*)

d) Control de plagas

• Se observa actividad de roedores, insectos, murciélagos, aves y otros animales dentro de la planta.
• Plaguicidas impropiamente almacenados, manejados, identificados sin un plan adecuado de control.
• Se ven animales domésticos circulando por la planta.

e) Operaciones de proceso, envase e higiene de planta

• Uso indebido del material de empaque.
• Sistemas de limpieza del empaque primario inadecuado o no operativos.
• Ruptura de material de vidrio sin un plan de eliminación de astillas de vidrio.
• Materiales que emanen olor o tóxicos no se almacenan en áreas adyacentes a las materias primas, empaque o producto terminado.

2. Defectos mayores

Tienen una incidencia indirecta, aunque cercana a la seguridad del producto. El riesgo es menor que el crítico por su situación mediata, pero si no se encara su solución es muy probable que degenere en un defecto crítico.

Ejemplo (E12) Defectos mayores

a) Establecimiento, diseño general y mantenimiento:

• Servicios sanitarios no proporcionales al número de operarios, deficientemente limpios, no operable ni ventilados al exterior del edificio.
• Indicadores de sanitarios o lavaderos mal ubicados o inexistentes.
• Todas las cañerías inadecuadas en tamaño o diseño, impropiamente instaladas o mantenidas (ej., lavaderos de ojos, piletas, etc.).
• Acumulación de descartes o producto rechazado; sin esquema prefijado de eliminación.
• Contenedores de desperdicios impropiamente cubiertos y mantenidos sucios, particularmente en las áreas productivas.
• Ventiladores de techo o pie y otros equipos sopladores, sucios o mal ubicados respecto a los productos sin protección.
• Controles térmicos en mal estado y sucios.
• Archivo de registros de controles térmicos incompletos o inexistentes.

(continúa)

Ejemplo (E12) Defectos mayores (*continuación*)

- Equipos, cámaras de refrigeración a temperatura inadecuada.
- Rajaduras, agujeros o defensas, tabiques o paredes dañadas o aberturas no protegidas y que den al exterior.
- Escombros acumulados, tarimas amontonadas y no estibadas o equipos en desuso y chatarra.
- Pintura descascarada, óxido o techos enmohecidos.
Aberturas debajo de las puertas mayores que un centímetro.
- Drenajes del piso mal ubicados, obstruyendo el flujo, descubiertos y con mal olor.
- Lámparas o tubos fluorescentes no protegidos o con artefactos rotos, sucios o con insectos muertos.

b) Recursos humanos
- Falta de entrenamiento programado relacionado con BPM.
- Presencia de lápices, lapiceras, peines, cigarrillos, encendedor, anteojos, etc., en los bolsillos de chaquetas, guardapolvos, camisas, etc.
- Falta de una rutina adecuada de lavado y desinfección antes y después de trabajar con alimentos.
- Presencia de medicamentos en los sectores productivos.
- Cuando se usen guantes y estos no estén intactos, limpios y de diseño sanitario.
- Presencia de ropas en otro lugar que no sean los vestuarios.
- En áreas productivas hay operarios con brazaletes, aros colgantes, collares, anillos, y otros. Además, se los ve masticando chicles, alimentos, caramelos, etc.
- Algunos no visten indumentaria reglamentaria y se los ha visto con hábitos no higiénicos.

c) Equipos de proceso y utensilios
- Superficies de contacto con óxido, absorbente o con sustancias no compatibles con los alimentos.
- Falta de protección de todos los materiales y productos.

d) Control de plagas
- No hay documentación de las actividades de control de plagas.
- Hay cebaderos en áreas productivas o de almacenaje de materias primas, empaque o producto terminado.
- La planta no tiene un responsable del control de plagas.
- No hay procedimientos escritos sobre fumigación.

(continúa)

Ejemplo (E12) Defectos mayores (*continuación*)

• Uniones piso/pared no están libres de insectos, telas de araña u otra actividad de las plagas.
• Roedores o insectos vivos o actividad de aves (nidos, madrigueras, etc.) en la inmediata vecindad exterior de la planta de proceso.

e) Operaciones de proceso, envase e higiene de planta
• No se desarman ni se limpian, higienizan o desinfectan satisfactoriamente las bombas, válvulas y otras superficies de los equipos, según un esquema predeterminado.
• Mala calidad del agua provista (temperatura/presión/condiciones sanitarias).
• Impropia aplicación, almacenamiento y manejo de los limpiadores y desinfectantes (contaminantes de alimentos y su empaque y seguridad de empleados).
• Operaciones de limpieza sin cuidar los productos, materias primas, empaque, etc.
• Falta de un manual de limpieza y desinfección o desactualización del existente.
• Impropia rotulación e identificación de todos los contenedores, tarimas, etc., que contengan empaque, materias primas, en proceso, retrabajos, desperdicios y producto terminado.
• Camiones no debidamente inspeccionados en cuanto a limpieza y estado de los vehículos.
• No existe programa de control de rótulos o identificación de productos o insumos.

3. Defectos menores

Son aquellos que no presentan riesgos directos y en lo inmediato o mediato no constituyen peligro para la seguridad de producto. Se los debe tener en cuenta para resolverlos ya que en la medida que se acumulen o se deterioren con el tiempo, pueden constituirse en mayores y finalmente en críticos. Es el ejemplo de un azulejo roto que en sí mismo no tiene significación para el producto, pero si no se repara finalmente se deteriorará buena parte de la pared pudiendo caer trozos en el producto, anidar insectos, o suciedad.

Ejemplo (E13) Defectos menores

a) Establecimiento, diseño general y mantenimiento

• Iluminación deficiente en distintas etapas de proceso y almacenamiento.
• Secciones de procesamiento de alimentos indebidamente ventiladas como para reducir los olores, vapor de agua o emanaciones nocivas.
• Partes exteriores de los edificios sucios o deteriorados.
• Calles y estacionamientos sucios, deterioradas o simplemente de tierra.
• Pisos, paredes y cielorrasos rugosos, con rajaduras o juntas profundas que imposibilitan el lavado.
• Ventanas rotas, oxidadas, dañadas con mallas para insectos rotas.
• Uniones piso/pared mal selladas o no sanitarias.

b) Recursos humanos

• Ropas usadas y sucias dentro de la planta.
• No existe lugar adecuado para comer o beber.

c) Equipos de proceso y utensilios

• Exterior: contacto de alimentos con superficies o equipos/utensilios indebidamente mantenidos y construidos con material absorbente y/o tóxico.
• Costuras o soldaduras en contacto con los alimentos no sanitarias y mal mantenidas en limpieza, incrustaciones, etc.
• Líneas de recepción de ingredientes líquidos mal mantenidas o de cierre defectuoso.
• Equipo de proceso, anaqueles, cornisas o vigas sucias y/o con herramientas, piezas de equipos, empaquetaduras y materiales en general que pueden contaminar al producto.
• Equipo de proceso ocioso o sin uso y utensilios sucios y sin protección de salpicaduras, polvo y otras contaminaciones.

d) Control de plagas

• Cebaderos en el perímetro del edificio sin cebo fresco, sucios y ubicados desordenadamente (correcto uno cada 15-20 m).
• Tramperas falta de inspección o mantenidas sin esquema prefijado.
• Inadecuado número de tramperas y mal ubicados, dañadas, sucias o desactivadas.
• Insectocutores fuera de operación o mantenidos sucios sin un esquema de control.
• Falta de espacio suficiente entre estibas y pared o mercaderías colocadas directamente sobre el piso.

(continúa)

Ejemplo (E13) Defectos menores (*continuación*)

e) Operaciones de proceso, envase e higiene de planta

• Acumulación de material de empaque o sus restos debajo de las líneas de envase o dentro de los equipos.

• Desorden y suciedad en el almacenamiento de equipos, sus partes.

• Utilización de áreas productivas para almacenar más empaque que el necesario para la producción diaria.

• Las superficies que no estén en contacto con los productos no están correctamente limpiadas.

• Insuficiente tiempo, equipo y personal entrenado (incluyendo un supervisor) para mantener un programa adecuado de limpieza.

• Equipos de limpieza (limpiadores, lavadoras, unidades de limpieza de alta presión, etc.) con mantenimiento deficiente y poco o nada operable.

• Pisos mantenidos sucios y condiciones inseguras; irregularmente realizado.

• Desinfectantes recirculados sin una rutina de cambio ni verificación de contaminación.

• Maleza, pastos altos o excesiva vegetación en la vecindad de las plantas.

• Techos con agua estancada o acumulada.

• Dársenas de carga sucias.

• Puertas de recepción abiertas cuando no están en uso.

• Cortinas de aire no operables y sucias.

• Equipos de manejo de materiales sucios o mal mantenidos.

• Los productos terminados, materias primas y material de envase no están separados adecuadamente.

• Productos dañados no están separados adecuadamente.

• Productos vencidos o rechazados no aislados o correctamente identificados.

Como conclusión, antes de comenzar a tratar las BPM en detalle, solo se puede aconsejar que se piense de manera simple para no complicar económicamente los costos de construcción y particularmente los de mantenimiento e higiene. Si al encarar la construcción de una nueva planta o la remodelación de una existente, se debe tener en cuenta como la falta de BPM generará no solo problemas para la inocuidad de los productos sino los gastos por trabajos para encarar su mantenimiento tanto físico como de personal.

PROCEDIMIENTO PARA EVALUAR LO AUDITADO
(ver ejemplo A37, pág. 337)

Las auditorías son evaluaciones que permiten conocer la situación de calidad que presentan las empresas. Resulta en un balance entre el correcto manejo de la gestión, siguiendo las BPM, y el reconocimiento de los defectos y estableciendo datos comparativos entre distintas visitas. De esa manera se conoce la evolución de la calidad de gestión en general y el cumplimiento de las BPM en particular. La empresa establecerá la frecuencia de auditorías internas que, dependiendo de la original, establecerá los tiempos en los que se efectuará el seguimiento evolutivo de la calidad. Las directivas de evaluaciones deben incluir proveedores y terceristas.

Existen diferentes maneras de interpretar lo auditado, pero la mejor manera es obtener un número que represente rápidamente el estado general en una comparación con estándares previamente establecido por la empresa y como ejemplo simple y básico ver el anexo A37. La simplificación comienza por definir un aspecto negativo o demérito o de manera positiva logrando una máxima puntuación. Esto será de una forma que a la compañía le parezca más fácil de interpretar.

• La suma de los defectos por área encontrados se comprará con el máximo puntaje de ausencias de no calidad que teóricamente se esperaría lograr.

• Parte de la base de un máximo ideal de puntaje por ausencia de defectos de la que se irán descontando puntos al encontrar defectos.

Al finalizar cada auditoría se dedicará un tiempo razonable para discutir los resultados y acciones que le correspondan.

CALIFICACIÓN DE LOS DEFECTOS ENCONTRADOS

Cada empresa deberá crear un sistema de auditorías con una puntuación que marque el nivel de calidad que tiene y por lo tanto pueda evaluar lo que le falta para mejorar.

√ *Presentación y cuidado personal*
   Porque lo que haga será un reflejo de cada empleado y por lo tanto para que el personal desarrolle su tarea dentro de ciertos límites razonables de calidad, se deberá capacitar y entrenar a todos sin distinción de jerarquías. De esa manera se busca que en el ámbito general de la empresa se tenga una línea de pensamiento uniforme y congruente con sus procedimientos sin perder su individualidad.

¿Quién podrá creer que se está siguiendo un programa de calidad si no se logra imponer hechos tan simples como que el personal tenga una buena apariencia de higiene y se vista apropiadamente? y a su vez el personal ¿cómo puede creer en la seriedad de lo que le explican si los directivos son los primeros que no lo cumplen?

Es común ver que a los empleados se les obliga a usar un uniforme completo mientras que los mandos medios y altos no lo hacen o intentan diferenciarse ostensiblemente sin cumplir acabadamente con las normas de higiene.

Respeto hacia el trabajo de los demás

Si se pretende que cada uno entienda la importancia y valor del trabajo de los demás se debe comenzar por entender y valorar el trabajo individual y su incidencia colectiva bajo el lema "toda tarea es importante".

Como ejemplo sabemos que la suciedad se genera de dos maneras, por el trabajo mismo o por la acción displicente de otros.

√ Por el trabajo mismo

que es responsabilidad de la educación personal que hace una tarea específica para que ordene y limpie lo que es su responsabilidad al terminar sus tareas y además la empresa debe tener personas o cuadrillas de limpieza que desarrollen la muy importante tarea de mantener limpios y ordenados a los sectores generales de trabajo y de servicio. Esto puede realizarse, aún con ropas claras. Esto es posible de manera que cuando se realice, se deberá tener cuidado de mantener orden y respetar las normas de higiene del área en que se realice.

√ Desidia de parte del personal

que es producida por una inconsciente falta de respeto para con los compañeros que deben realizar la tarea de ordenar y limpiar lo que otros no les interesa hacer.

Seguridad propia y colectiva

Es una consecuencia de lo anterior, ya que si no se respeta el trabajo colectivo se puede llegar a causar daño a las personas y al producto.

Orden y limpieza

Porque es la base técnica y práctica de cualquier actividad encarada para lograr higiene y seguridad, tanto colectiva como individualmente. Su realización significa poder recorrer un camino que será rápido y fácil si se comprende bien lo anterior.

Instalaciones, equipos, utensilios y elementos de trabajo

Porque en mucho depende el éxito de la tarea que se ha de realizar ya que dispondrá de ellos de forma íntegra, eficiente y en todo momento.

Insumos, materias primas, producto en proceso y terminado

Porque el deterioro origina pérdidas económicas, de calidad y de seguridad por la posibilidad de contaminación.

√ *Control de plagas*

Porque existe una incompatibilidad total entre los alimentos y las plagas ya que estas últimas pueden generar pérdidas económicas, contaminación de productos y rechazo por lo desagradable que pueden llegar a ser. No debe olvidarse que las plagas son vectores y reservorios de enfermedades, algunas de ellas muy peligrosas. Siguiendo el mismo esquema de pensamiento tampoco es aceptable la existencia de animales domésticos sin importar el estado sanitario de los mismos, el cariño que se les tenga o la tarea de vigilancia que se les pretenda asignar.

√ *Mantenimiento*

Un buen mantenimiento preventivo representa un trabajo continuo y uniforme a lo largo de un determinado tiempo. Las consecuencias de una falta de inversión en mantenimiento pueden generar pérdidas económicas, riesgos para el personal y para el producto. En este sentido se debe recordar que la base de la calidad es el carácter predecible de las operaciones.

√ *Diseño sanitario*

Es fundamental desde el punto de vista de la higiene y seguridad del producto porque permite la facilidad de limpieza, las condiciones ideales que provee al proceso de un alimento particular, la disposición del proceso (muy usado la expresión inglesa "layout") lógico y razonable que brinda una circulación de producto y personas y evita cruzamientos en los procesos, por las dimensiones ajustadas a las verdaderas necesidades, etc.

La calidad es como una ruta por la que transitan distintos tipos de automóviles, en estados de conservación diferente, de variados colores y con distintos conductores. La ruta principal determina el destino de mejor recorrido, pero tiene diferentes desvíos, carteles indicadores, atajos que conducen a ningún lado, otros van por caminos tortuosos y algunos terminan en un precipicio. De acuerdo con su poder adquisitivo o por lo que esté dispuesto a invertir, una persona tiene el automóvil que puede adquirir o mantener, Si uno no invierte lo necesario como para que cumpla con la Ley está en la peor situación, aún que la de la que tiene un auto que anda con problemas ya que no puede ir a la velocidad media de los que circulan por la misma vía. De cualquier manera, los dos estarán en problemas. El segundo puede quedar tan rezagado que finalmente no llegará a su objetivo. Necesitará invertir en reparación, mejorar el vehículo o cambiarlo, mientras que el primero por su falta de responsabilidad puede generar accidentes y dañar a otros. Si llegaran inspectores y lo encuentran circulando fuera de los reglamentos, puede ser que perjudique a todos los demás ya que se entraría en sospecha de que no es el único que estaría en infracción. Este es el grave problema que se puede generar con los mercados internacionales si no se pone énfasis en que la aplicación de las BPM no es materia de discusión en los países con cultura de calidad muy arraigada.

PLANTA INDUSTRIAL COMO BASE DE LAS BPM

Existen distintas alternativas para una planta por lo que solo consideraremos las más comunes (F15).

Ítem	F16. Diseño establecimiento	
	Adecuado	Inadecuado
Limpieza	Se facilita ya que el programa se ajusta rápidamente.	Se complica y multiplica esfuerzos para realizarla.
Plagas	Dificulta el ingreso y facilita tareas de control y limpieza.	Aumenta riesgo y necesita más recursos para evitarlas.
Contaminación	Menor riesgo al hermetizarse la planta.	No hay hermeticidad y aumenta el riesgo.
Mantenimiento	Se programa y facilita la realización.	Programa complejo y de difícil realización.
Condición ambiental	Mayor confort para el personal.	Difícil acondicionamiento y personal disconforme.
Crecimiento	Con modernos sistemas modulares. Permiten crecimiento en altura.	Complicada solución del problema.
Costos	Disminuyen como consecuencia de la racionalidad del sistema.	Difíciles de bajar, particularmente en mano de obra aplicada.
Conclusión	La gestión se mejora y no se concibe trabajar alejado de la protección de las BPM.	En casos no se cumplen las BPM o se da escaso apoyo, con menor inversión.

a) Nueva planta, en la que solo se tiene una idea de ubicación y hay que buscar el terreno donde instalarla. La mejor opción es un parque industrial o área abierta donde existan una serie de condiciones básicas de seguridad y funcionamiento. Las observaciones deben darse respecto a medio ambiente, servicios, accesos y posibilidad de inundación. He conocido equivocaciones en la elección, de las cuales puedo mencionar varias, algunas instaladas y una que no llego a concretarse.

Ejemplo (E14) Establecimientos mal ubicados

- Un supermercado, en la vecindad de un río las intensas lluvias lo aislaron por anegamiento de la zona. Si bien las crecidas eran regulares, una importante avenida produjo elevación del nivel de agua mayor que el flujo medio produciendo un desborde importante invadiendo la llanura aluvial vecina.

(continúa)

Ejemplo (E14) Establecimientos mal ubicados (*continuación*)

- Otra planta muy antigua, estaba a no más de una cuadra del río extremadamente contaminado,
- Para un proyecto se intentó la compra de un terreno para una nueva planta industrial. Por lo económico, uno de los directores abogaba por comprarla, pero al hacerse una inspección se comprobó que las hierbas que crecían en ese terreno eran las típicas de crecientes regulares, por lo que se descartó su compra.
- Se adquirió un establecimiento instalado en una zona rural, a varios kilómetros de una pequeña ciudad, pero sin provisión de gas natural por lo que la caldera se alimentaba con fueloil, con todos los problemas que conllevaba. La comunicación con las oficinas centrales ubicadas a 120 km, en aquella época se hacía por radio.

b) Planta urbana de varios años de construcción en área industria. Se debe observar muy meticulosamente la posibilidad de crecimiento propio por disponibilidad de terreno o por adquisición de los vecinos o lo que es muy grave, el crecimiento urbano que englobe al industrial y finalmente lo desplace.

c) Urbano residencial: que son resabios de épocas donde la reglamentación no dejaba explícitamente determinada la incompatibilidad entre lo particular y la actividad industrial. Este caso no tiene futuro por lo que lo único que puede hacerse es mejorar la gestión para continuar en actividad, pero mirando hacia la reubicación definitiva.

Ubicación del terreno

Cuando se deben aportar ideas para la instalación de una planta lo primero que es aconsejable hacer es ubicarse en el terreno para ver qué es lo que rodea al lugar donde se supone que se instalará. Se anotará en un plano las construcciones vecinas que existen, si están en actividad o abandonadas, si existen materiales amontonados y en desuso que puedan ser motivo de una contaminación o infestación en la planta, así como la receptividad que el vecino tenga a efectuar los arreglos que puedan pedírsele.

Es común encontrarse con el problema de que cuando se decide iniciar un programa de calidad ya la planta se encuentra instalada, por lo que lo único que puede hacerse es trabajar para su protección.

Elección de terreno

Si es el caso se deben conocer los reglamentos existentes para la instalación de industrias y sus incompatibilidades, la receptividad o el rechazo de la población cercana, las condiciones climáticas, el desplazamiento de los vientos, el nivel del suelo, la posibilidad de inundación y los antecedentes de la región, la existencia cercana de cursos o espejos de agua, qué movimiento de vehículos tendrá puesto que si la circulación es muy grande, no se debe realizar sin antes haber mejorado las calles externas y pavimentado las calles internas y playa de maniobra, etc.

Si se intenta instalar una planta en zonas urbanas o suburbanas, el subsuelo inmediato es en general motivo de preocupación, aunque no podemos descartar algunas zonas rurales. Se deben buscar los antecedentes para identificar posibles lugares de desechos industriales anteriores que pudieran afectar las napas de agua, a los animales o humanos. Existen antecedentes públicos de asentamientos realizados en terrenos de relleno industrial o vaciaderos de desechos, que luego generaron graves problemas de contaminación por lo que en caso de dudas se hará necesario hacer un perfil de suelos para conocer sus características.

Provisión de agua

La provisión de agua es fundamental y particularmente en muchas industrias su consumo es masivo. Por ello se debe hacer un estudio de las fuentes y su calidad, ya que luego de instalada la planta puede ocurrir que se descubra que no es recomendable para su uso en el proceso elaboración de alimentos o resulta insuficiente, necesitando por ende su tratamiento, como por ejemplo la importante utilización para producir 'leche de soja'.

También deberá tenerse en cuenta la proyección por crecimiento industrial que se piense pueda producirse en el mediano plazo y que, por razones naturales, tecnológicamente no pueda alcanzarse para aumentar la provisión de agua. Intentar modificaciones que aumenten y mejoren el suministro o la calidad del agua puede resultar muy oneroso y fuera del alcance de la empresa una vez que la producción se hubo iniciado. Por ello es básico decidir en el momento de la compra del terreno si la economía del precio no se pagará permanentemente con costos adicionales e inevitables en la producción.

Ejemplo (E15) HACCP: Sin datos básicos, mal informado

En una empresa habíamos estudiado durante varios meses la aplicación de un HACCP hasta que se completó, decidió el esquema de funcionamiento, realizaron las capacitaciones y comenzaron a aplicarse
los registros. En una de las primeras visitas de verificación de puntos
críticos de control, observé que en el lavado de materia prima "in natura", la línea funcionaba, pero no los aspersores de lavado. La explicación fue sencilla, "si se pone en funcionamiento el lavado no alcanza el
agua para otras tareas".

Edificios

La primera definición conceptual para una planta elaboradora de alimentos se basa en la consideración que debe tenerse acerca del lugar
donde se trabaja y expone al producto alimenticio protegiéndolo de las
contingencias externas que lo pudieran afectar. De allí es que se define al
área de manufactura como *"extremadamente crítica para la elaboración
de los productos alimenticios"*.

Prácticamente podríamos decir que, a partir de este concepto que es
axiomático y por lo tanto no es discutible, todo lo demás debe ajustarse
y alinearse sin discusión. Son muchas las razones por las cuales se deben
tomar todas las precauciones posibles para que la planta sea construida y
mantenida en condiciones que no causen contaminación de los alimentos. Los edificios destinados al procesamiento de alimentos deben ser
construidos de manera que faciliten las operaciones de mantenimiento,
limpieza y eviten el asentamiento de plagas.

A veces cuando se está diseñando no se hacen estudios sobre la generación de calor interno de una planta. Esto trae aparejado muchos
problemas uno de los cuales es que se trabaje con las puertas abiertas
lo que favorece el ingreso de plagas, particularmente aves e insectos.
Esta situación se prevé recomendando la realización de un estudio que
establezca un balance de calor. De esta manera se trata de evitar las instalaciones provisorias y precarias y de uso indebido.

Al estudiar los problemas que puede presentar una planta elaboradora de productos alimenticios se consideran al menos cinco aspectos
básicos:

a) Diseño sanitario: o la estructura en la cual se desarrollarán los procesos productivos porque muchas veces el mal diseño constituye un
problema irresoluble que conduce a encrucijadas de las cuales no
es fácil o casi imposible salir sin pagar un precio ya sea en calidad
o en dinero.

Ejemplo (E16) Limpieza de cabriadas

Una empresa solicitó asesoramiento sobre lo que podría realizarse para acondicionar su organización y plantas a un programa de gestión de las BPM. Para ello nos pidió que visitásemos su nueva planta a modo de auditoría. Los resultados molestaron mucho al directorio porque creían tener algo moderno, aunque en realidad la planta solo era nueva y el avance tecnológico lo tenían en sus equipos de proceso. El edificio, concebido en grandes dimensiones no tenía un sistema de ventilación por lo que en algunos sectores y durante el verano la temperatura superaba los cuarenta grados centígrados y la resultante lógica era que todos los portones estuvieran abiertos. Los techos estaban sostenidos por columnas y cabriadas de muy difícil limpieza y dada su altura, inaccesible por medios normales. Esto era tan cierto como que la planta tenía solo tres años de construida y nunca habían sido limpiados estos sectores por lo que las telas de araña eran muy visibles. Como la compañía no estaba dispuesta a invertir en personal para limpiar buscó en el mercado alguna empresa que lo hiciera o que se adquiriera una plataforma móvil para hacerla. El presupuesto que le presentaron era elevado, aunque perfectamente justificable de manera que se decidió realizarlo en la propia empresa.

b) Espacio

El espacio debe ser suficiente para la instalación adecuada de equipos, almacenamiento de materias primas, productos en proceso y terminado y otros materiales y equipos auxiliares de producción, además de dejar espacio libre para propiciar un adecuado orden, limpieza, mantenimiento y evite el ingreso y asentamiento de plagas y así trabajar respetando las BPM. En general se debe realizar un análisis del espacio que cubre la nave principal de proceso y la distribución de los equipos, su utilidad y estado general. Este lugar de trabajo debe ser proporcional al espacio que tengan los depósitos y las cámaras, cuando se trate de productos que se preserven en frío. Si la planta no tiene suficiente espacio para depósitos se producen amontonamientos de insumos, empaques, materiales en general y no se destinan lugares específicos para materias primas, empaques, producto terminado, productos de devolución, rechazados, etc. Finalmente, el material es rotado sin un programa lógico arriesgando calidad y dinero.

Uno de los aspectos que menos es tenido en cuenta en las empresas es el del espacio destinado a depósito pues cuando se deben hacer economías en los proyectos, ampliaciones en la fábrica u otra restricción en la empresa se recurre a la reducción en los espacios o cámaras destinados al almacenamiento de materias primas, insumos, productos en proceso o terminados, de manera que condena a la planta a un desorden de cosas, almacenamiento incompatible de productos y su abarrotamiento con la consecuencia de no cumplir, o no poder hacerlo adecuadamente, con los planes de limpieza, el control de plagas, el F.I.F.O. —acrónimo de "first in, first out"— o el PEPS —acrónimo de "primero que entra primero que sale"— y finalmente con la protección del producto.

Ejemplo (E17) Frigorífico, uso de sectores no habilitados

En un frigorífico se observó que las medias reses se cuarteaban en lugares no habilitados o pasillos que no tenían las mejores condiciones ambientales, tales como aislamiento o temperatura adecuada. Esto era en un frigorífico ciclo dos y como consecuencia de haber sido habilitado para procesar solo cuartos de reses como máximo y problemas económicos decidieron cambiar a medias reses.

En la misma y otras industrias suele encontrarse que los depósitos de material de empaque no tienen espacio suficiente con lo cual se acumulan desordenadamente. El problema se agrava cuando se guardan elementos no compatibles con los envases o materias primas, tales como materiales en desuso, combustibles, plaguicidas, materiales de construcción, etc., porque al peligro de contaminación se le suma el riesgo de perderlo todo en un incendio.

De ello se afirma que debe haber una cierta hermeticidad del proceso, particularmente en los lugares donde el producto se encuentra expuesto y esa exposición puede representar una contaminación que produzca la inseguridad de su consumo.

a) *Programa de mantenimiento*

La preservación de las instalaciones, equipos y todo aquello que hace al aspecto material de la planta dependen de las actividades que desarrolle la empresa para el mantenimiento preventivo o correctivo. En este contexto lo más importante es la claridad que se tenga para determinar lo crítico y de allí la urgencia con que un procedimiento se lleve a cabo antes de que se transforme en una causa de incidente.

Una característica de la carencia de un programa se evidencia cuando todos los arreglos se convierten en precarios mediante la utilización de alambre, madera, cintas engomadas y todo material de improvisación que termina como definitivos dando un aspecto a la planta de abandono. El recurso del uso de alambre para todo tipo de trabajo es una manifestación del desconocimiento de las BPM. Establece una verdadera política para el arreglo con alambre transformándose en hábito y se lo puede ver en todas partes, inclusive colgando en diferentes lugares como repuesto de emergencia. Los caños se cuelgan con alambre, las mangueras se atan con alambre, las sillas se arreglan con alambre, se usa alambre en lugar de abrazaderas en caños y mangueras, etc.

De similar manera la reparación de vidrios de las ventanas con madera, cartón, lámina de polietileno y aún papel no deja de ser común en algunas actividades.

Otro elemento que es una tentación casi imposible de resistir para la reparación precaria e improvisada, por parte no ya de mantenimiento sino por los operarios mismos de proceso, es el uso de la cinta de material adherente. Mangueras, tapizados, vidrios, etc., son reparadas con este material. Dejar que los pequeños deterioros se transformen en grandes por abandono o por falta de un plan, es también un síntoma de la falta o ignorancia de las BPM.

Todo esto muestra serias deficiencias de la organización para que el mantenimiento se encuadre dentro de un sistema que se base en las BPM. La existencia de un sistema preventivo y aún correctivo de mantenimiento permite a los supervisores de proceso tener un verdadero sentido de funcionamiento en equipo de toda la compañía, preocupándose no solo del aspecto productivo del proceso sino de la buena realización de otras tareas que le permitan su mejor desempeño. Muchas veces no es por falta de recursos sino por el desconocimiento de la verdadera manera de hacer un arreglo dentro de un orden razonable. La existencia de un programa preventivo tiene además consecuencias beneficiosas directas permitiendo que en el momento de mayor producción todos los equipamientos y servicios tengan el mejor desempeño sin originar detenciones innecesarias.

En pocas palabras el mantenimiento debe requerir de un plan para su programación, ejecución y seguimiento y no ser simplificado por la de realizar meros arreglos.

Se deberá disponer de un sistema adecuado de aislamiento del área o equipamiento cuando fuera imprescindible realizar tareas de mantenimiento. Para áreas de mayor riesgo, el sector en obra deberá ser totalmente cerrado. Todo trabajo no productivo que deba realizar el área de mantenimiento, por sí mismo o por terceros, corresponde a alguna de las dos situaciones siguientes:

• *Programado*, mediante una gestión perfectamente coordinada entre el sector de mantenimiento y el de producción.

• *Imprevisto*, por una reparación de emergencia fuera de programa.

En los dos casos las medidas que se deben tomar son las mismas y buscan la protección del producto y en casos el personal, en cualquier parte del proceso, desde los depósitos de materias primas y envases hasta los almacenes y cámaras de productos terminados.

b) *Terminación de un trabajo*

El otro aspecto sintomático de la falta de capacitación en BPM por parte del personal de mantenimiento, es la observación de la incorrecta terminación de un trabajo. Esto se manifiesta cuando realizan las más simples tareas como puede ser la de cambiar fusibles, lámparas, tornillos, pelar cables, etc. En estos casos luego de realizar su tarea técnica específica no se preocupan por limpiar lo que han ensuciado, levantando las piezas deterioradas o materiales agotados, así como restos de cables, cintas y otros. Ni hablar de las cosas, incluidos alimentos, que como ejemplo he encontrado en tableros de luz, lugares en donde se acostaban, y muchas otras infracciones a las BPM.

Un trabajo bien terminado es el que deja las cosas en orden, informando al responsable del área sobre la reparación o cambio realizado y mostrando la limpieza que hay que realizar una vez que han levantado todos los elementos que han formado parte del trabajo.

c) *Medio ambiente que rodea a la planta*

Puede aumentar la posibilidad de fuentes de contaminación. Esto está dado por la vecindad y particularmente si se dedican a la elaboración de productos químicos, procesos que desprenden olores, contaminan las fuentes de agua o por su falta de orden y limpieza que pueden introducir plagas.

FLUJO DE OPERACIONES

Si es el adecuado se evitarán las contaminaciones cruzadas. Así por ejemplo si se tratara de materia prima "in natura", tal cual se encuentran en la naturaleza, es decir no lavada, tratada o procesada, el área de recepción debe ser exclusiva. Otro ejemplo es el de la recepción de aceite crudo o semiterminado para refinar, para el que la recepción debe tomar en cuenta la pureza con la que se declara en el envase final, deberá evitarse la contaminación con otros aceites. Como se puede ver cada tipo de alimento tiene su particularidad que debe ser respetada.

Un "diagrama de flujo" indica la manera en que las materias primas son procesadas y transformadas a medida que avanza cada proceso. Es un diagrama lógico y continuo sin tener en cuenta cómo se encuentran ubicados en el espacio los equipos. La distribución espacial de los equipos y proceso debe presentar una configuración que en ningún momento pueda haber entrecruzamientos en el diagrama, sino que cada paso es un avance sin retorno en el proceso.

Un excelente ejemplo se puede dar desde la industria cárnea, particularmente con la elaboración de hamburguesas. La recepción de cortes de carne crudos para proceso implica introducir una contaminación que es lógica, ya que desde el momento en que el animal es faenado, cuereado y eviscerado, sus carnes quedan expuestas a la contaminación ambiente y la de manejo de la faena, que será mayor o menor dependiendo del grado de higiene con que se lleve a cabo el proceso. La carne es picada, determinado su nivel de grasa y a continuación se le agregan las especias. Este proceso va en un solo sentido por lo que resulta lógico que, una vez que pasó por un punto determinado no es conveniente que se vuelva a él o se entrecrucen. Si las hamburguesas van a ser preparadas en un gran restaurante de comidas rápidas, debe tener cuidado de que en el manejo de las cocidas no se entrecrucen con las crudas, ya sea en la mesada, con los utensilios o con las manos.

En el caso de existir un proceso térmico este paso constituye un punto de inflexión a partir del cual el producto en proceso no puede regresar a un paso anterior sin tener que sufrir nuevamente todos los tratamientos. Esto puede ser normal en todo reproceso, pero siempre hay que tener en cuenta que, si bien constituye una práctica incluso habitual, debe ser mínima la cantidad de producto que debe sufrirlo ya que incidirá negativamente en la calidad y vida útil del producto terminado.

ACCESO A LAS ÁREAS DE PROCESO

Para evitar el ingreso de insectos, aves y plagas en general, así como polvo y otras infestaciones, los accesos deben ser restringidos a todo aquello que sea básico y necesario, por lo que las áreas de proceso deberán tener la necesaria y más reducida cantidad de portones para el ingreso y egreso de grandes volúmenes.

Para ello se estudiará la circulación que deberá realizarse para ingresar mercaderías, mover equipos hacia y afuera o dentro o en caso de emergencia. Los dos primeros casos mencionados requerirán una programación de tal actividad, y en el caso de emergencias el detalle lo más lógico posible para aplicarlo.

Los autoelevadores y otros equipos móviles deben ser de uso exclusivo del área de proceso de elaboración, debiendo ser movidos por motores eléctricos o manuales. Para el movimiento de mercaderías lo razonable sería el ingreso y egreso mediante troneras o aberturas de dimensiones ajustadas a las necesidades.

Las puertas deberán mantenerse cerradas el mayor tiempo posible y particularmente las que comuniquen con el exterior deberán tener un sistema automático de cierre ya que de no ser así estarán permanentemente abiertas porque el personal en su apuro no guardará cuidado por las necesidades de tiempo al desarrollar sus tareas o al retirarse luego de su jornada de trabajo. De allí que si existieran portones se le deberán adicionar puertas para el paso de una persona y que no necesiten realizar el incómodo movimiento apertura y cierre de portones de gran porte. A esta puerta se le deberán agregar brazos de ajuste para que no necesiten del personal para su cierre.

Una medida prudente es la de emplear cortinas de aire, aunque se debe ser muy cuidadoso en la decisión de su instalación porque si no se instala adecuadamente o está mal equilibrada la relación cortina de aire/tamaño de la puerta, puede no lograrse el efecto que se desea terminando todo en una inversión inútil.

Si el depósito de materiales está conectado directamente con el área de proceso deberá tener un portón interno o simplemente cortinas plásticas que separen los sectores.

En todos los casos en que sea necesaria la existencia de puertas de emergencia se deberá estar seguro de que su cierre sea hermético, aunque de fácil apertura desde adentro. En todos los casos el personal debe comprender, a través de la capacitación, la importancia de que exista una lógica de ingreso y egreso y que todo tiene su justificación. Los cambios deberán realizarse con el conocimiento y decisión de los equipos de trabajo y no de manera arbitraria y personal.

Ejemplo (E18) Puertas bloqueadas

Para que el personal de proceso de un frigorífico acceda a la planta de proceso existía un filtro sanitario que requería una metodología de higiene que algunos no usaban correctamente por considerarlo incómodo. Esto era como consecuencia de una falta de capacitación y ejemplo dentro de la empresa, resultando algo corriente que la puerta estuviera entreabierta y prueba de ello era que en las luminarias cercanas a la puerta se encontraban moscas muertas. Además, existía un portón de dos hojas que eventualmente se empleaba para la entrada y salida de equipos o en alguna emergencia.

(continúa)

Ejemplo (E18) Puertas bloqueadas *(continuación)*

Por todo ello uno de los encargados no encontró mejor solución que colocarle un candado. Se discutió largamente acerca del error que significaba efectuar un cierre de esa naturaleza porque se eliminaba una salida de emergencia. Es decir, a la comodidad del personal para higienizarse en su ingreso se sumaba el cierre de la puerta de emergencia. Negando la capacitación al personal y la responsabilidad de los mandos para realizarla. En una desgraciada oportunidad se produjo un accidente en el que la pierna de un operario aplastada por varias piezas de producto. Para poder sacarlo de la planta tuvimos que romper el candado ya que la llave no se encontraba, perdiendo valiosos minutos que luego perjudicaron al operario y la relación de la empresa con todos los demás.

PUNTOS CRÍTICOS GENERALES

Las temperaturas y demás puntos de proceso, almacenamiento, transporte, distribución y exposición en puntos de venta deberán ser estrictamente respetados en los proyectos. Si se tiene una temperatura de trabajo establecida mediante la validación por desarrollo y ensayo piloto, se deben arbitrar todas las medidas para lograr un rango aceptable de proceso.

Algunos directivos creen que pueden modificar las temperaturas de determinados productos o áreas de trabajo solo por el simple hecho que, o no lo tuvieron en cuenta al realizar el diseño, resultaría oneroso hacerlo ya que era incómodo para el personal trabajar en ese ambiente por carecer de medios que los acondicionen y provistos por la empresa y otras causas no justificables pero esgrimidas cuando no se las cumple. Estamos ante lo que normalmente se hace cuando se ha creado un mal hábito y solamente se busca la justificación del hecho injustificable de querer adaptar las condiciones de trabajo de determinado producto a la comodidad e interés sin tener en cuenta su seguridad.

En contra del respeto por la seguridad del producto y aún su calidad he visto esgrimir argumentos íntimamente relacionados con la elevación de los costos de producción, ya que la estructura tradicional de costos estaba fundada en no respetar principios básicos de seguridad de producto. Durante una conferencia sobre Aseguramiento de la Calidad, un empresario propietario de cámaras frigoríficas me preguntó que si él tuviera que implementar un programa de BPM ningún cliente le iba a pagar el costo que ello representaría en su presupuesto. Desgraciadamente este es el razonamiento de algunos que esperan que un cliente le asegure trabajar con él para que hagan algo más por cumplir con las BPM.

Una experiencia que tuve fue la de participar en el asesoramiento en una empresa productora de té, que habiendo logrado certificar BPM y HACCP decidió aceptar la recomendación de su más importante proveedor y trabajó intensamente para certificar en la promoción de la agricultura sostenible mediante un "Programa de Certificación Rainforest Alliance" para que las personas y la naturaleza prosperen en armonía, respetando los derechos humanos, la biodiversidad y el clima. De esa manera demostró a sus clientes que sus productos provenían de fincas, sociedad y bosques cumpliendo con criterios internacionales ambientales, sociales y económicos establecidos por el "Estándar de Contenido Orgánico" (OCS). Este certificado se obtiene voluntariamente y proporciona verificación de la cadena de custodia para materiales provenientes de una granja certificada según estándares orgánicos nacionales reconocidos.

Una de las herramientas que demuestran la existencia de un sistema son los manuales de operación que deben ser preparados para cada etapa del proceso y seguidos de acuerdo con las pautas que en cada caso y producto le corresponda. Cuando una empresa comienza sus actividades productivas lo primero que debería preparar es este manual de operaciones. En la mayoría de los casos el manual se prepara y pone en uso, pero luego no se realiza un seguimiento de los distintos pasos que comprenden al proceso. Como consecuencia de continuar trabajando sin hacer un análisis periódico de los parámetros establecidos originalmente, se van produciendo desvíos en el proceso que se transforman en significativos. He recogido la experiencia de empresas en las cuales los valores de referencia que se empleaban habían sido heredados sin haberse realizado un examen exhaustivo y actualizado del proceso. También ocurre que, luego de una serie de modificaciones estructurales realizadas en diferentes etapas, no se efectuaron estudios o investigaciones acerca de las variaciones que pudieran haberse producido y que afectaban a los resultados del producto final.

Como tema de estudio que no debe soslayarse cuando se realiza un proyecto, es el de diseñar equipos que cumplan con los objetivos de temperatura para la conservación de los productos. El estudio que conduce a la preparación de un Manual de Operaciones comienza por la realización de un diagrama de flujo. Esto permite analizar al proceso desde un punto de vista crítico con el objeto de revisar lo que se hace y compararlo con lo que en realidad debería ser el proceso.

ORDEN COMO BASE DE LA HIGIENE EN TODAS LAS ÁREAS

Tiene por objeto de que en las distintas áreas se conserven solamente a los elementos necesarios para el trabajo ya que existe una tendencia a convertirla en el depósito de lo útil y lo inútil. Siempre se deberá tener en cuenta que a los problemas prácticos generados por la no-observancia de este punto se suman todos aquellos que presentan una mala imagen ante los operarios que finalmente deducen que todo lo que se diga respecto de su propio orden queda contradicho por el mal ejemplo que da la empresa.

No es extraño observar en empresas de tipo familiar o empresas de "amigos" la guarda de materiales, materias primas o equipos personales o de negocios propios, distintos del de la planta en la que los guardan, convirtiéndola en una especie de patio trasero de su casa.

ÁREA DE ENVASE

La línea de envase y el transportador deben estar cubiertas para eliminar la posibilidad de que materiales extraños caigan en el producto. El envase primario debería estar cubierto como para evitar que acumule tierra que será arrastrada hacia la zona de envase con el riesgo de caer en el producto. Por supuesto que la protección de los productos en la operación de envase dependerá de las características del mismo.

Al hablar de línea de envase se incluye todo. Allí se pueden generar una serie de hechos críticos que pueden producir problemas. La culpa no es del hombre que trabaja sino del sistema. El procedimiento de trabajo debe ser mejorado juntamente con el sistema.

La zona de envase debe ser la que más se ajuste al tipo y volumen de producción de la planta. La comodidad del personal juega un factor decisivo porque si no se tiene en cuenta esto comenzarán a producirse transgresiones que el operario realizará para adecuarse al ambiente. Espacio, temperatura, cantidad de personas, tipo de producto, tipo de envase, servicios, acceso y protección contra plagas y polvo deben estudiarse con el objeto de tener un ideal sobre el cual se construirá la realidad de lo que la empresa puede realizar, pero sin apartarse del paraguas de las BPM.

PISOS, PAREDES Y TECHOS

Deberá ser liso ya que cuanto más porosidad y rugosidad tenga, más tierra juntará. Los pisos deberán ser realizados con especial cuidado si se pretende mantener una correcta correspondencia con las Buenas Prácticas de Manufactura. Si por ejemplo el establecimiento trabajara con jarabes, jugos, carnes, etc., existe el riesgo que en los poros o en las rugosidades como en los pisos de cemento rodillados, se vaya juntando materia orgánica que con el lavado produzca las diluciones suficientes para que actúen como medio de cultivo para los microorganismos. La acción de estos producirá una sucesión de cambios que degenerarán en malos olores y nuevas fuentes de contaminación en la planta, con fermentaciones y procesos de multiplicación microbiana convirtiéndose en peligroso foco de contaminación.

Si además se trabaja con productos grasos o que los contienen en cantidad significativa es muy probable que los alimentos elaborados se vean afectados por estos olores ya que los lípidos tienen una gran facilidad para absorberlos. Es así que cuando se trabaja con productos cárnicos la sangre se descompondrá, con grasa el piso estará permanentemente engrasado y los ácidos que se formen lo deteriorará, particularmente si el tránsito con carros pesados es intenso.

Las superficies lavables deben evitar lo anterior y tener una resistencia que les permita trabajar sobre ellas. Además de ser impermeables, su color será claro para que la suciedad sea evidente, no se la esconda y así se sabrá cuándo hay que lavarla fuera de la rutina en que hace. A las condiciones establecidas por las BPM se les agregarán las de seguridad del personal, por lo que el piso no será resbaladizo.

La construcción y acabado tanto de pisos, paredes como de techos, se hará de manera de tal que no permita la acumulación de polvo y se minimice la condensación ya sea con una buena ventilación o aislando las superficies frías. De otra manera los techos pueden deteriorarse rápidamente si son de chapa. En estos casos conviene que las chapas sean revestidas interiormente por membranas lisas aislantes, que pueden ser cambiadas más fácilmente que un techo de chapas.

Entre las paredes y el techo no deben existir aberturas que permitan la entrada de plagas, ni haber huecos, bordes, cabriadas ni cornisas que favorezcan la formación de nidos. El no-cumplimiento de estos conceptos sanitarios generará la necesidad de medidas y costos adicionales para evitar el asentamiento de pájaros y su anidada, la fijación de telas de araña, y de innumerables especies de insectos.

Ejemplo (E19) Pájaros en el depósito

Una de las cosas que observé al visitar por primera vez el depósito de la empresa en la que debía trabajar fue que en las cabriadas de gran altura se habían instalado pájaros. El ingreso no les era problema ya que el portón permanecía abierto todo el día con un movimiento constante de auto elevadores. Sugerí acciones para erradicar y evitar el ingreso de las aves. Estas consistían en:

1. Adquirir una plataforma móvil elevadora tipo tijera o un elevador vertical móvil para limpiar en las alturas.
2. Colocar púas para evitar el asentamiento de aves, pero su limpieza estaría asociada al paso anterior.

(continúa)

Ejemplo (E19) Pájaros en el depósito (*continuación*)

3. Gel repelente para aves que es muy efectivo, pero requiere mantenimiento periódico. Con respecto a esto tuvimos una experiencia graciosa ya que luego de un tiempo de iniciado el tratamiento de las cabriadas le pregunté al encargado del depósito si veía pájaros establecerse en altura. Su contestación fue que no vio ninguna ave subirse a las cabriadas. Consideraba que si las veía caminar por el piso suponía que "el gel algo le hacía en las patas que le impedía volar" (sic).

Los pisos, paredes y techos hay que construirlos para que sean:

a) De fácil lavado y desinfectado, así como resistente al tránsito de personas, materiales y a la corrosión. El piso debe estar de acuerdo con la actividad que se desarrolle en la planta, el tipo de producto y los limpiadores y desinfectantes que se usen. Es mucho más difícil adaptar el piso a los limpiadores que los limpiadores al piso.

b) De manera similar, si se emplean limpiadores muy agresivos a los equipos no se los construirá de otro material que no sea acero inoxidable resistente a estos limpiadores, como así tampoco se van a emplear baldosas que contengan partículas de calcita (carbonato de calcio).

Ejemplo (E20) Acero inoxidable indebido se deteriora por la limpieza

Un frigorífico relativamente nuevo que elaboraba carne enlatada presentaba pérdidas en las tubuladuras de acero inoxidable. El lavado incluía productos de limpieza muy alcalinos por lo que sospeché que el acero inoxidable que se utilizó era 304 en lugar de 316, más resistente. La diferencia clave es la adición de molibdeno que al alearse mejora radicalmente la resistencia a la corrosión, especialmente al cloro.
Se envió una muestra del acero inoxidable al INTI que corroboró nuestras sospechas de que se había empleado la variedad de 304.

Pisos

Donde corresponda su declive no será menos de un 2% en el ángulo de caída hacia los desagües. Estos deben ser sanitarios, de acero inoxidable, con canastos colectores para evitar que las partículas sólidas, papel, etc., puedan caer y tapar los desagües. Los sistemas de canaletas longitudinales abiertas y cubiertas solo por rejillas metálicas de hierro no solo no son sanitarias y permiten el ingreso de plagas, sino que son de riesgo para la seguridad personal.

Ejemplo (E21) Olor desagradable en área de pre-envase (Ver Anexo 36)

En el sector de cocción existían ollas de enorme peso, montadas sobre ruedas que facilitaban su desplazamiento para el lavado del piso. La inclinación de este conducía los líquidos, particularmente de los lavados, a una canaleta de acero inoxidable que abarcaba varios metros de longitud.

Por el rutinario desplazamiento de las ollas sus ruedas pasaban por encima de la canaleta. Luego de un tiempo se produjo una casi imperceptible separación de la canaleta del hormigón de manera que se filtraba el agua de lavado con líquido de la cocción por ella. Al quedar atrapados los líquidos en la grieta, con el paso del tiempo se descomponían produciendo mal olor, especialmente en piso inferior de pre-envase. En aquella zona ordené la colocación de placas de Petri con grasa sólida casi inodora para permitir que cualquier olor se fijara a ella.

El resultado fue que en 24 horas la grasa presentaba un desagradable olor ya que los lípidos capturan esos aromas. Se paró la producción para realizar los arreglos necesarios en la zona de cocina.

ILUMINACIÓN

La iluminación constituye un factor importante para ambientar el lugar de trabajo y una buena luminosidad se necesita para la realización de distintas tareas, particularmente las que hacen al seguimiento sensorial de los productos y a los trabajos de limpieza y control de plagas.

El sistema de iluminación debe tener protección contra roturas o explosiones, particularmente si las lámparas se encuentran encima de sectores críticos para los insumos o productos que se procesen. El más adecuado de los artefactos es el hermético que, además de evitar las consecuencias del desprendimiento de los tubos o lámparas, permite el lavado de techos.

La correcta distribución de las luminarias es muy importante, particularmente cuando se trata de una planta ya construida que por el momento resulta imposible su reforma. Esto puede representar un costo significativo pero el beneficio que brinda está dado por todo lo que puede evitar de inconvenientes que generan los incidentes.

Las áreas externas e inmediatas al edificio de producción deben ser iluminadas, preferentemente con lámparas de vapor de yodo ya que, como veremos en el control de plagas, es la que menos atrae a los insectos.

Las instalaciones de conductos y tuberías deben ser evitadas sobre la boca de los tanques, alimentadores de equipos y máquinas, materias primas, de envase y producto terminado. El motivo es la acumulación de suciedad, condensación de humedad y posibles filtraciones. Los montantes de cables que conducen un manojo de tubos deben estar cubiertos con materiales lavables, tales como bandeja y tapa, ya que de otra manera resultará imposible su frecuente limpieza. Como el electricista está para cosas muy específicas no podemos darnos el lujo de distraer el trabajo de uno para limpiar montantes de cables. Al tener tapa y base resultará fácil desmontarlas para realizar cualquier trabajo en la línea eléctrica. Sin embargo, un trabajo de los que los electricistas son responsables, como el de la limpieza de los tableros eléctricos, deben realizarlo porque son los únicos habilitados profesionalmente.

Es común en muchas plantas ver que las tapas de las cajas de luz están mal sujetas, rotas o simplemente están mostrando los cables y exponiendo las uniones precariamente aisladas. Esto impide la limpieza por lo que no hay nada mejor que un trabajo bien hecho y mejor terminado por un profesional.

TUBERÍAS

Una cosa importante del ingreso de los caños es que recorran el menor tiempo el interior de la planta. Lo más conveniente es ubicarlos exteriormente el mayor tramo posible y finalmente hacerlos ingresar donde se necesiten. El objetivo es tener la menor cantidad de cosas que limpiar dentro de la planta.

Cuando la planta ya tiene un diseño donde los caños ingresan en conjunto, lo hace a través de huecos en la pared que a veces no se tapan adecuadamente. En estos casos se deberá intentar una racionalización de las cañerías y si no se pudiera o resultare costoso, lo mejor sería inyectar en el hueco un plástico resistente a la temperatura y que por sus características, le dé cierta plasticidad que absorba las dilataciones y contracciones de los caños. De esta última forma se soluciona parcialmente el problema ya que no se podrá mejorar la limpieza la que continuará siendo complicada con gran dedicación de mano de obra. Además, se podrá pensar en proteger a todo el sistema con una estructura externa encajonada y con accesos para permitir las reparaciones que fuesen necesarias. Si esta última estructura no se analiza y ejecuta adecuadamente puede convertirse en un serio riesgo de que pueda servir de albergue a las plagas. Todo deberá ser estudiado en el plano e *in situ* ya que una idea para una planta puede no tener aplicación o resultar efectiva en otra.

Los trabajos de aislamiento con coberturas deberán ser efectuadas con plástico, aluminio, acero o cualquier material resistente y lavable y los colores de las tuberías deben seguir patrones normalizados de acuerdo con lo que conducen. Cuando no existan patrones convendrá definirlos previamente.

Los perfiles estructurales expuestos deben ser evitados. Deben ser tubulares y no de ángulos rectos y estar tapados en los extremos de manera que no se conviertan en depósitos de residuos o telas araña.

Todas las soldaduras deberán tener un pulido sanitario. La perfección se alcanza con el tiempo y este requiere un programa o plan de trabajo. Las cosas no deben hacerse por un motivo coyuntural o impulso momentáneo. Es preferible un estudio minucioso antes de encarar cambios que a veces no solucionan el problema básico.

TRÁNSITO DE PERSONAS Y/O MATERIALES

Aquellas empresas que tienen un gran respeto por la calidad y seguridad de sus productos establecen normas para la circulación restringida del sector de producción. Pero este no es el caso de muchas otras que desconocen la importancia de producir el aislamiento de las áreas de producción. No es infrecuente que en ellas ingresen no solamente personas y materiales ajenas al sector sino hasta animales domésticos.

El principal fundamento de esta exigencia es el peligro que se corre por la probable introducción de contaminantes, la generación de accidentes y los seguros que se podrían llegar a pagar por terceros, y el desorden que puede hacer que se descontrole el área de producción.

LIMPIEZA DURANTE LA FABRICACIÓN
Y/O EMPAQUE DE LOS PRODUCTOS

La limpieza debe ajustarse a lo necesario. Muchas veces por exigencias de producción se aceleran los procedimientos, particularmente si el sistema es C.I.P. —*cleaning in place* o limpieza en el sistema o lugar—, generando una limpieza deficiente por varias razones y dependiendo de la reducción de que se trate (materiales y/o tiempo).

Si lo que se reduce es el lavado primario del producto que quedó en la línea de producción, el limpiador no será suficiente para arrastrarlo. Esto adherirá la suciedad y haciéndola permanente lo que protegerá cualquier contaminación la que finalmente por temperatura producirá una partícula quemada. Esta podrá llegar a consumir mayor cantidad de desinfectante sin que se logre eficiencia. Si lo que se reduce son los tiempos el trabajo llegará a ser totalmente deficiente, agravado con la falta de un enjuague efectivo lo que permitirá que el limpiador o desinfectante quede como residuo, incorporándose posteriormente al producto que se procese.

LIMPIEZA CON EL USO INADECUADO DE ELEMENTOS

Anteriormente habíamos hablado de un inconveniente grave por el uso inadecuado de cepillos de limpieza. Este solo fue uno de los ejemplos de mal uso de otros elementos de limpieza.

Ejemplo (E22) Auditoría, contaminación con virutas de acero

Se había informado que en día siguiente concurriría un auditor extranjero a realizar una inspección de calidad a la planta elaboradora de mayonesa. En la recorrida por la planta y en un rincón de proceso había un recipiente de acero inoxidable tapado. El auditor preguntó qué contenía a lo que el encargado contestó que era un recipiente para guardar los restos de la mayonesa que quedaba en las cañerías que conducían a envase y que era empleado al comienzo del día siguiente para el cebado del sistema de bombas. El auditor solicitó que destaparan el recipiente. Todos los presentes observaron que en la superficie de la mayonesa había muchas partículas oscuras. El encargado rápidamente tapó el recipiente mientras el auditor intentaba evitar que lo hiciera. Finalmente, ante lo evidente el encargado quitó la tapa, y lo que se vió resultó en una difícil situación para que se explicara.

El auditor lo atribuyó a la presencia de hongos, pero viendo como brillaban las cañerías que pasaban por todo el recinto pregunté como se limpiaban. La contestación justificó la presencia de aquellas partículas. Luego de la limpieza superficial de caños se hacía un repaso con lana de acero, aun cuando todavía los recipientes con producto estaban siendo llenados y destapados. Las partículas oscuras no eran más que las que se desprendían de la lana de acero y que al tomar contacto con la mayonesa su acidez producía un óxido casi negro.

Se recomendó eliminar el contenido del recipiente, limpiar cuidadosamente, no utilizar lana de acero en toda la planta productiva y estudiar un mecanismo de trabajo diferente.

RECURSOS HUMANOS (RRHH). Importancia

Los recursos humanos son el capital más importante que tiene una empresa y junto con el Diseño Sanitario constituye la base sobre las que se asientan las BPM.

El eje estructural básico de la actividad es el producto, razón y objetivo para el logro de una rentabilidad que permita la continuidad del negocio y cuyos principales beneficiados son los clientes, el personal, la comunidad y los accionistas. Los recursos humanos deben accionar para dar cumplimiento a las necesidades del Gerenciamiento de acuerdo con un plan establecido por el directorio.

La ruptura de preconceptos y hábitos impropios para una empresa requiere de un área de servicio representada por la administración de los recursos humanos —RRHH— integrada al resto del sistema. Esta es la tarea más difícil ya que significa modificar una cultura, o incultura de calidad, arraigada por largos años que solo tiene a la justificación común a la injustificable causa de sus problemas.

Cuando se está desarrollando un programa que conducirá a la implantación de un sistema de calidad, su apoyo debe ser total en cuanto a integrar estratégicamente el equipo de trabajo, suministrando la información que obra en su poder respecto a antecedentes de todo el personal, sus potencialidades, fortalezas y debilidades como así también la coordinación de reuniones, actividades de capacitación y nexo con el personal de la compañía.

La valoración de las BPM presenta aspectos de rápida solución y otros que demandan esfuerzos que pueden ser alcanzados solamente cuando se realizan modificaciones estructurales en edificios e instalaciones. De allí es que una empresa debe considerar que solo podrá aspirar a tener un porcentual menor que el límite máximo teórico —100%— de aceptación, el que no podrá ser aproximado si no se encaran modificaciones de fondo en el diseño de edificios, equipos, utensilios y otros. Por lo tanto, esta diferencia necesitará de un esfuerzo mayor por alcanzar una buena gestión y hábitos sanitarios importantes.

Un mal diseño sanitario puede significar mayor trabajo de mantenimiento, problemas en el proceso, asentamiento de plagas, problemas generales para la armonía de trabajo, etc. Los recursos humanos son los que deben accionar en ese medio y dependerá de su capacidad general y coordinada, confiabilidad, compromiso y sentido de pertenencia, la posibilidad de lograr éxito en las tareas que conduzcan a la obtención de productos alimenticios aceptables. No se debe olvidar que una máquina puede comprarse, repararse o modernizarse, dependiendo de las posibilidades de financiamiento, pero al personal hay que buscarlo y en muchos casos resulta harto difícil encontrar aquel que se adecue a la actividad de que se trate. Encontrarlo solo es el comienzo ya que luego hay que adaptarlo a la cultura de la empresa y formarlo en las prácticas, integrándolo en la gestión de manera que no se produzca aislamiento, interferencia o rechazo del recién llegado. En ciertos lugares la búsqueda no es tan fácil ya que la cultura es regional y lo que se tiene en ese ambiente tiene las mismas características que lo que se pretende reemplazar.

En esto se debe poner el máximo cuidado para que aquellos que se encuentran ubicados en posiciones encumbradas de la compañía den el mejor ejemplo que le permita al personal relacionarlo con su buena condición laboral.

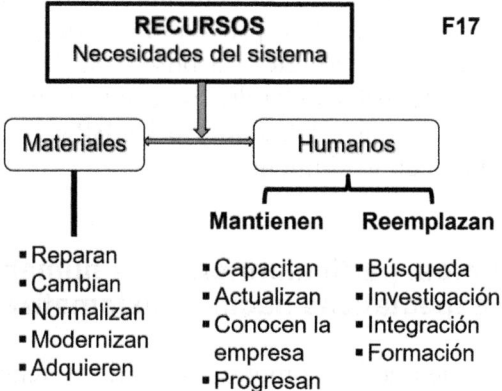

Así para los profesionales la responsabilidad es aún mayor ya que no deben pretender que un operario se ponga en el nivel de conocimientos que él tiene, sino que el profesional primero debe ubicarse en un nivel de aproximación intelectual con el personal, como para que su punto de vista sea admitido para un entendimiento racionalmente positivo.

Para que las BPM queden como algo normal que los operarios desarrollan, debe existir una comunicación muy fluida con los supervisores, apoyada por los altos mandos de la compañía y así constituirse en un ejemplo a seguir al que acuden para consulta y que reciban un reconocimiento por los resultados positivos de su desempeño. Por ello es por lo que los supervisores:

• Ser el ejemplo para sus dirigidos.
• Actuar en función docente.
• Estimular el buen desempeño.
• Deben asegurar que los operarios las cumplan.

La capacitación es un objetivo que toda compañía debe tener como manera de permitir que su personal no solo conozca lo que está produciendo sino cómo se integra a la gestión de la organización. Por lo que el acercamiento debe constituir el principal objetivo en los

recursos humanos. Pero esta capacitación no debe tener la superficialidad de canalizarse solo a los operarios y empleados sin darles un
contexto de comprensión de la propia realidad dentro de la empresa.
Esta capacitación es tanto o más importante que la producción ya que
todo resulta una consecuencia del manejo que realice el personal de
los recursos.

Para la producción esta tarea de capacitar es permanente, debe tener "llegada" al personal, la participación de los mandos, los ejemplos
que se apliquen, el empuje perpendicular, la creación de calidad en la
gestión, la búsqueda de la verdad para encontrar las soluciones, la comparación con ejemplos a tomar, la provisión de equipos adecuados, el
empleo de insumos de calidad, etc. La búsqueda del cambio hacia el
conocimiento de los operarios no tendrá éxito si no son acompañados de
las modificaciones que los ayuden a aplicar las BPM. Las conclusiones
a todo esto se resumen en lo siguiente.

Cuidar los recursos, particularmente los humanos y canalizar las expectativas hacia la sistematización

Uno de los errores que pueden cometerse es el de no tener bien definida
una política para los recursos humanos o tenerlo, pero para un sentido
negativo en sus relaciones. Las causas pueden ser varias, pero de las
que se pueden mencionar están la de no haberlo tenido en cuenta, la de
mantener todo en una especie de nebulosa para no comprometerse con
los empleados y operarios o simplemente que algunos empresarios los
consideran dentro de un bajo nivel cultural y educativo que no les permita un acercamiento.

Otro de los errores es el de intentar una capacitación sin haber ve-
rificado el estado de los servicios que la compañía brinda al personal.
Resultará una verdadera ofensa hablar de hechos tan simples como lavarse las manos, luego de concurrir al baño, si este es lo más parecido
a una letrina o no exista una adecuada higiene por falta de previsión de
la empresa.

De allí es que debe existir una política definida y relacionada con las
BPM y, como toda política, debe emanar de la más alta gerencia de la
empresa. Esto no debe soslayarse porque como se indica como precaución más adelante, son los operarios los responsables de crear la calidad
y en los que debemos depositar nuestra confianza, siempre que los in-
tegremos al sistema y de esa manera no necesitaremos controlar lo que
hacen, sino que tengamos que controlar los registros y auditar el sistema
cotejándolos con los resultados.

Precaución

La mayoría de las medidas a tomar dependen de la gente ya que deben:

- Entenderlo
- Ejecutarlo
- Seguir especificaciones
- Controlar medidores
- Registrar los resultados
- Realizar muestreos con base estadística
- Cumplir con las disposiciones de las BPM

RESPONSABILIDADES

Las BPM tienen una preocupación muy especial acerca de los recursos humanos y en ese trabajo se incluyen a las responsabilidades de la empresa y lo inherente a responsabilidades del personal.

• Admisión y condiciones sanitarias

En toda industria alimentaria o relacionada con sus insumos, es necesario que el candidato al empleo solamente sea admitido después de un adecuado examen médico que se renueve periódicamente y luego de ausencias por enfermedades.

En caso de estar trabajando es una condición muy estricta que surge de la necesidad de que ninguna persona afectada por alguna enfermedad infectocontagiosa o que presente inflamaciones, infecciones o afecciones en la piel u otras anormalidades microbiológicas, pueda ser admitida para trabajar en el proceso de manipulación de alimentos. Por extensión todas las personas que tomen contacto con el proceso, materias primas, material de envase primario, productos en proceso, productos terminados, equipamientos y utensilios, deberán ser entrenadas y tomada conciencia para que cumplan con cada una de las medidas de higiene y seguridad de producto que se describen para proteger a los alimentos de contaminaciones físicas, químicas o microbiológicas. Todo esto también alcanza a las empresas de terceros que realicen el ordenamiento y la limpieza en las áreas de proceso. De allí es que mientras las personas estén con apósitos o vendajes no deben manipular alimentos a menos que pueda ser cubiertos con guantes sanitarios. Una persona que pase por cualquiera de las situaciones descritas deberá ser derivada a otro tipo de trabajo, distinto al de la manipulación directa de alimentos.

Este aspecto es a menudo descuidado por las necesidades que en muchos casos pueden depender tanto de la empresa como del personal. De esa manera se obra para mantener un ritmo de producción en un momento determinado o por temor a que el operario tome conciencia de la importancia que asume en la cadena productiva, además de que pudiera resultar foco de conflicto que una persona no habilitada por alguna razón se encuentre trabajando en contacto con los alimentos.

• Servicios al personal

Sanitarios adecuados y en cantidad acorde

Los sanitarios tienen una importancia fundamental en el camino hacia la implantación de las BPM. En la existencia y las comodidades de su instalación y mantenimiento, los operarios ven reflejado el interés que la empresa pone en el cuidado de su política enunciada de mejora, cambio continuo hacia la calidad y especialmente en sus relaciones con el personal y cuidado final del producto. De allí es que deben ser accesibles para el personal, aunque sin convertirse en lugares de reunión donde se realizan tertulias sociales.

La accesibilidad no debe ser tal que llegue a tener comunicación directa con las áreas de producción y en este asunto se buscará un equilibrio bien considerado para que no se los coloque muy alejados ni que sus puertas se abran directamente a la nave principal de producción.

Se asegurará un correcto mantenimiento si son bien diseñados e instalados con materiales de fácil limpieza, con suficiente aireación natural como para que los malos olores no se vayan hacia el interior de la planta. De ser posible poseerán puertas con cierre automático para evitar que por el apuro o dejadez queden abiertas. A esto se le debe agregar que al ingresar y egresar de los mismos exista un filtro sanitario que permita la higiene de manos y suela de calzado.

Se considerará un balance entre el número de personas que trabajan en la planta y la cantidad de sanitarios, lavabos y limpiadores de calzado para permitir el mantenimiento de las medidas de higiene personal antes, durante y después de su uso. De esta manera se evitará que su ausencia o reducido número pueda convertirse en causa de falta de higiene.

En todo esto el celo que pongan los supervisores, encargados, capataces o aquellos que tengan mando directo sobre los operarios será la clave para un continuo aprendizaje y cumplimiento de estas elementales normas. En la medida que los mandos justifiquen o ignoren la falta de higiene, por cualquier razón que fuere, permitirán un relajamiento en las medidas que impedirán ver la importancia de su práctica, ya que será considerada por los operarios como un hecho caprichoso, que se aplica en la medida que le convenga a la empresa o a su jefe.

Inodoros y mingitorios

Existe una permanente discusión entre los que apoyan la instalación de inodoros convencionales y los que se inclinan por los llamados "inodoros turcos". Ambos tienen sus propios pro y contra de distinta naturaleza, pero es dependiente del tipo de actividad a que se dedique la empresa. En todo caso respecto a la higiene es importante mencionar que deben estar limpios en el momento que se necesite.

• **Convencionales:** tienen la ventaja de la comodidad para el empleado, mejor higiene para la eliminación de deyecciones, menor posibilidad de contaminación hacia el exterior y menor emanación de olor. Los puntos en contra que presenta obedecen a distintas razones, la mayor parte de las cuales no corresponden a su diseño. Su uso implica contacto personal con el dispositivo y si no está perfectamente higienizado entre uso. El uso inadecuado ha mostrado que algunas personas se suben con sus zapatos dejándolo en condiciones deplorables. Se crea entonces un conflicto entre la empresa que no está dispuesta a mantener una persona limpiando los sanitarios, entre otras cosas, y el personal para el que se requiere capacitación. Por otro lado, subirse con el calzado al borde del sanitario ha generado accidentes muy graves por su rotura. Esto no es algo extraño pues al quebrarse, el sanitario presenta superficies filosas.

• **Tipo "turco":** es preferido por muchos empresarios que los instalan para así evitarse problemas sobre mantenimiento. El principal argumento es que la persona no toma contacto con el dispositivo por lo que no importa si está sucio o no. El supuesto ahorro que se supone por requerir menor manejo de su higiene pierde consistencia cuando se advierte la presencia de moscas o la contaminación que puede acompañar a los zapatos, especialmente si el flujo de agua tiene el impulso tal que sale del inodoro rebalsando sobre el piso del baño. Para los operarios representa una falta de comodidad por la posición que debe asumir y por lo tanto el tiempo en que puede estar de esa forma. En el caso de actividades en los que la recepción de vegetales de hoja, como por ejemplo, yerba mate o té, los operarios obligatoriamente deberán utilizar protector de zapatos luego de acudir al baño y para ingresar a aquella actividad o similar.

Vestuarios para los operarios

La utilización de uniformes es una necesidad en la industria alimentaria por lo que se debe tener una infraestructura para el guardado tanto del uniforme como de la ropa de calle. De allí es que debe existir un sector destinado a vestuario y que por supuesto no puede coexistir en el mismo lugar en el que se realizan las actividades de proceso o comida.

En algunas actividades tradicionales, se trabaja con las ropas que el personal trae de sus hogares. La colocación de gabinetes para ubicar bolsos o ropas de abrigo es solamente una solución transitoria y precaria, particularmente si también se guarda comida y bebida, lo que genera desorden y atrae plagas. Esto no solo no cumple con las necesidades del personal, sino que es la representación de la falta de conocimiento sobre el manejo de alimentos y las normas que deben regir su actividad. De allí es que, si juntáramos estas y muchas otras realidades, se podría llegar a afirmar que solo se considera el aspecto sensorial sin pensar en las condiciones que cómo se llega a ello.

El vestuario debe ser diseñado de manera que, en el acceso a la producción, el personal no deba tener que recorrer largos tramos para no exponerse al exterior. Siempre que se piense en un diseño, el mismo tendrá zonas intermedias de acceso que aseguren la higiene de la persona que ingresa. El procesamiento de algunos productos, tales como lácteos, carnes, infantiles, etc., requiere condiciones de trabajo cuidadosamente estudiadas para que los vestuarios, sanitarios y comedor cumplan con normas extremas de seguridad e higiene para evitar la contaminación de los productos.

Lugar para comidas definido

La política de la compañía debe definir si habrá un período de descanso para dar de comer al personal y las condiciones bajo las cuales proveerá este servicio. Una vez que ha determinado esto no puede dar lugar a excepciones, particularmente si las mismas contradicen las BPM.

Ejemplo (E23) Falta de convicción de directivos

En una empresa nunca se había definido si el personal debía tomar alguna de sus comidas en la planta y la forma en que lo haría. Esto generó la costumbre de que los operarios ingresaran con grandes bolsos a la planta y los dejaran en un cuarto cuyo ingreso se hacía desde el recinto de envase. Durante mucho tiempo se permitió esto, un poco por costumbre, otro por falta de definición de la empresa y finalmente por temor a la reacción sindical. Permanentemente existían conflictos por el cuidado de los bolsos. Un día se tomó la decisión de impedir el ingreso de los bolsos lo que tuvo como respuesta un paro de actividades. Al retrotraer todo a lo acostumbrado, la empresa realizó reuniones a través de las cuales se habilitó una sala de refrigerio con la provisión de desayuno y merienda por un tercero y a cargo de la compañía. Esto demuestra que no importa el tiempo que se intente ocultar o postergar la solución de un problema en el que se involucra al personal, finalmente este estallará y el costo será mayor ya que dejará resentida la relación empresa/operarios. Eso demuestra que es posible lograr algo si luego de una actitud irracional de negación, la empresa se ve impelida a realizar lo que por falta de una política inteligente rechazó previamente.

Si la empresa provee la comida de alguna manera deberá cumplir con todo aquello que hace a un mínimo placer, nutrición y seguridad, por lo que sopesará cuidadosamente si decide tomar esta decisión. Una vez iniciado el servicio su mala administración o interrupción puede dar lugar a disconformidades que terminan en conflicto. Las condiciones de orden e higiene serán las mismas que se desarrollan en el resto de la compañía y serán auditadas con la misma severidad con que se inspecciona la planta.

Si la empresa solamente provee una sala de refrigerio provista de los equipos y elementos necesarios como para que el personal tome alguna o todas las comidas, deberá tener en cuenta las precauciones para que en el lugar haya un responsable por el mantenimiento general y particularmente por el orden y la limpieza. Fallar en esto es motivo de conflicto ya que generalmente no se toma la decisión de establecer a quien le corresponde realizarla, por lo que finalmente la empresa termina por poner una persona para hacerlo. (Ver Anexo, Sal: Incidente con vidrio)

También deben ser consideradas las implicancias de que una sala de refrigerio o comedor exista en una planta. A las divisiones de objetivos, de trabajo y de confort, debe corresponderle una división física, porque si así no ocurre las consecuencias pueden ser impredecibles.

Un tercer ejemplo fue importante sin llegar a ser crítico solo por el hecho que no llegó a afectar al producto, aunque estuvo a punto de serlo. La descripción del hecho se podrá ver en el ítem de plagas. (Ver Anexo 5)

Es importante advertir sobre las disputas que se generan cuando a algún operario le falta algo de lo que asegura haber traído. Si la empresa no establece una política sobre el consumo de alimentos, ocurrirá que no solo no existirá un lugar determinado para ello, sino que el personal traerá bolsos con comidas y bebidas, o lo que es peor aún, ingresarán extraños a las áreas productivas no autorizadas a alimentos. La consecuencia será que toda la planta, los depósitos, lugares ocultos y parque se convertirán en lugares de comida.

En cualquier caso, en el que la empresa se encuentre, y mientras defina su política, debe entenderse que no se permitirá ingerir cualquier tipo de alimento, golosina, o bebida, excepto agua de bebederos autorizados, especialmente si cualquiera de estos es materia prima, en proceso o producto terminado por los que la empresa tiene razón de ser. Esto debería ser estrictamente cumplido por lo menos en las áreas de proceso y de almacenamiento, aunque la prohibición debería alcanzar a toda la planta, a excepción de los lugares que estén expresamente permitidos. Cualquier cambio debe ser estudiado en detalle por un equipo de trabajo integrado por distintas áreas. Mientras tanto nada debe ser cambiado hasta estar seguro de que la solución que se pretende es la mejor y hayan sido considerados todos los aspectos negativos que puedan surgir de ella y las medidas a implementar cuando se considere necesario. Acerca de esto no es extraño que en las compañías que no tienen bien definidos estos conceptos se encuentren papeles de caramelos, restos de frutas, huesos de pollo, goma masticable pegada sobre o debajo de una mesa de trabajo, bebidas escondidas en tableros de luz.

Los bebederos constituyen una necesidad por lo que su utilización deberá ser ordenada y los vasos plásticos depositados en los recipientes contiguos. Su ubicación es siempre motivo de discusión y una vez que la compañía haya realizado su estudio y pensado su ubicación, conviene acordar con el personal y así no desencadenar una disconformidad generalizada.

Estaciones para lavado en lugares críticos

Hablar del lavado de manos significa tener los puntos estudiados donde se ubicarán lavabos con todos sus accesorios. Demás está decir su importancia en los sanitarios y sus filtros, pero en el resto de la planta, particularmente la de proceso, estratégicamente se ubicarán estas estaciones para facilitar esta operación a los operarios.

Los grifos se operarán automáticamente al acercar las manos, con rodillera o pedalera, aunque nunca con las propias manos. Se elegirá la que la empresa pueda adquirir, pero es oportuno recordar que la mejor es la más durable y que requiera menor mantenimiento, que en el mediano y largo plazo significará menor costo de mano de obra y de uso con menos interrupciones.

El material más adecuado es el acero inoxidable, pero pueden emplearse otros materiales que cumplan con las condiciones de no ser porosos, de fácil limpieza, con sistema que evite que se tape con materia orgánica que pueda descomponerse y contaminar y con la capacidad suficiente como para que no desborde o salpique.

Nunca deben faltar accesorios tales como jabón líquido, desinfectante, cepillo para uñas cuando sean necesarios, toallas de papel u otro material descartable para secado, así como los cestos con bolsas de residuos en balance armonioso de tamaño y cantidad con el número de personas que pasan en el momento de mayor circulación.

El jabón y desinfectante líquido son los adecuados con un dosificador resistente al uso intenso que lleve a una buena higiene y desinfección como a su mantenimiento y economía.

Uniforme de trabajo

• Definición de uso y compatibilidad con el tipo de trabajo

De acuerdo con la actividad que se desarrolle en cada sector se definirá el uso de uniforme y tipo. Este uniforme contemplará tanto las necesidades de cumplimiento de las BPM como las normas de seguridad. En este aspecto no hay que confundir un objetivo con otro, si bien en muchos aspectos son complementarios y mediante análisis diferentes, concluyen en un objetivo similar.

La utilización de uniforme lleva implícita la idea que su uso no va más allá de las áreas de trabajo y su relación con los alimentos, por lo que no pueden ser usados fuera de ellas. Estas restricciones tienen el objeto de dar protección al producto alimenticio por lo que el uniforme evita la contaminación con partículas que pueda desprender la ropa de calle, la higiene en la que se mantenga y los peligros que significan los contaminantes microbianos.

• Características

El uniforme o ropa externa debería ser de color claro ya que la suciedad no es motivo para ocultarla y justamente el objetivo es mostrar cuándo debe ser cambiada por una muda limpia, si aún no se hubiera completado el período de uso establecido. Si la actividad particular del operario demanda protección personal o del uniforme, se podrá emplear un delantal plástico lavable para aumentar la protección del producto y la ropa.

El mejor uniforme es el que se coloca por la cabeza y no requiere ni siquiera broches, aunque estos pueden llegar a emplearse. Se deben evitar los botones para que estos no vayan a perderse en el producto o engancharse en las partes móviles de las máquinas. Cuando de los uniformes comienzan a perderse los botones es común que los operarios terminen dejando desprendidos los ojales que deberían estar abotonados produciendo riesgos físicos, contaminación por que se ensucian las partes sueltas y luego se rozan los alimentos pudiéndolos contaminar y finalmente dan un aspecto de abandono.

En el uniforme no debe haber bolsillos abiertos por encima de la cintura y si fuera necesario poseerán un cierre hermético o se los ubicará en el interior. Para evitar la posibilidad de que ciertos objetos caigan en el producto, no está permitido llevar en el uniforme lapiceras, lápices, termómetros, herramientas, pinzas, alfileres, espátulas, etc., especialmente de la cintura para arriba. En el caso que sea necesario tener que utilizar alguno de estos elementos o herramientas se deberá pensar si es suficiente tener bolsillos con cierre adecuado en los pantalones o alguna otra solución que cumpla con lo que anteriormente se determinó, como bolsillos internos.

Ejemplo (E24) Caída termómetro en reactor

Se estaba trabajando en la producción experimental de un nuevo producto. El coordinador del estudio llevaba un termómetro en el bolsillo superior de su chaqueta. En un momento en que quiso tomar una muestra del reactor en el que se estaba trabajando, se inclinó con un muestreador en la mano de tal manera que su termómetro cayó al producto. Todo lo realizado hasta ese momento se perdió por esa razón.

La chaqueta deberá cubrir los brazos hasta las muñecas de manera de no mostrar la ropa que pudiera estar usando el operario debajo del uniforme.

El pantalón debería ser ajustado a la cintura con cinta o con elástico evitándose los cinturones.

Si el operario usara ropa de abrigo propia, esta deberá estar cubierta por el uniforme con el objeto de prevenir que las fibras se puedan soltar y contaminar el producto. Si como consecuencia de las características térmicas del ambiente en que se realizara la tarea, la empresa deberá proveer abrigo que cumplirá con las mismas características de color, estado, higiene, etc., que el resto del uniforme.

Además de cumplir con las normas de seguridad, el calzado deberá ser el más adecuado para las áreas productivas y será acorde con la actividad alimentaria particular. En el caso que para ingresar a la zona de producción haya que pasar por un filtro sanitario con lava botas, no deberán usarse zapatos o botines de cuero. En el resto de la planta se podrá usar zapatos o botines de cuero, pero en ningún caso zapatillas, sandalias u otro tipo de calzado que presente riesgo para la integridad física del que los usa.

• Presentación personal

La prolijidad es una manifestación externa que demuestra el cuidado y la consideración que el personal tiene por su trabajo y especialmente por los alimentos que procesa. Esto surge como consecuencia del respeto que la empresa tiene por su personal y los conocimientos que inculca a sus empleados y operarios. De una manera inteligente se induce al personal a comportarse de una manera compatible con la función que realiza en este tipo de industria o actividad, y sin perder su individualidad entiende que la personalidad no pasa por mostrar como luce los cabellos o barba.

El estado del uniforme debe ser responsabilidad del operario, sin roturas abiertas, partes descosidas y limpios durante el trabajo, por lo que deberá establecerse una rutina de muda. La responsabilidad de la empresa es la de estudiar la frecuencia de cambio de los uniformes y el número de mudas a ser provistas de acuerdo con la actividad que realice el operario. Por lo demás el uniforme será lo suficientemente cómodo como para que el operario no se decida por su cuenta a introducirle modificaciones o usándolo indebidamente.

Es un hecho que muchas veces por ser suministrado sin haberse realizado un estudio de necesidad y actividad del operario, muchas veces el uniforme resulta incómodo por lo que se le realizan modificaciones que lo alejan de los objetivos de BPM. He visto casos no relacionados con lo ambiental, con tendencias propias de personas que llega a arrancarles las mangas porque así se consideran más cómodos. Esto lo he observado en algunos operarios que faenan ganado, realizan despostada y charqueo carne que literalmente arrancan las mangas, aun cuando son cortas dejando las hilachas de los desgarros de tela.

Lo cierto es que para elegir la tela y el modelo se debe pensar en las condiciones térmicas bajo las cuales se debe trabajar.

El calzado debe presentarse limpio y en buenas condiciones. En ningún caso el calzado deberá ser utilizado para objetivos diferentes para el que se lo provee.

• Excepciones al uso del uniforme

La respuesta es concluyente y es que ¡No deben existir!

Es entendible por su falta de experiencia en el tema y de conocimientos en el manejo de alimentos lo inaceptable que algunos funcionarios crean que el uniforme es solo para los operarios o los que están directamente relacionados con la producción y no se dan cuenta que puede representar la diferencia entre tener un negocio con un cliente y no tenerlo. En este sentido la ignorancia crea la sensación de que vestirse de manera a la que no se está acostumbrado es nada más que la expresión externa del temor al ridículo.

Cuando dejé el Instituto Nacional de Microbiología e inicié mis actividades en la Industria Alimentaria me encontré con un mundo que era totalmente diferente al que estaba acostumbrado. Provenía de la Industria farmacéutica y de la elaboración de productos biológicos, por lo que me sorprendió la manera en que los alimentos se procesaban, aunque debo reconocer que la empresa en la que estaba iba a la vanguardia de lo que era el medio en general.

Mi función era la de jefe de Departamento de Microbiología y acostumbrado como estaba llevé mi uniforme que consistía en un pantalón y guardapolvo blanco. En la planta los supervisores usaban guardapolvo blanco y el resto de la ropa era de calle mientras que los operarios debían usar zapatos de seguridad, pantalón y camisa blanca, así como un birrete que poco cubría de la cabeza y las mujeres usaban guardapolvo y cofia.

La reacción del resto de los mandos ante mis pantalones blancos fue la de apodarme "el heladero" a lo que no opuse reparo ya que entendía que una vez que se acostumbraran a mi indumentaria olvidarían todo. Esto fue lo que efectivamente pasó, pero aun así resultaba muy evidente que las excepciones a la indumentaria significaban establecer una escala jerárquica absurda que los diferenciaba.

La primera etapa hacia el primer cambio fue lenta y consistió en hacer que los supervisores usaran casco y pantalones blancos. De esta manera hubo un principio de aproximación hacia las BPM, pero manteniendo el sentido jerárquico. La segunda etapa consistió en establecer un uniforme similar tanto para operarios como para operarias y, a pesar de la resistencia en algunos casos muy particulares, rápidamente se llegó a un uniforme estandarizado. Si bien estas etapas necesitaron tiempo y capacitación para su ejecución no iba a ser la que más inconvenientes generara.

Los verdaderos problemas aparecieron cuando hubo de considerarse la indumentaria de los mandos. En una primera etapa quedó establecido el uso de casco y guardapolvo y por ese momento no se avanzó más en el asunto. Con el transcurso del tiempo era inevitable que el resto de los mandos debía utilizar un uniforme acorde con la actividad que se desempeñaba en la planta. Se decidió el cambio del casco por una cofia descartable y si bien el gerente no se opuso, tomó la decisión de usar casco por encima de ella.

Uno siempre debe aprender de los demás y ser paciente cuando las circunstancias permiten serlo, en especial cuando los productos no presentan riesgos derivados del no uso de un uniforme adecuado. Tiempo después recibí una lección ante mi apuro por impulsar un cambio en la indumentaria de trabajo, ya que por muchas razones entre las que sobresale la del conjunto, la gente no estaba bien preparada para asimilarlo. Las individualidades son más fácilmente absorbidas a la idea.

Para concluir, desde un punto de vista estético y superficial, el uniforme adecuada y correctamente llevado es una imagen positiva sobre la importancia que el gerenciamiento le da a las BPM.

• Guardado de la ropa

Debe proveerse de un lugar higiénico y sanitariamente adecuado para que el personal se cambie. Esto busca evitar que la ropa se deje en cualquier lado y que la gente use el uniforme fuera del establecimiento. También se debe pensar en comodidades dentro del área de proceso donde los operarios puedan colocar sus abrigos de trabajo para que no se terminen colgando de cuanto lugar imaginable pueda existir (matafuegos, válvulas, cañerías, tableros, etc.).

En los vestuarios no deben guardarse alimentos o cualquier otra cosa que no corresponda a la higiene personal, así como no debe encontrárselos en las áreas de proceso. El riesgo de la existencia de alimentos en lugares no habilitados es que dan lugar a todas las facilidades para que se asienten plagas, particularmente las cucarachas. Además, resulta desagradable ver que en el mismo lugar donde se guardan los zapatos está la comida.

Política sobre fumadores

A la empresa le corresponde establecer una política referida a la prohibición parcial o total de fumar. De esta manera quedará explícitamente determinada la actitud que su personal debe asumir donde no se debe fumar bajo ningún concepto y en qué lugares se permitiera como excepción, al salir de ella cada fumador deberá lavarse las manos de manera indicada por el indicador que deberá figurar sobre los lavabos respectivos y una pregunta de "se ha lavado bien las manos" en la puerta de salida.

A esta altura el lector ya puede imaginarse y sin temor a equivocarse, que está terminantemente prohibido hacerlo en las áreas de almacenes, cámaras, producción, combustibles y todo otro sector donde se expongan materias primas, producto en proceso o terminado.

Esto no constituye un capricho contra los fumadores, sino que obedece a distintas razones básicas de protección a los alimentos y la salud de las personas que no lo hacen. Entre otras causales se pueden mencionar a la seguridad de producto, la falta de orden y limpieza, la salud del personal, seguridad del establecimiento, etc. Sin embargo, si se permitiera aceptar que se fume en algún lugar perfectamente identificado de la planta se establecerán condiciones extremas para los visitantes.

- La contaminación se presenta por llevar los dedos a la boca para luego tocar los alimentos.
- El olor que puede transmitirse a los alimentos, especialmente si contiene alimentos grasos que fácilmente absorbe todo olor.
- La posibilidad cierta que tanto cenizas como las colillas puedan caer en el alimento contaminándolo directamente.

A pesar de lo que se pueda prometer como cuidado del medio y los bienes, las colillas y marquillas de los cigarrillos pueden terminar en el piso, en especial en la entrada de las plantas. Las mesas de trabajo mostrarán algunos lugares quemados por un cigarrillo encendido que se dejó en su borde hasta que se consumió totalmente. Otros son más cuidadosos y apagan la colilla en el chorro de una canilla y algunos los arrojan en los mingitorios originando una posible obstrucción.

Además de lo expuesto, para la seguridad del establecimiento constituye riesgo de incendio, tanto por las colillas encendidas que se arrojan como por la llama de fósforos y encendedores en áreas críticas tales como área de combustibles y depósitos de insumos, especialmente materiales de empaque.

Un riesgo importante es no medir las consecuencias de fumar y aunque se tenga asumido se continúa con ese hábito. Sin pretender hacer un diagnóstico de la personalidad del fumador, en este libro solo diremos que se observa muy frecuentemente que no guardan un debido cuidado personal, hacia los terceros que no fuman y contaminarles el ambiente al obligarlos a soportar el efecto de los nocivos gases que se despide cuando el tabaco se quema.

Barbijo, guantes, cofia

• Barba

Es recomendable que los hombres que directamente se relacionen con la producción estén siempre afeitados para ayudar a promover un ambiente de limpieza y orden. La barba larga deberá ser evitada para el personal que opera en planta, aunque si por alguna razón personal no se afeitaran su barba deberá ser cubierta con un barbijo que lo cumpla completamente. En caso de que se tratara de personas que no frecuentan la planta o de visitas, deberán colocarse un protector específico (barbijo, mascarilla, etc.). En determinados medios, y particularmente relacionados con culturas locales o religiosas, se podrá justificar su uso, aunque solamente si se la cubre completamente.

Ejemplo (E25) Uso de barba y mascarilla

En una ocasión fue nombrado encargado de control de proceso un barbado asistente que por su actividad regular no solía asistir a las áreas de proceso. La recomendación del gerente de la planta fue que se afeitara, a lo que le repuse que esa era una de dos alternativas mientras que la otra era la de cubrirse la barba y bigote con un barbijo. La opinión del gerente fue que el personal le perdería el respeto y se reiría. Como se trataba de un problema de personalidad y dependería de cómo podía superarlo, al nuevo jefe se le dio a elegir. El primer día se generó algún revuelo por lo que la gente lo llamó el "enmascarado", pero en los siguientes se fueron acostumbrando y finalmente se produjo una perfecta integración al personal. Pasaron varios meses al cabo de los cuales supuse que el tema ya había sido asumido por la gerencia. Un día fui informado que vendría una visita de Europa, entre los cuales uno usaba barba. La proposición que se me hizo fue que el nuevo encargado de control de proceso no estuviese por la planta o en caso contrario, se quitara el barbijo. Cuando el grupo visitante estaba a punto de ingresar al área de proceso el encargado de control de proceso se acercó, luciendo su barbijo puesto y uno en su mano, e invitó al barbado visitante a ponérselo. La reacción de este fue de agradecimiento por el gesto y le mereció un comentario elogioso hacia las medidas que la empresa había tomado en protección a sus productos. A partir de allí al Gerente de la Planta nunca le faltó barbijo adicional para las visitas, ni para él.

• **Guantes**

Las palmas de las manos tienen un gran número de glándulas sudoríparas, de manera que al calzarse los guantes concentran aire caliente producido por la evaporación de la sudoración normal. Además, la actividad que desarrollan las manos produce una subida de la temperatura y humedad bajo los guantes, aumentando el ciclo de sudoración. La hipersudoración es el estado a que se lleva la oclusión de la transpiración si no puede eliminarse de manera correcta. Si se continua en esa situación continuamente genera una maceración cutánea que ablanda la piel. Es el caso que producen los guantes de látex o cualquier material que no permita la libre transpiración atrapando la humedad contra la piel. Esto puede conducir a infecciones y produciendo enrojecimiento, picazón y mal olor. El caso es más grave si los conductos sudoríparos se tapan (miliaria), dejando atrapado el sudor dentro de la piel y generando inflamación.

Además, al manipular alimentos con guantes se debe tener cuidado de no tocar indiscriminadamente aquello sin lavar por lo que se deben cambiar los guantes regularmente. Se recomienda no usarlos más de una hora, recordando evitar el cruce de crudos o cocidos.

Ejemplo (E26) Ardor y enrojecimiento en las manos

En una oportunidad me llamaron del área de proceso manual por un problema que se presentaba con el enrojecimiento y ardor de las manos de las operarias que usaban guantes de silicona. Solicité que me proveyeran de un par de guantes sin usar y uno que haya sido usado. Encontramos que los guantes nuevos traían de fábrica un talco en el que normalmente el fabricante colocaba en su interior para que los guantes se deslizaran con facilidad al ponérselos y sacárselos. No identificamos el tipo de polvo, pero el fabricante nos aseguró que era almidón de maíz. El problema era que se había producido una hidrosis localizada, generada por el roce de las manos transpiradas con el guante y la temperatura de las manos. La solución fue la de cambiar los guantes regularmente —cada 1 o 2 horas—, por lo que se resolvió el problema.

• **Guantes, inconvenientes y recomendaciones**

Se debe tener en cuenta la hidrofobicidad del material, o capacidad que tiene un material de repeler el agua de su superficie. Es uno de los factores más importantes que influyen en la transferencia de bacterias de una superficie contaminada en una mano enguantada. Los guantes de vinilo, más hidrófilos, favorecen la transferencia, mientras que los de nitrilo, más hidrófobos, reducen el riesgo.

En el envase de venta debe constar el destino de uso. Se debe evitar de manera general los guantes con polvo, porque si bien es almidón vegetal, cuando presentan fallas de continuidad del material, también puede pasar a los alimentos.

A continuación, se dan algunos detalles de los diversos componentes y recomendaciones de tipos de guantes.

Látex: Es necesario saber la alergenicidad o capacidad de desencadenar una respuesta inmunitaria anormal al látex de las personas que los usarán.

• Puede producirse una transferencia de proteínas del látex a los alimentos.

• Puede presentar reactividad cruzada con algunas frutas, como el kiwi, el plátano, el aguacate y la castaña.

• El almidón de maíz realmente une proteínas de látex alergénico y apoya la relación causal entre las reacciones alérgicas en individuos con sensibilidad al látex.

• El polvo de guantes puede causar irritación de la piel. Además, el polvo adsorbe las partículas de látex y se comporta como un portador, predisponiendo a la alergia. Los guantes de látex en polvo no deberían usarse en la preparación de alimentos.

Nitrilo: Producto homologado para manipular alimentos. Su composición y estructura reducen su acción como fuente de contaminación cruzada. Resistentes y no transfieren ningún componente ni a quien los lleva ni a los alimentos.

Vinilo: producto homologado para manipular alimentos. Con 45% de elementos plastificantes. Sujetos al Reglamento (UE) 10/2011, sobre materiales y objetos plásticos destinados a entrar en contacto con alimentos, ya que hay unos plastificantes que están prohibidos:

• Con alimentos ricos en grasa y cárnicos, se potencia la transferencia de elementos plastificantes —ftalatos—, además con alimentos que contengan alcoholes o que haga que tengamos los guantes mojados.

• Al no unirse químicamente al PVC, los plastificantes de ftalato pueden filtrar y evaporar fácilmente los guantes a los alimentos mencionados o a los usuarios. Los ftalatos pueden pasar a las personas a través de la ingesta, la inhalación y la absorción dérmica.

- Los guantes de vinilo homologados para su uso en las empresas alimentarias son a los que se les han aplicado plastificantes permitidos por la normativa europea.

- La hidrofobicidad —capacidad de repeler el agua de su superficie—, del guante es uno de los factores más importantes que influyen en la transferencia de bacterias de una superficie contaminada en una mano enguantada. Los de vinilo, más hidrófilos, favorecen la transferencia, mientras que los de nitrilo, más hidrófobos, reducen el riesgo.

- Debido a su estructura polimérica, los guantes de vinilo tienen más permeabilidad a bacterias y virus, lo que aumenta el riesgo de contaminación, tanto para los alimentos como para los usuarios de los guantes.

- En el Japón, se han prohibido totalmente los guantes de PVC, mientras que en otros se fijaron tolerancias.

Bigote y patillas

Los bigotes y patillas son de uso muy generalizado y su incidencia negativa por caída de pelos que es muy baja, por lo que solamente se debe cuidar que cumplan con las siguientes condiciones:

- Bigote: solo puede extenderse hasta la comisura y bordes de la boca, no pudiendo por lo tanto sobrepasarlo exageradamente ya que en caso contrario deberá ser cubierto con un barbijo, tal como si tuviera barba.

- Patillas: no podrán superar el límite inferior de la oreja y si se las usara largas se recomienda la utilización de un gorro tipo legionario que cubra la cabeza hasta la nuca y abarque las orejas y patillas.

Cabellos y pelos

Los cabellos y el cuero cabelludo, al igual que la piel, son portadores de microorganismos como habitantes normales componiendo una microflora (bacterias, hongos, levaduras virus) y aun microfauna (ácaros del folículo, ftirápteros o piojos), Deben estar bien cuidados y limpios. Tanto hombres como mujeres deben cubrirlos totalmente a través del uso de cofias, redes o similar. En esto tampoco existe diferencia que justifique exhibirlos. La capacitación del personal debe llevarlos a entender la importancia del uso de estos aditamentos personales en la producción de alimentos y la contribución que representa para su higiene.

En las áreas donde el producto se expone por razones de proceso, los cabellos deberán ser cubiertos de acuerdo con disposiciones reglamentarias por organismo oficial o las reglamentadas por la propia empresa. Lo cierto es que pueden ser de distinto tipo, cofias de tela, cofia de red, cofias descartables, o con casco, pero en todo momento cubrirlos es obligatorio sin importar si es momentáneo su uso.

Pestañas y uñas postizas

Su uso es incompatible con el trabajo con alimentos. Las uñas deben ser cortas, limpias y libres de cualquier tipo de esmalte. A los riesgos de caerse sobre los alimentos se le suma el inconveniente de una correcta higiene y la posibilidad que contenga cosméticos que los contaminen.

Higiene de manos

Se las lavará con agua, jabón líquido y desinfectarán tantas veces como sea necesario no existiendo justificación de tiempo u otras para no cumplir con esta regla. Después de la utilización de los sanitarios la higiene de manos es de importancia definitiva para la inocuidad de los alimentos. En la capacitación se profundizará en los conocimientos sobre los riesgos microbiológicos por la contaminación que se puede arrastrar con las manos. El aspecto de mayor impacto es que las manos pueden arrastrar más microorganismos que las moscas, insecto tomado como ejemplo por caracterizarse por pulular en basurales y lugares que los operarios consideran repugnantes. Si fuera posible por la existencia de laboratorio microbiológico, es práctico mostrarles la contaminación que puede arrastrar una mano comparada con la de una mosca.

Si se emplearan guantes (ver ítem guantes más arriba), el material debe ser impermeable y adecuado al tipo de trabajo que realice, pero los mantendrá perfectamente limpios sin exceptuar la necesidad de lavarse las manos antes de trabajar y después de hacerlo.

Aditamentos y bisuterías

El uso de relojes, colgantes, cadenas, anillos y otros son peligrosos tanto para el producto como para el personal. La aparición de elementos extraños en un alimento está asociada con el descuido y la falta de control en el proceso. La gravedad dependerá del tipo de elemento o material que cae en la masa del producto. Además, el uso de anillos y relojes impiden una correcta higiene de manos y antebrazos, ya que actúan de alguna de las dos siguientes formas:

• Acumulando suciedad, jabón o desinfectante por el lado de los anillos.

• No se lava correctamente como consecuencia de cuidar más o no mojar el reloj que lograr la higiene de las manos.

En el caso de la seguridad personal se mide por la existencia de riesgo físico, especialmente cuando existen máquinas automáticas en el proceso y en las que se pueden enganchar cadenas y otras joyas.

Ejemplo (E27) Uso de bisutería, joyas y adornos

Se había dispuesto que el personal no usara bisutería ni adornos durante sus actividades en la planta. En el caso particular de las manos y muñecas impedía un correcto lavado y desinfección. Hasta ese momento el programa había sido exitoso en lo relacionado con indumentaria y presentación, pero existía una notable resistencia en lo referente a la prohibición de usar aros, anillos, relojes, etc. Por ese entonces se produjo un accidente con un arquero de fútbol muy conocido. Al saltar en un intento por tocar el travesaño del arco se enganchó el anillo del dedo en uno de los ganchos de la red, deprendiéndose la piel de la primera falange del anular. Se perdió parte de la piel y fue operado por microcirugía, se reimplantó el tejido.

Este hecho obró como un ejemplo de los peligros que encierra el uso de elementos personales en el trabajo. Si bien la intención era la de enfocarlo en el cumplimiento de las BPM a través de la seguridad personal, resultó en el total entendimiento del personal. Esto demuestra que en muchos aspectos la seguridad puede actuar en analogía sinérgica con lo higiénico.

Lentes

Los empleados que usen lentes de cualquier tipo deberán tomar cuidados para prevenir su posible pérdida en el producto.

• Actitud y comportamiento

En la vida cotidiana es común tener reacciones naturales espontáneas y en muchos casos convertirlas en hábitos. En la industria alimentaria algunos hábitos llegan a ser prácticas no sanitarias tales como rascarse la cabeza, introducir los dedos en las orejas, nariz, boca y zonas íntimas, convirtiéndose en un factor más, e importante de contaminación.

En estos casos no debe olvidarse que la piel tiene una estructura escamosa, con una flora microbiana natural que en algunos casos llega a albergar microorganismos patógenos. El contacto con los extremos del tubo digestivo constituye un riesgo cierto de contaminación microbiana, mientras que los cabellos en sí mismo lo son físicamente ya que a nadie le gusta encontrar "un pelo en la sopa", además de la contaminación microbiana de la que sea portadora.

PIEL

Es importante que presente la estructura de piel y pelos como motivo primario de contaminación por el manejo que de los alimentos pueda hacerse y el cuidado que se tenga al lavarse y desinfectarse las manos, así como debe cuidarse de los cabellos que puedan caer sobre los productos que se elaboran.

La piel se clasifica en fina y gruesa, un reflejo de su espesor y ubicación. El espesor varía en las distintas regiones de la superficie corporal, desde menos de 1 mm hasta 5 mm. La piel es obviamente diferente en dos sitios: las palmas de las manos y las plantas de los pies. Estas regiones están sometidas a una fricción intensa, carecen de pelos y poseen una capa epidérmica mucho más gruesa que la de la piel de cualquier otro sitio. Esta piel es gruesa, mientras que en otras partes la epidermis es más delgada y el revestimiento cutáneo recibe el nombre de piel fina. La piel fina contiene folículos pilosos en casi toda su extensión. Su presencia responde a la necesidad natural básica de proteger la estructura y órganos del cuerpo en una acción contra sustancias químicas dañinas y agresiones físicas.

A excepción de la palma de las manos y la planta de los pies, presenta folículos pilosos con glándulas sebáceas que los lubrican. Estas glándulas ayudan en la eliminación de las células exteriores del estrato corneo y su reemplazo por nuevas en su función protectora, manteniéndolas lubricadas y previniendo que los tejidos se resequen. Otras glándulas importantes son las denominadas ecrinas o sudoríparas, que son abundantes en la palma de las manos y planta de los pies, adaptadas a una constante relación con las superficies de roce y presión.

El estrato córneo es la capa más externa de la epidermis, está formado por células duras, llamadas corneocitos o queratinocitos, que protegen las capas inferiores de la epidermis en la que se forman las nuevas. Técnicamente los corneocitos son células muertas, que funcionan como barrera para evitar la pérdida de agua y la invasión de sustancias extrañas.

En recuadro ampliado se muestran los estratos de escamas llanas que permanentemente se desprenden, mientras en la base se regeneran nuevos estratos, dándole protección al sistema que componen la epidermis, como protector final y la dermis, como sistema que actúa como servicio de apoyo a la epidermis.

(F18) Piel, detalles

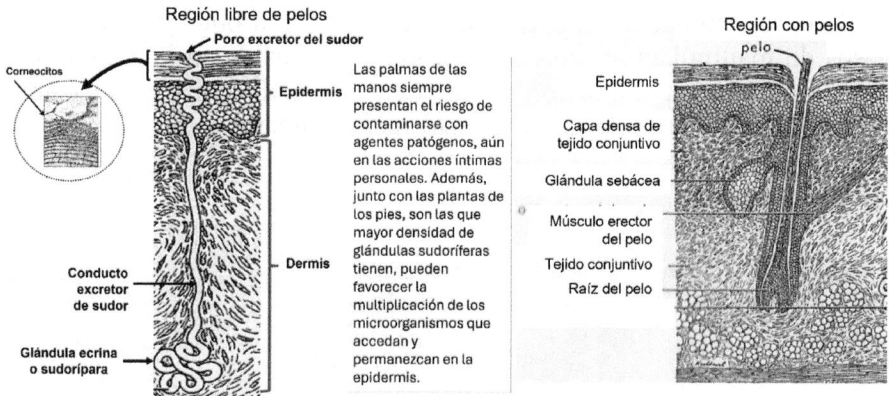

En relación con el tema que nos interesa con los alimentos, las palmas de las manos siempre presentan el riesgo de contaminarse con agentes patógenos, aún en las acciones íntimas personales. Además, junto con las plantas de los pies, son las que mayor densidad de glándulas sudoríferas tienen, de allí es que pueden favorecer la multiplicación de los microorganismos que accedan y permanezcan en la epidermis.

En algunas especialidades de alimentos se hace necesario que el personal, por razones operativas en proceso, toque de alguna manera a los alimentos. Este manejo debe ser cuidadoso y guardando todas las medidas de higiene previamente determinadas por un estudio meticuloso, tanto del alimento como de las facilidades que debe tener el establecimiento para su cumplimiento. Es así como se debe evitar por todos los medios que mientras se manejen alimentos no se realicen actividades donde el operario deba tocar otros elementos que resulten incompatibles con la primaria actividad, como por ejemplo manejar a la vez cartones y materias primas, o tocar utensilios o equipos en sus lugares no sanitarios como sus exteriores o piezas mecánicas.

Cuando los procesos son automatizados y no requieren el manipuleo directo, debe evitarse tocar con las manos las materias primas, productos en proceso y producto terminado. Esto se justifica por la sencilla razón de que resulta absurdo incorporar contaminación en procesos que de por sí no lo hacen.

Antes de toser, la persona deberá apartarse o girar la cabeza alejándose del producto que esté manipulando, cubrir la boca y/o nariz con un pañuelo de papel y luego lavarse las manos para prevenir contaminaciones. Si bien es importante tener estos cuidados con los alimentos, no debe ser más que una extensión de sanos hábitos en la vida cotidiana y deben ser bien señalados para que el operario asocie lo que realiza en su trabajo con una vida mejor.

Sería recomendable el uso de mascarilla para la boca y nariz en los casos de manipulación directa de productos sensibles a la contaminación. Esto evitaría la emisión de micropartículas de saliva y mucosidades al hablar y particularmente al estornudar o toser.

(F19) Estornudo

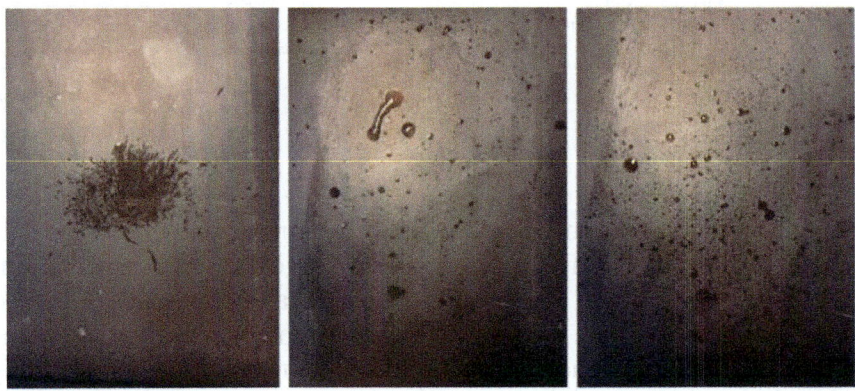

Dispersión de gotitas por estornudos realizados a tres distancias de un objetivo a 30, 40 y 50 cm. Esto en un estado alérgico, no en resfrío. Se observan pocas hebras de mucus.

En algunos procesos alimentarios es necesario el uso de la mascarilla que puede jugar un papel importante en la sudoración y en los efectos de esta, que actúa como barrera para que ningún virus o bacteria entre o salga del organismo, pero como consecuencia puede dificultar la transpiración normal.

Por tratarse de un dispositivo externo y extraño para el rostro, lugar donde la piel es más fina, puede producir algún problema. En el espacio del rostro, zona bucal y nasal delimitado por la mascarilla, se concentra aire caliente producido por la evaporación de la sudoración normal y el aliento, produciendo un ascenso térmico, además de la humedad en la zona, que significa continuar con el ciclo de transpiración.

Al acrecentarse el proceso se incentiva la hiperhidrosis o sudoración externa. Si no puede expulsarse, se ocluye la sudoración conduciendo a hipersudoración y efectos derivados como la maceración cutánea, el empeoramiento o aparición de la granulosis rubra nasi o la miliaria.

La *granulosis rubra* nasi es una dermatosis producida por la disfunción de las glándulas sudoríparas que provoca hiperhidrosis de la piel de la nariz, las mejillas y el mentón.

Asimismo, en casos extremos es importante optar por mascarillas protectoras pero que cuenten con materiales o diseños (como válvulas) transpirables.

OPERACIONES Y PROCEDIMIENTOS

En la gestión de calidad de una empresa elaboradora de alimentos, el ordenamiento y la higiene son la base sobre la cual se deben apoyar los procedimientos. El trabajo con alimentos necesita de la comprensión de todos los que de alguna u otra manera son responsables de su producción, manejo, almacenamiento, transporte, distribución, conservación, presentación e incluso comercialización. Aunque parezca muy evidente que esto debe ser así, no siempre se tiene en cuenta y la prueba más elocuente es que muchas de las intoxicaciones reconocen su origen en faltas a las más elementales normas de higiene en la materia. Quienes no las cumplen encuentran justificación en la elevación de los costos por mantener una correcta higiene o por tener un sistema de mínima seguridad, además del desconocimiento o simplemente que trabajaron durante muchos años y nunca les había ocurrido nada.

Es un hecho cierto que algunas personas olvidan que cada actividad tiene exigencias que no se deben soslayar. Una empresa aérea no puede evitar el mantenimiento preventivo y la capacitación permanente de su personal. Un quirófano debe estar ordenado, limpio y desinfectado, además de tener profesionales con experiencia y capacitados permanentemente. Una obra en construcción debe basarse en planos y materiales que cumplan con exigencias estrictas y las normas de seguridad cuidadas al extremo, para darle equipamiento y tranquilidad de trabajo a los obreros y seguridad de uso a las personas. De la misma forma no se deben confundir los objetivos y si alguien establece que puede obviar las normas de higiene en la producción de alimentos será mejor que piense en cambiar a una actividad, donde no tenga por qué preocuparse en ello como algo prioritario.

Una vez asumido el compromiso de la gerencia y los mandos medios sobre la responsabilidad que les compete hacia las buenas prácticas de manufactura, la capacitación de los operarios no resultará difícil ya que solo el ejemplo superior será necesario. El personal comprende y ejecuta mucho más rápido lo que aprendió si lo tiene que hacer en un contexto donde las prioridades están bien establecidas y no hay dobles discursos. De allí es que en el simple hecho de un ordenamiento y limpieza correcto se puede determinar si ha sido realizado de acuerdo con un plan y surgido de un sistema, demostrando que no se trata de una "cosmética" o "lavada de cara" realizada específicamente para una visita programada. Esto último solo surgiría de la necesidad, pero realizada sin convicción.

Como conclusión queda establecido que la recomendación básica para el desarrollo armónico del sistema de calidad es que, a una adecuada capacitación del personal, debe corresponderle un respeto de los directivos y visitantes de acuerdo con un programa y normas de visitas.

Todo ello se resume en lo siguiente:

(F20) **Capacitación**

Materias primas e insumos

En el mismo momento en que se produce el ingreso de las materias primas deben tomarse una serie de medidas preventivas que van desde la inspección del vehículo que las trae a la planta hasta su utilización en el proceso. Pero en realidad la higiene y seguridad de las materias primas comienza en el desarrollo de producto y en la evaluación de mercado para su obtención.

Las especificaciones deben ser muy precisas (ver A39) o en el caso de productos "in natura", serán lo más aproximado a un estándar que debe fijarse con objetivo real pero ajustado al principio de seguridad e inocuidad.

Los peligros que existen cuando una materia prima ingresa son muchos y de lo más variado, de acuerdo con el origen e historia de esta. Así, si el producto proviene directamente de la naturaleza y a granel pueden acompañarse de plagas, tener plaguicidas que excedan las tolerancias, venenos naturales o agregados, contaminaciones por el manejo inadecuado de las personas que llevan a cabo la cosecha, etc. Todo esto requerirá un estudio meticuloso para una evaluación del proveedor que permita conocer sus debilidades. Esta evaluación se complementará con un desarrollo a través de un programa que lo convierta en confiable para la seguridad y uniformidad de sus entregas.

Los camiones que transportan las materias primas deben ser cuidadosamente examinados pues no resultaría impensable que lleguen a transportarlas con productos incompatibles con ellas, tales como plaguicidas y materiales de todo tipo. Esto debe ser perfectamente establecido cuando se firma un contrato para la adquisición y entrega de las materias primas, material de empaque e insumos afectados directamente a la producción.

Ejemplo (E28) Ingreso materias primas con larvas de insectos

Bolsas de harina o arroz con larvas de insectos. Se revisó la zona de costura para identificar pequeños agujeros. Si la bolsa es de rafia tejida resulta más difícil verlo. Este puede ser el caso del arroz por lo que se tomarán muestras antes de descargarlo para un tamizado y simple observación.

Ejemplo (E29) Cartones en contacto con alimentos (Ver F22)

Bandejas o separadores de cartón para distinto destino (frutas, huevos, etc.) que pueden contener ácaros o estar sucios.

Ejemplo (E30) Camiones no exclusivos para alimentos

• Siempre es conveniente ver en el camión que llega si debajo de las tarimas sobre las que se estiban los materiales para el transporte, se encuentra limpio. De esta manera se realiza un control para conocer lo que pudo haber transportado con anterioridad y decidir si existe o no peligro al ingresarlo. Fue el caso de un camión que debajo de las estibas tenía restos de materiales de construcción y polvo de ello.
• Me informaron que iban a despachar vegetales deshidratados hacia el exterior del país. Se presentaba el problema que en la misma caja había cueros en estado curtido. Indiqué que de esa manera no podía realizarse el envío. El encargado de la operación me dijo que era evidente que yo no conocía de costos a lo que yo le informé que **él** no sabía de calidad y sus riesgos.

Ejemplo (E31) Transporte por camión. Verificación de correcta cobertura de alimentos

En particular los días de lluvia conviene verificar si la carga de los camiones llegó en buen estado, cubiertos y sin signos de haberse mojado. Fue el caso por el cual tuve que concurrir a otro país de manera urgente a determinar si el producto terminado, aunque no envasado, que se había enviado en tambores para fraccionar a minoristas, había sido afectado por el agua de lluvia. Algunos de los tambores presentaban ingreso de agua por lo que fueron descartados.

El ingreso de materias primas, materiales de envase, productos semielaborados y de insumos debe seguir una gestión para su identificación, conocimiento de su estado —EN ANÁLISIS, APROBADO, EN USO, RETENIDO, RECHAZADO— y ubicación para contribuir a la trazabilidad de los productos a los que finalmente darán origen. Respecto del almacenamiento y codificación se hablará en capítulos siguientes.

Para llegar a autorizar el ingreso o no, se deberá disponer de métodos de análisis que solo podrán actualizarse tras certificaciones registradas (ver A40). Sin estas no deberán cambiarse de método pues podrían conducir a errores que generen importantes pérdidas (ver A29). Una vez terminados los estudios los resultados se informarán a las áreas respectivas de inmediato. En el caso de que no existiese laboratorio, cosa no infrecuente en algunas empresas, sería necesario algún tipo de certificación de la calidad de los productos que ingresen o un estudio en laboratorio de terceros para evaluar al proveedor con el objeto de conocer si es confiable. Otra posibilidad, quizás la que puede llegar a dar mejores resultados, es la de auditar al proveedor y conducirlo a que pueda garantizar sus productos mediante un desarrollo hacia un sistema de calidad de las mismas características o similares que la que se intenta desarrollar en la propia empresa. Igualmente, en el caso de materias primas de características críticas en lo microbiológico, será obligación del proveedor realizar los análisis por partidas. Para otras materias primas o insumos en general, mediante un acuerdo mutuo, se pueden compartir gastos de análisis entre proveedor y cliente para determinadas partidas.

Mientras estén en los depósitos los materiales deben ser identificados y guardados en el empaque o envase original hasta su uso para evitar que se deterioren. Si fuese necesario se cubrirán con plásticos para que no se ensucien. Esto último es importante con las estibas de material de empaque y bolsas que pueden arruinarse por la acumulación de polvo, por el ataque o suciedad de plagas y por eventuales filtraciones de agua desde el techo.

Para asegurar que los materiales tengan un lógico empleo, de acuerdo con su vida útil, es conveniente que se respete la fecha de recepción para su uso siguiendo lo que en inglés se conoce por el acrónimo FIFO (*first in, first out*) o lo que es lo mismo en español PEPS (lo que primero entra, primero sale). De esta manera se evita que algunas materias primas envejezcan innecesariamente, lo que produce una reducción en la vida útil real del producto terminado en el que finalmente se incluirá y procesará. (Ver E57)

Cuando un material, envase o materia prima deba ingresar al área de proceso de producción es conveniente que los responsables del depósito los entreguen limpios. Para ello, los liberarán de todas las coberturas que hayan sido puestas para protegerlos durante el almacenamiento. Procederá a la limpieza de los materiales, eliminará la folia externa, en el caso de las materias primas e insumos que se encuentren envueltos y conservará la identificación del producto.

En los casos en que la materia prima se vuelque a un contenedor mayor como el caso de tanque, silo u otro tipo, se anotará en planilla los datos de lote, fecha y hora de agregado para que pueda orientar hacia la trazabilidad. Esta se interrumpiría y se perdería información muy importante en casos en los que se necesitaría información adicional y vital. (Ver A15)

Los envases que se cierren, cada vez que se toma de ellos parte de su contenido, serán identificados con la leyenda "**EN USO**" para no confundirlo con los que aún no han sido abiertos. Cuando se trate de envases de los que la gente suele reciclarlos —tambores, bidones, cuñetes, etc.—, una vez que se han vaciado se eliminará toda identificación o se cubrirá la anterior con una leyenda que señale lo que contiene. Para estos envases vacíos se deberá disponer de un programa de retiro, almacenamiento y eliminación para evitar que queden abandonados en cualquier lugar de la planta o se los utilice indiscriminadamente con gran riesgo para la producción.

PRODUCTOS EN PROCESO Y TERMINADOS

Ya habíamos mencionado que todo producto terminado debe ser envasado a la brevedad y una vez que ello ocurra no se lo almacenará con los productos en proceso, deteriorados, de devolución o simplemente retirados del mercado. El siguiente ejemplo da una idea de los riesgos que, si bien está referido a materias primas, podrían llegar a producir serios problemas con cualquier tipo de producto.

Ejemplo (E32) Devolución fallida de pimentón

Hubo un rechazo de pimentón en polvo por lo que se informó a las áreas de almacenes, abastecimientos y producción. Esta última rehízo su programa de trabajo, teniendo en cuenta la nueva situación hasta la llegada de una nueva partida. Abastecimientos informó al proveedor, a la vez que pedía le sea repuesta la partida. Almacenes debía identificar la partida con unos rótulos con leyenda en rojo que daba cuenta de su estado de rechazo. Cuando el proveedor remitió la nueva partida, solicitó la devolución de la que había sido rechazada. Tras una larga búsqueda en los depósitos no se la encontró. Luego de una investigación se demostró que la partida rechazada no había sido identificada por el depósito por lo que cuando le fue solicitada de producción se la enviaron. Varias fueron las consecuencias, algunas razonablemente aceptable y otras no.

(continúa)

Ejemplo (E32) Devolución fallida de pimentón (*continuación*)

• Por tratarse de una contaminación con bacterias aerobias mesófilas sin que se hayan detectado bacterias patógenas, y agregarse en bajo porcentual al producto, no incidió mayormente en su contaminación final. Sin embargo, hubo suerte que no se lo incorporó en productos como los instantáneos que hubieran producido un aumento sensible en el recuento de bacterias.
• Se mostró una muy grande debilidad del sistema ante el proveedor que desconfió de los resultados que en otros momentos lo obligaron a retirar otras especias.
• Obligó a una completa revisión del sistema de la calidad de la empresa, ya que demostró no ser confiable mostrando que los peligros potenciales podían convertirse en ciertos en cualquier momento.

Siempre se debe tener espacio para la separación de los productos. Este es un principio básico que algunas empresas no cumplen por no disponer de la planta adecuada ni los depósitos suficientes o bien diseñados. En la mayoría de los casos la ubicación puede hacerse casi virtual, pintando tan solo en el piso la identificación para que no haya confusiones. Para los productos que por alguna razón están dados de baja y deban destruirse es conveniente que se los separe, aunque no sea más que con pintura de colores vivos. La identificación debe ser clara y entendible para todos, por lo que se debe dar una capacitación al personal sobre su importancia para que los productos a ser distribuidos no se mezclen con los que no deben ser objeto de comercialización por el motivo que sea.

El destino de los productos terminados que por su vida útil vencida han sido devueltos por algún defecto o retirados del mercado, será el de la destrucción y podrán ser tomadas muestras cuando el laboratorio considere necesario investigar el comportamiento del producto, aunque nunca para dar una extensión del vencimiento de esa partida en particular. En todos estos casos la identificación es fundamental para evitar equivocaciones.

La Dirección de Agroalimentos, dependiente de la Subsecretaría de Alimentos y Bebidas y la Secretaría de Agregado de Valor, dependientes del Ministerio Nacional de Agroindustria, produjo dentro del "Programa Nacional de Reducción de Pérdida y Desperdicio de Alimentos" una "Guía Integral para Municipios" llamado "Revaloremos los Alimentos".

Comienza haciendo una diferencia entre "pérdida" y "desperdicio" que aclara de la siguiente manera:

• *Pérdida de alimentos*

Se produce en las etapas de la producción, transporte y almacenamiento de los alimentos, sin ser comercializados.

Causas: falta de eficiencia de las cadenas agroalimentarias.

• *Desperdicio de alimentos*

Ocurre en las etapas de distribución, venta y consumo de los alimentos. Se desperdician los alimentos que aun cuando están listos para consumir se descartan.

Causas: son varias las razones, principalmente la ausencia o incumplimiento de un sistema FIFO. Programa de ventas mal evaluado, malas condiciones de conservación en frío, problemas de estibado y conservación, etc.

Ejemplo (E33) Desperdicio de jugos de frutas vencidos y devueltos

Me solicitaron concurrir a una fábrica de envase de jugos de frutas. El motivo era que habían tenido una devolución del mercado por reducción muy importante de ventas. Se encontraban con el problema de no saber cómo destruir las partidas por el volumen de líquidos frutados vencidos sin contaminar el ambiente. La fábrica estaba en zona rural con parques de dimensiones considerables. Revisamos todas las instalaciones y no encontramos ninguna construcción para realizar el descarte y tratamiento de los líquidos. Suponiendo que se trataría de un caso excepcional de un líquido sin partículas como un jugo clarificado, primero se descartaría el único solido que era el envase. El líquido se trataría mediante depuración anaerobia con el objeto de separar la materia orgánica diluida sin la presencia de aire, con el fin de elaborar como subproducto del saneamiento, el biogás. Solo pude hacer un muy precario esquema que correspondería a un especialista en el tema. Sin embargo, pensando en prevención, recomendé en hacer un programa de marketing más ajustado al sistema de ventas que tenían.

Un modelo extremo se da en algunas industrias muy reglamentadas, tales como la farmacéutica, de producción de biológicos o algunas de muy específicas de actividades alimentarias, donde está perfectamente definida o se siguen estrictas condiciones de separación de los materiales, materias primas y particularmente los materiales contaminados, rechazados o deteriorados con la correspondiente identificación.

Como consecuencia de ello, todo lo concerniente al manipuleo que realicen los operarios debe guardar el mismo cuidado para que no se lleven a cabo prácticas que comprometan el estado de pureza de los productos en la etapa del proceso que le toque actuar.

En algún momento existe la probabilidad de que, por variadas razones, algunas partidas de productos terminados o semielaborados resulten con niveles subestándares de calidad que hagan necesario su reproceso. Si bien el principal objetivo de un sistema de calidad es hacer las cosas bien la primera vez, a veces resulta inevitable un desliz respecto algún estándar o quedan las llamadas "colas" de producción que se intentan aprovechar. No está mal que se realicen estos manejos de productos, pero no es justificación para que se conviertan en una rutina porque de esa manera obraríamos permanentemente por regresión o retroacción sin profundizar en las causas de tal desvío ni en la solución integral del problema que los causa.

Ejemplo (E34) Instructivo indebido para no calidad

Una variedad de una línea de producto que contenía fideos producía rechazos en reiteradas oportunidades por humedad elevada lo que obligaba a su reproceso. Cuando el gerente de la planta me pidió que preparara un procedimiento para llevar a cabo el reproceso de ese producto me negué, porque no podía oficializar que se aceptara la metódica mala realización de un trabajo sin estudiar previamente sus causas para así lograr una solución definitiva. El gerente me señaló que era necesario tener un instructivo de estas características para cualquier eventualidad y así evitar intentar corregir algo con un mal procedimiento que aumente el subestándar. Manifesté que este último era un punto de vista diferente al primero, pero también equivocado porque cada producto fuera de estándar debía ser estudiado en particular, siendo responsabilidad del área de aseguramiento de la calidad, que previamente dará las instrucciones para la realización del reproceso y como consecuencia del accionar de un equipo de reconsideración de tareas. En el caso del producto definido y su problema de humedad de los fideos por sí misma, tenía el límite máximo permitido por el estándar oficial. Se realizaron los estudios sobre secado de los distintos componentes para llevar al producto final al valor de aceptación manteniendo un nivel de humedad en equilibrio con el medio.

Una condición incompatible con el reproceso es la contaminación de cualquier tipo y la alteración física y química de producto. Algunos practican "diluciones" del número de microorganismos o intentan modificar parámetros que indican algún problema en el producto y que obraría como disparador de degradación para la parte buena que se le agregue, olvidando que los peligros no son variables que pueden siempre reconocer resultados matemáticos.

PROCESO

La primera preocupación debe focalizarse en el ámbito donde se desarrollarán las actividades de proceso productivo. Anteriormente habíamos definido cuáles eran las condiciones que consideraban a una planta hermética desde el punto de vista de la producción de alimentos. También habíamos mencionado que el diseño de tal tipo de planta permitía una mejor conservación de las condiciones de higiene entre otras, a través de lo que se puede denominar la construcción inversa del clásico galpón mediante la disposición de su estructura de sostén exterior, no sanitaria, incluyendo los servicios. Esta es por lo tanto la primera precaución para lograr ese objetivo. Significa que las puertas estén cerradas el mayor tiempo posible, que las cortinas de aire sean las adecuadas y funcionen cada vez que las puertas y portones se abran, que el personal no arrastre suciedad del exterior por lo que las condiciones de filtro sanitario deberían ser las más recomendadas.

El área de proceso es un área crítica y las condiciones de trabajo deberán cumplir con las normas de BPM, particularmente las siguientes:

• Orden permanente
• Limpieza programada
• Seguir los programas establecidos
• Cumplir con la secuencia de los registros
• Condiciones para el tránsito de materiales y equipos no autorizados
• Condiciones y restricciones para el tránsito de personas ajenas al proceso
• Libre de plagas

Para cada tipo de actividad de producción alimentaria se deberá estudiar el detalle de la planta y los peligros de contaminación a que se puede ver sometido el alimento que allí se trabaja y envasa. En esto el tiempo juega un papel primordial ya que los procesos en sí son traumáticos para las sustancias orgánicas que componen un alimento, y una exposición al ambiente puede contaminarlos. Los agentes físicos y químicos pueden alterarlos dramáticamente o restarle vida útil al producto que se esté elaborando, mientras que si se demora y se trabaja en condiciones reñidas con la higiene, se pueden contaminar y permitir la proliferación de microorganismos patógenos o alterativos. En muchos tipos de alimentos esto es bien conocido y comprobado científicamente por la misma empresa o por serias investigaciones. En otros se trata de un "folclore" propio de la compañía o de la actividad, especialmente si hablamos de una región determinada donde lo atípico se transforma en un comodín explicativo de la impotencia y lo razonable como un factor inalcanzable por incapacidad de la compañía de realizar una autocrítica. Lo lógico y razonable es que se realicen las pruebas específicas para el tipo de producto, sobre los peligros que los pueden deteriorar o contaminar, la conservación y cuidados que mejor lo proteja, la distribución y características del transporte, la comercialización y el uso que le dará el consumidor.

CONTAMINACIÓN CON LUBRICANTES

Dentro de las contaminaciones químicas ocupa un lugar destacado las que ocurren con lubricantes minerales. Los equipos antiguos, faltos de diseño sanitario presentan motores, engranajes, sistemas móviles, cadenas de transmisión muy expuestas a los alimentos o envases. Su lubricación es imprescindible, pero si no se protege a los productos se corre el riesgo de que se contaminen. En algunas actividades, tales como la frigorífica, se emplea aceite de pata para lubricar roldanas y guías, pero en general la justificación para no usar lubricantes de grado alimenticio es de naturaleza económica o de desconocimiento de su existencia. Aquí se repite lo que expresáramos con anterioridad acerca de que lo que no presenta un diseño sanitario de previsión o se ahorra en él, debe tener un gasto permanente en cuidados especiales, pero con resultados muchas veces inciertos.

La mejor manera de evitar contaminaciones de este tipo es mantener un correcto programa de mantenimiento y lubricación. Mediante este sistema se tendrá identificado cada uno de los motores, posición en la línea, riesgo directo, indirecto o indiferente respecto de los alimentos, su historia y las medidas que se han tomado en cada caso para evitar los derrames hacia el producto. Cuando no se puede modernizar los equipos, la utilización de simples bandejas o protectores, además del cambio de posición de motores o engranajes, pueden servir hasta que la compañía decida que es tiempo de cambiarlos como consecuencia de la pérdida de precisión o porque económicamente ya no sea viable su uso.

CONTAMINACIÓN CRUZADA

En el diseño de una planta la disposición de la línea de producción (en inglés *layout*) se estudia para establecer la ubicación de los equipos en cada ambiente de manera de darle una continuidad lógica al proceso que se adecue al diagrama de flujo (Ver A41). El objetivo de esto es para que no existan cruces de materias primas, productos en proceso y terminado que resulten incompatibles con las BPM, pudiendo provocar contaminaciones entre los distintos pasos del proceso.

Cuando doy charlas de capacitación a los operarios y explico el significado, causas y consecuencias de una contaminación cruzada, lo ejemplifico preguntándoles cómo preparan un pescado. En general no dejan de aclarar la necesidad de limpiar la mesada o mesa luego de trabajar el pescado crudo, además de limpiarse las manos entre operaciones. La observación más interesante es que además de los olores quedan escamas y restos de sangre y vísceras sobre la tabla de trabajo o mesada. Todos ponen especial énfasis en realizar una perfecta limpieza luego de prepararlo ya que consideran que la mesa o mesada debe estar limpia antes de colocar los filetes cocidos, por más que estos estén en un plato. En este punto les explico que, además de limpiar lo visible, tiene como objeto reducir o eliminar lo que no puede apreciarse directamente que es la contaminación que puede existir del pescado crudo. También se aclara que solo con pasar un trapo no es suficiente ya que este puede estar a su vez contaminado. De ello los conduzco a inferir que en la higiene deben contar con un limpiador adecuado.

En una planta industrial la distribución y secuencia de proceso es en general, respetada, aunque existen las excepciones. En los establecimientos elaboradores de comidas preparadas, especializados en emparedados o dedicados a banquetes, restaurantes y otros, la contaminación cruzada es más frecuente dadas las reducidas dimensiones de los sectores de cocina, la falta de equilibrio entre la capacidad de producir en un régimen de buenas prácticas de higiene, la cantidad de comidas que se preparan y el número de empleados. Como prueba más concluyente están los terribles resultados de numerosas intoxicaciones, incluyendo la muerte de algunas personas.

Por su falta de información, los empleados que se desempeñan en la cocina de un restaurante o en el proceso de una fábrica, cualquiera que sea su función, generalmente no tenían un sentido de las proporciones no llegando a entender que por efecto multiplicador del volumen y de distribución no es lo mismo cocinar para una familia en la casa, para un grupo numeroso en un comedor, restaurante, fiesta o para una población que puede llegar a trascender más allá del país de origen del producto. La verdadera diferencia está en la dimensión de las consecuencias al no emplear los elementos y las prácticas adecuadas de manufactura. Para todos los que efectúan trabajos con alimentos, hoy se dispone capacitación obligatoria regulada y dictada de acuerdo con el "Registro de Capacitadores y/o Manipuladores de Alimentos".

De hecho, la gravedad no está en el número de afectados ya que enfermar a una sola persona no deja de ser un acto reprochable y merecedor de algún tipo de sanción, especialmente si se realiza por impericia o negligencia en la elaboración de alimentos. Significativamente el número da sentido de indefensión general en la población con la creación de honda preocupación y pánico. En esto no estamos considerando los verdaderos atentados contra la salud pública perpetrados por la irresponsabilidad de personas inescrupulosas como las que originaron el Síndrome del aceite tóxico en España y la adulteración de vino con alcohol metílico en Argentina. Además, por impericia y desconocimiento en la gestión y proceso de esterilización de un queso supuestamente pasteurizado, la toxina de *Clostridium botulinum* (ver A30) produjo la muerte de numerosas personas.

Sin excepción en una empresa, todos deben tener bien en claro cuáles deben ser los cuidados que se deben tener de acuerdo con la etapa del proceso en la que se desempeñen. El contacto de las materias primas expuestas resulta incompatible con el de los insumos y el material de empaque, ya que se puede arrastrar contaminación hacia las primeras y por ende hacia el producto terminado. Para las actividades en las que inevitablemente se deba realizar un contacto permanente de materia prima y material de empaque, es necesario que se estudie la forma de reducir los riesgos de contaminación. Este estudio se centrará en todas las actividades adicionales que realiza el operario al tomar contacto con la materia prima o el producto semielaborado o elaborado. En la mayoría de los casos será necesaria la frecuente higiene de las manos y en otros la utilización de guantes descartables. La estructuración de una secuencia de procedimientos garantiza, en general, un racional manejo de producto. Para dar apoyo a todo esto se buscará cubrir la ausencia o notoria falta cuantitativa de estaciones de lavado para higienizar manos y que podría ser perfectamente solucionable mediante un correcto análisis para su instalación.

En el mismo sentido en que un operario que haya manipulado materiales incompatibles con los alimentos debe realizar la higiene correspondiente. Todo equipo que haya entrado en contacto con materiales contaminados debe limpiarse y desinfectarse de acuerdo con un programa e inmediatamente después de ser detectada la contaminación. Esto es también aplicable a los equipos e instalaciones para los que también se debe hacer una proyección crítica de los peligros a los que pueden ser sensibles de acuerdo con sus características (Ver Anexo A20).

OPERACIONES. CONDICIONES GENERALES

Ninguna precaución es poca para mantener las adecuadas condiciones higiénico-sanitarias de la planta. Aunque esta es una condición básica de toda actividad alimentaria, llegar a ello es uno de los aspectos más delicados, ya que cualquier camino que se elija puede no ser el mejor. Debe emplearse el que surja de la alternativa más viable para que sea volcado en un programa. Este estudio debe tener en cuenta aspectos tan complejos como diseño sanitario, "layout", disposición de recursos humanos, recursos materiales y particularmente la especialidad alimenticia de que se trate.

Se harán estudios de la incidencia que tiene el medio ambiente sobre el medio interno de la planta para determinar las frecuencias de limpieza de los distintos sectores (techos, paredes, pisos, patios, servicios, equipos, etc.). En particular la limpieza debe ser realizada cuidadosamente por personal capacitado, para evitar que se contaminen los productos en cualquier estado de su producción, manufactura, envase, almacenamiento o transporte.

Ejemplo (E35) Manojo de cerdas en dulce de batata

Compré dulce de batata en un supermercado y cuando en mi hogar abrí el estuche en el que estaba contenido observé algo oscuro en el centro. Al cortarlo por la mitad me encontré con un manojo de cerdas que con seguridad perteneció a un cepillo de mano. De este hecho se puede deducir que la causa directa fuera que algún operario al limpiar un equipo lo hizo con un cepillo, aunque no lo revisó al finalizar su uso. Cuando el proceso de producción se llevó a cabo, las cerdas quedaron dentro de la pasta. Esta explicación no sería acertada si las cerdas no pueden pasar por la boquilla de llenado del envase final, en cuyo caso deberían estudiarse otras posibilidades.

Como causa indirecta no existía un procedimiento operativo de limpieza ni un programa de capacitación de los operarios en temas de limpieza, ni se proveían los elementos adecuados. Tampoco la supervisión verificaba la realización de la operación. La conclusión era que la compañía se preocupaba por tener un excelente producto desde el punto de vista sensorial, pero fallaba al momento de lograrlo ya que sus errores, desde el punto del aseguramiento de la calidad eran groseros. Esto puede generar la pérdida de consumidores.

Ejemplo (E36) Viruta de acero en canelón

En otra oportunidad en un supermercado compré unos canelones listos para cocinar. Al ingerirlos noté algo cortante y metálico en la boca. Se trataba de una viruta de estropajo de limpieza. Este es otro caso de una limpieza mal realizada y con los elementos inadecuados.

Ejemplo (E37) Desinfección de equipos sin un sistema bien estudiado. (Ver A23)

Durante el desarrollo de un aderezo (mayonesa bajas calorías), altamente sensible a las bacterias lácticas, se había producido un punto muerto en el cual todos opinaban sin un plan perfectamente determinado. Era como aplicar todo tipo de posibles soluciones. Una de ellas fue que luego del lavado se inundaría durante dos horas con solución de hipoclorito de sodio en una concentración de 5% como desinfectante. A la evacuación de este volumen de líquido debía seguir la producción sin realizar enjuague alguno. El resultado fue un producto con un sabor desagradable. Esto demuestra que toda limpieza debe estudiarse de acuerdo con un programa perfectamente estudiado.

Para proteger a los productos en cualquier estado de su manufactura o envase, se tendrá en consideración los cuidados a dispensar. Una limpieza se realizará sin que estén expuestos los productos porque si así no se hiciera se podría caer en alguno de los ejemplos dados más arriba. De manera similar los equipos que no puedan moverse se cubrirán con plásticos para evitar contaminarlos. Esto es un hecho lógico en las condiciones de una empresa cuyos mandos entienden lo que es la sincronización de funciones que deben existir en un verdadero sistema para así evitar gastos innecesarios. En cambio, cuando no se trabaja en un sistema es común que genere más pérdida de tiempo por imprevisión o desconocimiento de causas y porque se crea que teniendo cuidado se pierde más tiempo aún.

También conviene realizar una protección cuando los equipos se van a dejar sin uso por un tiempo. Esto es una prevención fundamental por el deterioro que sufren, porque cuando se los necesite, resultará más dificultosa su limpieza. Este mal hábito de no limpiar los equipos cuando se deja de trabajar es muy común en las actividades estacionales. So pretexto de eliminar rápidamente los costos de producción, toda la planta se deja como si el personal hubiera desaparecido instantáneamente.

Cuando se retoma la actividad, semanas o meses después, la realización de una limpieza profunda se convierte en una compleja situación, pues se da prioridad a la urgencia de comenzar a trabajar con lo que con el paso del tiempo los equipos pueden lucir cada vez más sucios, deteriorados o abandonados.

Cuando se deba hacer un arreglo que no admita demoras y que por su importancia demande mucho tiempo, es necesario e imprescindible armar un área totalmente neutralizada, cerrándola de alguna manera. Para trabajos menores se debe realizar un aislamiento que garantice no contaminar los productos con partículas de revoque, pintura, restos de cables y otros materiales. La experiencia demuestra que estos hechos no son extraños, por el contrario, son bastante comunes.

Dentro de los trabajos de mantenimiento que presenten problemas graves para los alimentos, las partículas de metales que se desprenden durante los trabajos de soldadura tienen una incidencia directa y en muchos procesos la presencia de detectores de metales se convierte en condición básica para su ausencia en el producto final. La existencia de estos equipos de línea no evita de ningún modo contar con un procedimiento e instructivos consecuentes para la realización de soldaduras en la planta. Una correcta, ágil y profesional programación de tareas permite asegurar la protección de los productos durante su realización.

EQUIPOS Y UTENSILIOS DE LIMPIEZA

Además del objetivo de la limpieza de equipos en sí misma, para su realización se debe tener un contenido básico de facilidad y efectividad.

a) Facilidad:
- Cuanto más moderno es el equipo, su diseño contempla las premisas de seguridad e higiene. Equipos con estructuras muy complejas, en exposición hacia el producto o ambiente resultan muy difíciles de limpiar, particularmente si presentan engranajes, cadenas o motores con necesidades de lubricación.
- Otro factor es su instalación. Alejado por lo menos cincuenta centímetros de las paredes permite un mejor acceso. Además, si no se lo puede elevar, por lo menos quince centímetros del piso para limpiar debajo, conviene hacer un zócalo de material de aproximadamente cinco centímetros, para que el agua de limpieza no se escurra por debajo y produzca contaminaciones que resultarán en malos olores, asentamiento de plagas, deterioro del equipo y riesgos para el producto.
- Esto mismo es aplicable a las juntas, particularmente de los tanques, las que deben ser realizadas en goma sanitaria, maciza y no porosa ya

que cuando se lava el tanque se moja la junta absorbiendo agua que puede diluir la sustancia que la haya embebido previamente. A partir de ese momento cualquier microorganismo podrá encontrar las condiciones ideales para multiplicarse con gran riesgo de contaminación del producto dado la vecindad con él.

b) Efectividad: si el equipo no está en buenas condiciones la efectividad será pobre. Las partes deterioradas, oxidadas, con juntas no sanitarias, incompletas o estropeadas necesitan ser reparadas o cambiadas, porque de otra manera acumularán materia orgánica del propio producto que al mojarse genere un medio ideal de cultivo para los microorganismos haciendo imposible una desinfección.

Ejemplo (E38) Transporte jarabe fructosa, contaminación en camión

Cuando la compañía decidió producir jarabe de fructosa para uso en la industria alimentaria, consideró que su transporte no requería modificaciones especiales ya que hasta ese momento los habían empleado en otros jarabes y aparentemente sin inconvenientes. La diferencia no considerada estaba en las especificaciones microbiológicas que se exigían, puesto que el producto al que particularmente iba dirigido era muy sensible a las levaduras y el límite de bacterias era muy ajustado si se lo comparaba con los que regularmente se tenía con otros jarabes.

Esta última especificación por lógica determinaba el grado de higiene del proceso y transporte. La consecuencia fue que al no haber captado la importancia del nuevo producto se encontraron que no podían bajar el nivel de contaminación exigido. Una vez estudiado y depurado el proceso de producción de bolsones y nichos de acantonamiento y multiplicación de microbios, aún persistían niveles elevados para la aceptación del potencial cliente. Se había desarrollado un procedimiento de limpieza muy efectivo que permitía bajar en mucho los niveles de contaminación en el tanque del camión, pero a la salida de la bomba de descarga persistía la contaminación.

Se estudió el transporte y se descubrió entre otras cosas que las soldaduras no estaban pulidas, existían bridas en los caños de salida y particularmente las bombas tenían tornillos de cierre de difícil apertura. Al abrirla se notaron sopladuras en el acero de manera que todo el jarabe que pasara por allí se contaminaba excesivamente superando los estándares especificados para el nuevo jarabe. Además, aquellos camiones eran para transportar jarabe de maíz de alta densidad que para cargarlo requería ser calentado para mejorar su fluencia, esto no era necesario con el jarabe de alta fructosa que fluía sin inconveniente.

(continúa)

Ejemplo (E38) Transporte jarabe fructosa, contaminación en camión (*continuación*)

El procedimiento de lavado para estas bombas resultaba muy difícil, sino imposible ya que no se podían desarmar como una rutina. Se reemplazaron por bombas sanitarias con sistema de apertura por "mariposa". Se rediseñó el transporte, pero aún notamos alguna contaminación esporádica. Analizando todo descubrimos que las juntas de las tapas hombre eran esponjosas y en algunos casos estaban deterioradas, absorbiendo el jarabe y cuando se lavaba lo diluía permitiendo la multiplicación de levaduras. La solución fue una junta maciza sanitaria.

Ejemplo (E39) Transporte huevo líquido, contaminación en camión

Cuando se abrió la importación se buscó equilibrar los costos con productos de Brasil. El gran desafío se planteó cuando hubo que transportar huevo líquido desde Brasil hasta Buenos Aires ya que requería una logística muy afinada. Esto se logró sin mayores inconvenientes para que el primer envío fuera exitoso.

Cuando se realizó el segundo envío, desde la planta en Argentina me informaron que existía una leve contaminación en el producto. Esto era una alerta muy importante ya que para un producto tan crítico nada podía superar los estándares pautados.

Me dirigí a nuestra planta y estudiando el diseño del transporte descubrimos que una parte de cañería, donde estaba la válvula de descarga, quedaba fuera del sistema de refrigeración. Aun así, la duda era acerca del origen de la contaminación.

Decidí viajar a la planta de elaboración de huevo líquido en Brasil y pedí que tuvieran un camión lavado y vacío para inspeccionarlo, además de la válvula de descarga desarmada. El resultado fue que el acero de la válvula estaba soplado y no correctamente pulido. Se solicitó pulir las piezas de acero y a esta corrección se le añadió la extensión del aislamiento del caño, para evitar que su temperatura subiera durante el viaje, solucionando definitivamente el problema.

Habíamos dicho que limpiar no significa hacerlo de cualquier manera ni con cualquier elemento o producto químico. Debe ser programada y establecida su rutina y frecuencia, pero también la de los equipos, productos y utensilios que se necesitarán y que a su vez no generarán contaminación. Solo en casos de imprevistos se procederá modificando el programa, pero con los mismos cuidados de no contaminar.

(F21) EQUIPOS Y UTENSILIOS

DISEÑADOS SANITARIAMENTE
para:

- **LIMPIEZA ADECUADA**
- **EVITAR CONTAMINACIÓN FÍSICA, QUÍMICA Y BIOLÓGICA**

INSTALADOS ADECUADAMENTE
para:

- **FACILITAR LA LIMPIEZA Y EVITAR EL ASENTAMIENTO DE PLAGAS**

Actualmente existe una amplia gama de elementos diseñados especialmente con este propósito, en metales o plásticos de diferentes composiciones que no dejan residuos o partículas contaminantes. A su vez deben ser lavables y su desinfección posible, por lo que a la madera en la medida de lo posible se la erradicará de los procesos y de los elementos de limpieza.

Así como es cierto que de un buen diseño de planta y un correcto ordenamiento surge la posibilidad de una adecuada limpieza, en caso de que no exista la primera condición, el programa deberá contemplar cómo salvar las restricciones que impone ese mal diseño.

Con el objeto de evitar que los utensilios de limpieza, así como los envases y otros elementos de limpieza sean dejados en cualquier lugar de la planta es importante que se disponga de un lugar para que se los guarde aparte de las áreas de proceso, envase y almacenes. Mantener un registro de productos, su aprobación, e instructivos y el stock de sustancias limpiadoras y desinfectantes es imprescindible para un seguimiento de uso. Todo quedará sistematizado a través de un procedimiento de Limpieza y un estudio preliminar de guardado para ubicar cada cosa en su lugar.

Mientras los utensilios se usen no se los apoyará en cualquier lado y para ello si es posible mantenerlos suspendidos se los ubicará de manera que sea práctico, higiénico y no tenga posibilidades de contaminarse. El responsable de uso de un utensilio en particular debe cuidarlo, mantenerlo limpio e informar cuando debe ser reparado o reemplazado por uno nuevo. El encargado debe velar por el cumplimiento de lo anterior y a la empresa le compete, como obligación ineludible y responsabilidad absoluta, la capacitación y entrenamiento en el uso, tanto del operario como del supervisor. Todo será previsto mediante reuniones de trabajo, discutidas y buscadas las soluciones en cada caso. La consecuencia natural de estos estudios será la capacitación de los operarios y su activa participación para la prueba de las alternativas que se planteen.

Sin dejar de tener en el foco principal de los trabajos el hecho que todo equipo y utensilio que tome contacto con materias primas, producto en proceso y terminado, debe estar limpio y desinfectado determinando los momentos de su limpieza. Antes de ser usados y después de cada interrupción de trabajo, o cuando se justifique por las características del proceso, son los mejores momentos que se programarán de forma de no dar lugar a dudas. Si existieran tiempos especiales por las características de los equipos, por ejemplo, filtros o trampas para metales, se establecerán las rutinas de cambio y limpieza que aseguren no llegar a sobrepasar la utilidad de los mismos generando contaminación por acumulación o reducciones de flujo por obstrucción.

Si un equipo quedara desafectado de la producción por necesidad de mantenimiento o porque se le ha de dar de baja, se los limpiará y cubrirá para que no se conviertan en foco de contaminación. La correcta limpieza debe ser rematada con la limpieza y acondicionamiento externo del equipo.

Ejemplo (E40) Mosquitas en centrífuga

En una auditoría a una planta alimentaria notamos que en un sector había muchas mosquitas, que de por sí constituía una violación a las BPM. Investigamos su origen y descubrimos una centrífuga que estaba sin uso desde hacía tiempo, esperando una serie de modificaciones en la planta que se harían antes de que se iniciara la temporada productiva. Había sido dejada sin lavar y los restos de producto habían actuado como medio de cultivo para las larvas, multiplicando el número de mosquitas.

Normalmente la limpieza de equipos comprende su desarmado parcial y este es el momento cuando se puede apreciar si el procedimiento fue estudiado o no. ¿Qué hacer con las piezas que se sacan para lavar? y ¿adónde se ponían las que están limpias hasta el armado del equipo? La respuesta la pudo dar un equipo de trabajo que la compañía reunió con personal técnico de producción, calidad e ingeniería, disponiendo el uso de estantes, soportes, perchas o carros con piletas, proyectados específicamente para ese fin, pero bajo ningún concepto se los apoyó en el piso, arrastrará o someterá a manoseo que pueda contaminarlo.

ENVASADO. ASPECTOS GENERALES

Antes de entrar en cualquier consideración es imprescindible que se entienda qué constituye un defecto crítico, y por lo tanto inaceptable y de rápida solución, que cualquier material de envase de producto de la empresa sea empleado para un destino diferente para el que se lo diseñó. Además de las pérdidas económicas he comprobado que en varios casos eran importantes por lo indiscriminado de su uso, lo que se interpreta como una falta de conocimiento del personal, falta de respeto hacia la marca por parte de todo el gerenciamiento y riesgo innecesario que en cualquier momento se lo coloque en la línea de envase con consecuencias imprevisibles para el producto. Baste con solo mencionar por experiencia personal, que en algunos casos a las cajas para el embalaje de frutas se las había empleado como recipientes de basura o para juntar los papeles sanitarios usados de los baños.

COMPATIBILIDAD ENTRE EL ENVASE, EL PRODUCTO Y LA CONSERVACIÓN

No haremos aquí ni es el objetivo de este libro hacer una detallada descripción de cómo debe realizarse un desarrollo de un producto en particular, pero es necesario determinar las condiciones que pueden afectar la seguridad de este durante su vida útil. (Ver Anexo A22)

La temperatura de conservación y el aislamiento de la luz como limitante son condiciones importantes para un producto como es el caso de los aceites.

El segundo aspecto para considerar es la compatibilidad entre el producto y el envase y viceversa. La utilización de un producto de carácter agresivo hacia la impresión de textos y colores en envases constituye un problema a tener muy en cuenta en el estudio de la resistencia al uso de bolsitas (sachet) plásticos. No se trata solo de problemas de permeabilidad o de flexibilidad de estos últimos sino por el efecto de los solventes, tintas y otras sustancias que acompañan su composición sobre el producto y sobre el empaque.

Ejemplo (E41) Alteración de impresión por acción del producto

Un aderezo de mostaza en bajos volúmenes se envasaba rutinariamente en frascos de vidrio y como consecuencia de las necesidades de mercado y por economía, se decidió utilizar pequeños sobrecitos de laminado plástico. Pocos días después los colores de las tintas del laminado en algunas unidades habían cambiado como consecuencia de la penetración de la acidez en el laminado desde el producto, produciendo una alteración de los colores.

Ejemplo (E42) Sabor floral en sopa

Regularmente la empresa elaboraba una sopa deshidratada que antes de consumirla, el consumidor debía agregar el contenido de un sobre a una cantidad definida de agua y hervirla. Cuando comenzó la elaboración de una sopa instantánea con pequeñas porciones de pan tostado con forma de dados ligeramente fritos en aceite, a los que llamábamos por su nombre del francés croûton o crutón, solo se debía agregar el agua hirviente y consumirlo.

Para su envase se consideró un laminado de la misma composición que las sopas tradicionales. Esto lo hizo solo por la analogía de producto.

Unas semanas después de su lanzamiento comenzaron a llegar reclamos por un sabor extraño que tenían algunas variedades con crutones del nuevo producto. El sabor era floral o afrutado, similar a un acetato.

Esto dio la pista de que se trataba de un solvente del adhesivo del laminado del envase, hecho que el laboratorio de química lo comprobó.

Todos consideraron al laboratorio de Control de Calidad como el responsable de lo que había ocurrido.

Analizando en profundidad el hecho y luego de muchos ensayos se comprobó lo siguiente:

• Por insuficiente venteo del laminado por parte del fabricante no se eliminaba adecuadamente el solvente quedando atrapado en la bobina.
• Tradicionalmente el metro de muestra de laminado para control se tomaba del extremo final expuesto de la bobina pues de otra manera había que rebobinarla en cantidad, lo que luego era muy difícil rebobinarlo adecuadamente. Pasaban hasta 24 horas antes que se realizaran ensayos sensoriales con la muestra, por lo que al analizarla la muestra había venteado naturalmente su solvente.
• Todo esto se comprobó tomando las muestras y conservándolas herméticas hasta su pronto análisis.
• Algunas variedades del nuevo producto tenían un mayor contenido en lípidos, particularmente las que contenían los daditos de crutones. De acuerdo con las instrucciones de preparación, el producto tradicional era hervido por el consumidor al menos por siete minutos evaporando cualquier solvente que hubiera quedado en el producto, mientras que el nuevo producto era instantáneo y solo se le agregaba agua hirviente.

Conclusión: al resultar obvio que se trataba de dos productos análogos no se estudió la compatibilidad con el envase.

Definiciones:
Analogía: es la relación de semejanza entre cosas distintas.
Homología: es la expresión de una misma combinación.

(continúa)

Ejemplo (E42) Sabor floral en sopa (*continuación*)

Un ejemplo es que las alas de un ave y la de un murciélago son análogos, ya que ambas sirven para volar, pero no son homólogos pues su estructura anatómica y como producto evolutivo no son iguales.
Entonces en nuestro caso el error es no haber entendido que no eran homólogos los productos. Otro caso es cuando se habla de leche de soja. Solo parecida a las leches de animales, pero se trata de diferencias básicas en su estructura y origen.

La tercera condición se relaciona con el tamaño, forma y diseño del envase y sus "sistemas de seguridad" —*tampering* en inglés—.

Ejemplo (E43) Hormigas en mayonesa (ver A5)

Por problemas de mayores costos y por no estar entonces considerado obligado por la legislación, no se empleaba sistema de seguridad alguno (en inglés "tamper evidente"). En algún momento se produjeron dos reclamos por hormigas en la mayonesa. La primera reacción del gerente de planta fue la de que se trataba de algún tipo de sabotaje. La especie de hormiga era de las conocidas como "coloradas" y muy pequeñas, habitantes de casas y departamento y que suelen aparecer desde los zócalos. Estudiando la tapa plástica de polipropileno y la rosca de la boca del frasco, se demostró que dejaba espacio suficiente como para que pasara una hormiga muy pequeña. Si a esto se le sumaba una tapa algo floja, problema que por otra parte existía por el material plástico que se empleaba para fabricarla, las posibilidades eran ciertas.
La contraprueba la realicé colocando un frasco de tales características, que contenía mayonesa, en el camino de hormigas de las características de las del problema. Al abrir el frasco al día siguiente se encontró la superficie de la mayonesa con hormigas. Tiempo después se legisló sobre cierres herméticos de seguridad en los envases y el problema fue evitado definitivamente.

CONDICIONES DE ENVASADO

Para realizar un correcto envasado es conveniente la preparación de un plan de trabajo. De esa manera en el lugar solamente se ubicarán los equipos, utensilios, elementos, infraestructura, envases y las personas imprescindibles y necesarias. Debe ser un lugar de paso para el envase que, ingresado limpio es llenado y cerrado antes de egresar del lugar. Por lo que es importante que se realice un correcto almacenamiento de los envases de todo tipo, protegiéndolo del polvo, las plagas y contaminaciones en general con el objeto de que su acondicionamiento para el envase requiera el mínimo esfuerzo con escasas pérdidas. A estas condiciones se le agregarán las correspondientes a la identificación y rotulado para el seguimiento de un correcto PEPS (FIFO) y así evitar el envejecimiento de los materiales y su deterioro.

Las condiciones serán tales que el lugar será habilitado para el número de personas más reducido posible, estando su uniforme adecuado al tipo de producto y requerimientos sanitarios que correspondan. Estas condiciones son también válidas para el ingreso y egreso que deberán evitar la existencia de cualquier tipo de plaga y partícula extraña y, dependiendo de las características de los productos a envasar, como por el ejemplo quesos muy delicados puede llegar a considerarse hasta un barrido con luz UV durante el tiempo en el que no ingresa personal.

Cuando se trata de productos de envase aséptico, en el acceso al ambiente de envase propiamente dicho habría que considerar la existencia de una zona intermedia con las dimensiones necesarias para que el personal se pueda cambiar o colocarse un uniforme que cubra totalmente las ropas de trabajo básicas. En este recinto la luz UV se accionaría desde el exterior para apagarla cuando se va a ingresar y desde adentro para encenderla cuando se está dentro del área de envasado.

Para los envases rígidos como los frascos, latas, estuches de cartulina con bolsas de papel, se los debe de proteger mientras estén abiertos, antes, durante y después del llenado hasta su cierre. En este sentido se tendrá en cuenta el tipo de envase, el tamaño y las condiciones de envase y conservación que impone el propio producto, mientras que las boquillas del equipo tendrán protectores de boca. Esto tiene la importancia de no exponerlo a contaminaciones microbiológicas en el caso de productos sensibles a este tipo de peligros o a contaminantes físicos en todos los otros casos.

Para el envase en sachet las condiciones sanitarias del tipo de equipo que se emplee determinarán las condiciones de protección que tendrá. El envase manual o automático son en general los principales y de diversos tipos dependiendo del envase en cuestión

Los envases de cualquier tipo que queden sin utilizar en un día deben ser protegidos mediante su envoltura, nueva puesta en la caja cierre o enviados a las áreas de prelavado. Si se dejan en la línea de envase, a los envases abiertos se los expone a peligros innecesarios como el de los productos químicos que se emplean durante la limpieza, las partículas ambientales y otros.

EMPAQUE EN CAJAS Y ESTIBADO

La mayoría de los productos envasados para minoristas y aun algunos mayoristas, necesitan embalajes adecuados para ser almacenados y transportados.

Una caja es cualquier envoltura con que se protege un objeto que se va a transportar. Si bien hay diversidad de materiales, en general se usa cartón corrugado común o micro corrugado, dependiendo no solo del volumen, medidas y peso a sostener, sino del producto a ser cuidado como condiciones de temperatura, fragilidad del contenido y otros. Esto significa establecer no solo el costo sino las posibilidades de estibado.

El cartón ondulado, conocido como cartón corrugado, es la materia para la fabricación de cajas, envases y embalajes. Así es que se usan combinaciones de diferentes tipos de materias primas, con lo cual se puede adaptar la calidad, casi a la medida y para cada requerimiento específico y sistema de distribución particular.

La base de su formación consiste en una capa intermedia de papel ondulado entre dos capas de papel liso, unidas por un adhesivo que permita mejorar la resistencia a los impactos y reventamiento de las cajas que servirán para el embalaje de multiplicidad de productos, entre ellos los alimentos. Su importancia es tal que una vez colocadas en su interior las unidades que contienen los alimentos dependerán su integridad y conservación durante el almacenamiento y transporte. (F18)

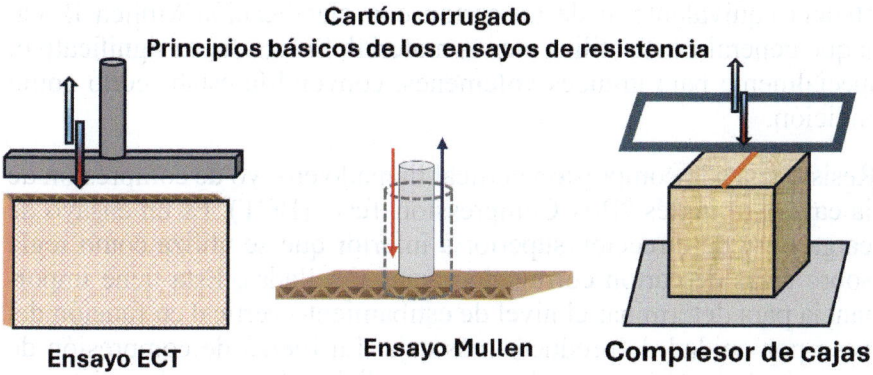

Cartón corrugado
Principios básicos de los ensayos de resistencia

Ensayo ECT   **Ensayo Mullen**   **Compresor de cajas**

Su consistencia está relacionada con el gramaje de los papeles que la cubren expresados en gramos por metro cuadrado, como la masa de la unidad de superficie de papel o cartón, además de la altura de la onda. Todo está condicionado con la capacidad de absorción de agua de papel o cartón, determinado mediante un ensayo que se expresa como "índice de Cobb" o la cantidad de agua absorbida en gramos por metro cuadrado de papel o cartón en las condiciones que se especifiquen, como por ejemplo el tiempo en segundos en que la prueba tarda.

Los ensayos que determinan la consistencia se determinan mediante dos pruebas que considero complementarias en función de distinto tipo de riesgo al usarse en estibas y manejo en depósito y transporte. Estos ensayos para que sean comparables a través del tiempo, requieren del ambiente temperatura y humedad constante en su realización:

- Estallido o aplastamiento de bordes "Edge Crush Test" (ECT), o en su reemplazo por el Mullen test. Permite determinar el nivel de riesgo a los golpes a que se someten las paredes de las cajas.

Prueba de estallido de Mullen Burst: mide la fuerza requerida para perforar la cara del cartón corrugado y se informa en libras por pulgada cuadrada (psi), por lo que los tableros se clasifican en consecuencia, Ψ. Este era el ensayo que utilizábamos hace años, pero como ahora se utiliza más contenido reciclado en la fabricación de cartón ondulado, se descubrió que el cartón reciclado del mismo peso no siempre se comportaba tan bien en la prueba Mullen Burst. Aunque todavía se lo puede realizar con éxito.

ECT es una medida de la resistencia a la compresión del borde del cartón ondulado en la dirección de las estrías hasta que el tablero colapsa y se alcanza una carga máxima. Los bordes y las esquinas de una caja son los principales responsables de soportar la carga. Un cartón corrugado con clasificación ECT adecuada proporciona un nivel de resistencia equivalente al de un cartón con clasificación Mullen Burst, aunque generalmente utiliza menos material. Si esto fuese significativo, especialmente para grandes volúmenes, convendría establecerlo como condición.

- Resistencia a la compresión vertical llamado ensayo de compresión de la caja o en inglés "Box Compression Test" (BCT). Es un ensayo de carga puro de dirección superior a inferior que se utiliza como regla sobre cajas de cartón corrugado vacías y selladas. Esta tiene importancia para determinar el nivel de estibamiento vertical en función del peso por unidad de producto más caja. La fuerza de compresión de una caja de cartón corrugado es una medición directa de la resistencia al apilado de los embalajes de cartón corrugado, pero dado que las propiedades de resistencia a la carga de una caja son a menudo de una importancia decisiva bajo las condiciones de transporte modernas, puede decirse también que la resistencia a la compresión constituye una medición general del rendimiento potencial de un embalaje de cartón corrugado.

Los principales parámetros que influyen sobre el BCT son:

- El ECT del cartón, la resistencia a la flexión del cartón, el calibre o espesor del cartón, el proceso de fabricación del cartón determinado al deterioro ligado al proceso de ondulado, troquelado, impresión, etc., el envase y embalaje, que son las condiciones de utilización (mecanización, condiciones climáticas, naturaleza del producto, paletizado, etc.).

ORDEN E HIGIENE DEL ESTABLECIMIENTO: GENERALIDADES

Como habíamos dicho la higiene de un establecimiento comprende todo aquello que estructuralmente constituye la escena donde se desarrollarán las actividades centrales de producción y almacenamiento. Estas labores tienen el mismo grado de importancia que las demás y comprende un conjunto de servicios que se llevan a cabo para dar las condiciones básicas para evitar la contaminación de los alimentos. Esto se logra si el espacio es el adecuado como para que no queden lugares de difícil acceso que comprometan el cumplimiento de los instructivos de trabajo para la limpieza.

Ya habíamos hablado sobre la necesidad de que exista una proporcionalidad entre el espacio, la distribución de equipos —layout—, el diseño del edificio y de los equipos, la cantidad de personas que desempeñan sus tareas, y los servicios que la atiendan. Esto tiene el beneficio de la comodidad que debe caracterizar a los trabajos de limpieza. Si para la realización de algo no hay facilidades, el resultado será decepcionante porque tomará importancia significativa el tiempo que demandan los movimientos de muebles y equipos mal colocados o amontonados, la falta de comodidad para realizar movimientos y operaciones que se complicarán innecesariamente. Esto se puede observar en los diseños de algunos restaurantes, donde se ofrecen amplios espacios para servir las comidas y se hace de la presentación la armonía y la estética un objetivo de placer, mientras que este criterio no es seguido en la trastienda, que es donde el cliente no puede ver.

El ordenamiento y la higiene del establecimiento comprende varias etapas que guardan una conexión secuencial de la que depende el éxito de todas las actividades que conducen a su cumplimiento. Estas etapas incluyen lo siguiente:

- Programa de limpieza y desinfección.
- Ordenamiento.

- Conservación general.
- Limpieza efectiva.
- Disposición de residuos.

Estas etapas se explican de la siguiente manera.

• Programa de limpieza y desinfección

La preparación de este programa debe tener en cuenta los más diversos aspectos por la variedad de productos alimenticios y actividades conexas, tipo de planta, tamaño, diseño, antigüedad, ubicación, etc.

El desarrollo de un programa debe considerar qué recursos humanos y materiales son necesarios para poder concretarlo, característica de los productos que se procesan, existencia de áreas asépticas y medio ambiente, sin olvidar los turnos de trabajos, momentos de parada de proceso, cuál debería ser la limpieza rutinaria y cuál la específica. Esto es importante porque es necesario determinar las actividades en las que se pueden realizar durante las operaciones productivas y las que deben realizarse entre ellas.

Como consecuencia de la observación de las rutinas y del análisis de todos los aspectos mencionados anteriormente, se redactarán los procedimientos de orden y limpieza, mencionando productos químicos, equipos, utensilios, frecuencias, responsables, registros y control de efectividad. Estas operaciones de sanidad y limpieza tienen condiciones, incluso muchas más que las que se mencionan a modo de ejemplo.

Condiciones para la limpieza y desinfección:

1. La limpieza no debe contaminar los productos y superficies que los contacten.
2. Usar limpiadores y desinfectantes en las concentraciones recomendadas por el fabricante y los que han sido aprobados por autoridad competente.
3. Los equipos, utensilios y superficies deben estar limpios y desinfectados antes y después de su uso.
4. Los artículos que no estén en uso deben ser almacenados para prevenir contaminaciones.
5. Debe haber suficiente agua potable.
6. Debe haber un sistema para destinar los desechos y ubicarlos en lugares seguros.
7. Los drenajes no deben estar obstruidos y no ser causa de contaminación.
8. Los sanitarios deben ser adecuados y estar bien acondicionados y provistos.
9. Debe de haber suficientes estaciones para el lavado de agua donde se necesite.

Ningún programa deberá ser iniciado sin la previa capacitación especializada de las personas que hayan sido designadas para realizarlo. Para el resto del personal la capacitación se realizará de manera general con el objeto de que tomen conocimiento del trabajo que se inicia y la mejor manera de contribuir a su éxito. En esto es fundamental que se les enseñe que la limpieza es tan importante como el trabajo directo con el producto, ya que es sabido que la suciedad y los residuos se generan de dos maneras:

a) Por el propio trabajo.

b) Por la acción de personas desordenadas que sin tener respeto por el trabajo de los demás ensucian y desordenan pensando que, porque hay personal de limpieza, no corresponde que mantengan el orden razonable y apropiado a la actividad de la planta.

Para el primer caso se requiere profundizar en la búsqueda de la mejor manera de organizar la producción, mejorando la distribución de proceso (mejor layout), incorporando equipos (por ej., aspiradores permanentes en procesos y envase de polvos), capacitando al personal y preparando un programa orgánico e inteligente de limpieza. En el segundo caso se debe capacitar al personal en general si no se desea fracasar con el programa de limpieza a aplicar.

A veces el empresario teme que el operario mal llamado "no calificado", dedicado a la limpieza, sepa que su trabajo resulta en mayor riesgo para el proceso que el del proceso en sí mismo. Como en muchas actividades algunos puestos de trabajo se pagan más de acuerdo con la actividad que se desarrolla, particularmente si está relacionado con mayor rentabilidad y esto no deja de ser lógico. Lo ilógico es que sin capacitación ni instrucciones concretas se mande a realizar un trabajo determinado y que puede llegar a afectar negativamente a la producción.

• **Ordenamiento**

Para llevar adelante un adecuado programa de limpieza es necesario tener a su vez un concepto muy arraigado de orden que debe imperar en todo el establecimiento. Esto significa que cada cosa esté ubicada en un lugar determinado cuando no se usa, mientras que cuando se deja momentáneamente de usar sea dejada de una manera ordenada. La conclusión es que no debería haber equipos, materiales, utensilios, elementos o productos abandonados por doquier que no solo impidan o dificulten la limpieza, sino que puedan producir contaminaciones o generar accidentes.

El punto de partida es la identificación de sectores de la planta con una descripción de contenido y funciones. La principal ubicación corresponde a los equipos de línea y actividades que deben desarrollar los operarios. Tanto "in situ" como en un plano se identificarán los pasos del proceso para que el reconocimiento se realice sin lugar a duda.

Dentro de lo que corresponde a servicios se estudiará e identificará donde se ubicarán los equipos cuando no se usan ya que es costumbre en muchas plantas que se los deje donde el operario se encontraba al momento de terminar sus tareas.

Para los utensilios, particularmente los de limpieza, debe organizarse cómo se realizará el guardado de acuerdo con cada uno de los sectores de la planta y así disponer de ellos en caso de emergencia, pero en ningún momento se los debe dejar a la vista y menos tirados en el piso de las áreas productivas o de almacenamiento.

• Conservación en general

Estructurado el programa de guardado, se considerarán los cuidados que se tendrán en cuenta como la base de la limpieza del establecimiento. Con ese propósito se encarará la frecuencia de la limpieza de los techos exteriores para de esa manera evitar que los desagües pluviales se tapen y generen filtraciones en los días de lluvia. Dentro del programa de limpieza no debe dejarse de lado a los sumideros, quitando diariamente los sólidos que queden en el canasto si se trata de sumideros sanitarios, así como la de canaletas o tuberías de desagüe para prevenir los desbordes y malos olores que pueden afectar a los productos.

La conservación debe comenzar desde los alrededores de la planta, dependiendo del tipo de estructura perimetral la protección que pueda dársele. Si se tratara de césped su corte debe ser realizado con cierta frecuencia y de acuerdo con un programa general, pero nunca mediante herbicidas por la posibilidad de que su contaminación llegue a afectar a la planta, incluido el medio ambiente.

Los fondos de un establecimiento no deben ser el depósito de trastos viejos o materiales en desuso porque, aunque puedan estar lejos de las áreas de proceso su presencia mostrará un tipo de desidia que bien puede no terminar allí sino por el contrario extenderse a las zonas críticas de la empresa.

• Condiciones de los alrededores del establecimiento

A continuación, se muestran algunas de las condiciones objetables que suelen encontrarse en las plantas donde la calidad se interpreta como algo parcial, solamente relacionado con el proceso o el producto final, o donde no existe concepto sobre calidad.

Condiciones objetables en los alrededores de la planta.

- Perímetro de terreno no cuidado o mantenido correctamente
- Patios no cuidados y mal mantenidos
- Desechos y chatarra dispersos
- Equipo mal almacenado
- Basura
- Drenajes insuficientes

Muchas empresas tienen resistencia a desprenderse de equipos obsoletos, estructuras, materiales y chatarra en general. En otros casos algunos equipos se usan en determinado momento, particularmente los que se destinan a tareas rurales, para luego ser dejados por la mayor parte del año. Lo razonable es que se realice un inventario anual para ver cuáles son los materiales que van quedando sin uso para darles de baja, venderlos o entregarlos a algún recolector que los retire de la planta. Guardar materiales por lo que pudiera ocurrir en algún hipotético momento del futuro es un mal hábito, pero mientras se encuentren en el predio del establecimiento deberán estar ordenados, elevados del piso y alejados de las áreas de proceso, almacenamiento o expedición ya que son fuente potencial de plagas, algunos son vectores que transmiten enfermedades infecciosas a las personas.

Para los equipos que se usan puntualmente o en una determinada temporada, se debería tener el cuidado de limpiarlos, acondicionarlos, lubricarlos, taparlos y mantenerlos adecuadamente para evitar que se deterioren durante el intervalo de tiempo en que permanecen ociosos. A veces existe una obsesión permanente por ahorrar en las inversiones o evitar gastos por servicios básicos para que los costos se mantengan bajos, especialmente en época de crisis. Esto degenera en el descuido por la conservación y mantenimiento del patrimonio inmobiliario y de equipos cuyo valor de reposición es mucho más importante que lo que se pretende ahorrar en mantenimiento y conservación, el que se podría llevar a cabo con el seguimiento de un programa de trabajo dentro de un sistema de calidad.

• Drenaje del terreno

La acumulación de agua en los terrenos es una fuente permanente de contaminación, además de atraer y permitir la proliferación de insectos, algunos como vectores de enfermedades endémicas. Para evitar esto el terreno tendría que ser uniforme, sin depresiones y con una caída suficiente y bien orientada como para que no se encharque. Estos cuidados deben proveerse aun antes de convertirlo en parque porque cuando se esté ocupado en las actividades productivas, resultará difícil que sea realizado.

• Conservación de los interiores

Cuando se hizo referencia al diseño sanitario se mencionó que dependía de que fuera el mejor posible, porque de otra manera se estaría luchando contra las variables que con frecuencia se presentan. No es exagerado repetir que el éxito y la economía en la elaboración de alimentos, y en muchas otras actividades, es la de tener que considerar solamente algunas variables que van más allá de las posibilidades de una compañía y que se resumieron anteriormente. Esto está de acuerdo con los aspectos básicos de la gestión y se expresa a continuación mediante un ejemplo.

Por ejemplo, en la actividad frutihortícola, como en toda actividad donde se trabaja con productos *in natura*, algunos productores, empacadores o industriales suelen hablar de temporadas atípicas, expresando con ello el sinnúmero de variables que se deben manejar para lograr un cierto grado de éxito en el negocio. Esto es en parte verdad ya que la naturaleza presenta por sí misma una riqueza en variables positivas y negativas. Predecir y acertar sobre ello está dentro de lo que es experiencia y aplicaciones estadísticas donde el hombre solamente aplica una serie de parámetros para encauzar los resultados y la naturaleza hace el resto. Lo que no se le puede achacar a esta son todos los problemas de la empresa que surgen por no hacer nada por mejorar lo que es su propia responsabilidad, como la de instaurar un sistema de calidad que fije las variables que hacen a la gestión general de la compañía. Al tener un sistema, el empresario no tendría que preocuparse por ellas y se dedicará a las decisiones estratégicas y a su armonización con las variables propias del producto.

Para las distintas áreas productivas o de almacenamiento, el polvo, el humo, el vapor o los derrames de agua representan posibles fuentes de contaminación y riesgos para los operarios. Resulta imposible que no exista polvo, pero es alcanzable el objetivo de que su ingreso a la planta se restrinja de manera significativa si se tiene diseño sanitario en la misma. Si los patios son de tierra, sin hormigón, afirmado, pedregullo, gramilla u otro tipo de mejora que evite el polvo cuando no llueve y hay viento, o que se embarre cuando se dan los días de lluvia, hermetizar la planta será una necesidad imperiosa.

Dentro de un análisis de características similares, en las áreas de proceso y almacenamiento, el encharcado por malos declives en el piso, permanentes pérdidas o defectos en el diseño de desagües y cañerías, merece una especial consideración y una adecuada corrección. No cuidar estos aspectos tendrá como consecuencia a mediano y largo plazo, el rápido deterioro que se produce por el tránsito pesado de materiales y vehículos sobre un piso mojado y agrietado.

El vapor de agua directo contaminado o mal empleado también presenta incompatibilidades con las BPM. En algunos establecimientos cuyos techos son de chapa no protegida correctamente de las variables térmicas exterior, el vapor produce condensaciones que las oxidan y corroen, además de favorecer la proliferación de hongos en los techos de mampostería. Cuando el proceso requiere de vapor nunca es conveniente que sea directo hacia las superficies que toman contacto con el producto, ya que puede arrastrar contaminación química por los productos que se agregan en caldera y particularmente hierro de las cañerías.

Otro aspecto que debe tenerse en cuenta es que en inviernos muy fríos las chapas sin aislante actúan como condensadores de la humedad, y he visto goteos intensos cuando el sol sale y derrite la escarcha debajo de las chapas.

Como contaminante el hierro es un metal que favorece las reacciones de enranciamiento además de contribuir negativamente en la vida útil de muchos alimentos.

• Limpieza efectiva. Agua para distintas operaciones

Cuando se estudia la aplicación de un programa de limpieza inmediatamente se debe considerar las características del agua que se empleará y si la que hay es suficiente. A veces no es el problema de la cantidad sino de la calidad por lo que un periódico análisis debe realizarse para estimar su constancia en los valores de aceptación y potabilidad. Esto es directamente dependiente del origen, pudiendo establecerse un grado de confianza descendente en el orden que se establece a partir del agua corriente de red y continuando con agua de pozo, agua de vertiente natural, conociendo lo que ocurre aguas arriba, y agua de riego. De esta manera la frecuencia de control aumentará de acuerdo con las posibilidades de variabilidad del agua.

Desde el punto de vista físico y químico la menor posibilidad de variación la tiene el agua potable y de pozo y la mayor la de riego porque dependiendo de la época del año puede verse contaminada con productos químicos consecuencia del mal uso de productores y establecimientos empacadores, industrializadores y manufactureros en general.

Para los controles microbiológicos el muestreo debe ser el de mayor frecuencia posible si se espera que sea muy variable en los resultados. En el caso de los cursos de agua dependerá mucho de todas las variables externas y propias del cauce, mientras que si se trata del agua de red, la posibilidad de que se contamine es baja ya que es potable y generalmente tratada.

Para el agua de pozo su condición microbiológica estará dada por variables tales como profundidad, zona en la que se toma (urbana, rural), estructura del pozo, antigüedad, etc., no dejando de tener siempre una condición crítica en especial si no existen pozos alternativos. Esto último debería alertar al responsable de planta porque, ¿qué pasaría si aparece una contaminación y la producción no tiene otra alternativa como fuente de agua?

Conocida la calidad del agua que ingresa a la planta, otras responsabilidades aparecen por la existencia de cisternas y tanques reservorios para un seguimiento analítico microbiológico. En sus fondos se va acumulando arena y se forman barros. Cuando no están bien tapados pueden caer animales, polvo contaminarlo con los microorganismos que porta y la luz favorecer el crecimiento de algas. Por lo tanto, es importante que se estudie un procedimiento para la limpieza de los tanques de manera rutinaria, aunque los resultados de los análisis sean satisfactorios (por lo menos cada seis meses) y la obligatoriedad de realizarlo cada vez que el resultado del análisis supere los niveles microbianos aceptados, incluyendo la desinfección especial que incluya las partes aéreas de bomba de pozo y cañerías. En cualquier caso, la limpieza incluirá una desinfección con productos aprobados por organismo competente.

En ocasiones he comprobado que en algunas plantas elaboradoras se toma agua de la red de hidrantes de incendio para lavado y en casos extremos se la empleaban para lavado de envases. No se debe olvidar que al agua de la red de incendio no se le realizan los controles ni se tiene el cuidado que se le dispensa al agua de proceso, lavado o consumo. De manera análoga no puede usarse a las mangueras o líneas de lavado para proveer agua para el proceso, producto o consumo. También he comprobado poblados en los que las aguas no son aptas químicamente y en algún caso con algas.

Una señal de desorden es ver a cada una de las mangueras de la planta tiradas en el piso por grandes sectores de la planta. Esta no es la forma de completar un correcto lavado ya que las mangueras que están permanentemente en el piso pueden provocar accidentes, derramar el agua y encharcar el piso y por lo tanto dan el aspecto de dejadez. Entre otras cosas deben estar provistas de un mecanismo de cierre y arrolladas verticalmente mientras no estén en uso. Para ello es importante que se disponga de dispositivos colgantes para arrollar en los lugares donde se instalen mangueras.

Toda el agua que haya sido empleada para el enfriamiento de equipos o para el lavado general debe ser conducida por tuberías que exclusivamente descarguen en el sistema de desagües. De tener criticidad el agua por razones de faltante y sea necesaria su purificación es necesario e imprescindible realizar controles diarios.

El piso se mantendrá seco y se evitará el encharcado y los riesgos para el producto y personal. Siempre se deberá conocer en detalle, identificar mediante colores y registrar en un plano a todo el sistema de provisión de agua para todo tipo de propósito y origen. En los planos también se deberán incluir cisternas y tanques con la capacidad. Esto se hace con el objeto de no confundir los orígenes de un sistema de agua con un destino de uso. Un ejemplo aclarará los peligros de que se mezcle agua no destinada a proceso directo con el producto. Todo el sistema de cañerías deberá estar separada de paredes y techos con el espacio suficiente para permitir su limpieza. Cuando las cañerías están junto a la pared acumulan suciedad, no se las puede lavar debidamente ni pintar.

Ejemplo (E44) Margarina, contaminación (Ver A18)

Varios lotes de margarina habían registrado contaminación y luego de revisar todo el proceso no descubrimos donde ocurría efectivamente el ingreso de bacterias. Analizando paso por paso el proceso, pedí al laboratorio microbiológico que determinara el tipo de contaminación y la comparara con la contaminación del agua de enfriamiento. Las dos resultaron del mismo tipo y esto coincidía con la presencia de poros en una de las placas del pasteurizador lo que permitía suponer que había una contaminación cruzada. Se cambiaron las placas, se modificó la frecuencia de inspección, se mejoró el sistema de limpieza haciéndolo menos abrasivo y finalmente se estudió el recorrido del agua de enfriamiento y su tratamiento para evitar contaminaciones.

• Elementos y productos de limpieza

La existencia de un programa de limpieza evita la acumulación de suciedad permanente en las superficies y por ello el empleo de elementos abrasivos se reduce significativamente. La experiencia indica que la utilización de elementos abrasivos no solo produce desgaste prematuro de superficies, sino que pueden dejar partículas que al desprenderse se incorporan al producto contaminándolo. Asimismo, los cepillos deben ser de calidad que no vayan a soltar mechones, especialmente en las zonas de proceso.

Para la industria alimentaria la relación con los proveedores de productos de limpieza debe ser de total confianza, donde se reciba el servicio de un buen asesoramiento por parte de profesionales que sepan sobre la acción de los productos químicos que venden, sus riesgos por mal uso y dosificación de acuerdo con el método que se emplee (manual, aspersión, a presión, etc.). Cualquiera que sea la decisión respecto del tipo de producto químico que se apruebe para el uso en los lugares de proceso, envase y almacenamiento, deberá considerarse inconveniente y descartado a todos aquellos que tengan como principio a tóxico alguno, que transmitan olor a los alimentos y/o pueda alterar su constitución.

El área de competencia para la aprobación de nuevos productos es el de calidad si existiera. En el caso de que no exista la responsabilidad recaerá sobre el responsable de producción o de un grupo técnico de trabajo.

A través de una hoja de seguridad de producto el proveedor también informará sobre los cuidados personales que haya que tener con el manejo de los productos, de los utensilios y equipos adecuados y seguros que mejor se adapten al trabajo con el limpiador o desinfectante y de los materiales o elementos que puedan usarse sin riesgos. Se aportarán instructivos y folletos, así como una copia de la aprobación escrita de uso para la industria alimentaria emitida por el Organismo Oficial competente en el tema.

Las instrucciones de uso serán orientadoras hacia una secuencia de empleo, enjuague que asegure la ausencia de residuos y medidas adicionales tales como temperatura de agua, venteo, secado, escurrido o cualquier medida que deba tomarse para lograr una limpieza y desinfección exitosa.

Para el guardado de estos productos es recomendable un lugar que, sin estar alejado de la zona de proceso y almacenamiento, mantenga su independencia para que evite contaminaciones peligrosas.

A su ingreso desde el proveedor, los envases deben estar bien rotulados para saber qué es lo que contienen y no dar lugar a equivocaciones. Ocurre con algunos limpiadores que a medida que transcurre el tiempo, la etiqueta original se va deteriorando con lo que finalmente no es posible leer, no existe directamente etiqueta o lo que contiene el envase. Como consecuencia se debe delegar en el encargado de la limpieza el mantenimiento de los rótulos y su cambio cada vez que sea necesario. Los rótulos que sirvan al reemplazo de los originales deben registrar el nombre del producto, aunque no el principio activo ya que el mismo constará en la planilla de stock, y si lo considerara necesario su destino —limpiador, detergente, desinfectante, etc.— y el número de lote del proveedor, aunque si existiera un programa bastaría el número de ingreso. En una empresa de cosmética a la que asistía me llamó la atención un envase cuya etiqueta original estaba escrita en alemán. Pregunté si el encargado sabía el idioma o entendía qué contenía. Mi sorpresa fue que no me dieron una respuesta acertada por lo que les indiqué que lo podían consultar en internet o un diccionario, pero lo lógico era hacerlo traducir completamente para conocer más detalles.

Como en todos los casos que hemos visto a cada producto, elemento y equipo que sirvan a la limpieza, se lo ubicará ordenadamente, identificando los sectores, luego de estudiar sus características e incompatibilidades para de esa forma evitar incidentes con las reacciones que puedan generar.

El stock de productos conviene llevarlos en planilla o en un cuaderno de hojas numeradas o que se hayan numerado y firmado por el encargado. El operario que realiza la tarea de limpieza debe retirar las cantidades que necesita y descargarlo en la misma planilla, figurando finalmente el stock remanente. Esta es una forma no solo de controlar los gastos sino de conocer si se hace abuso o correcto uso de los productos y elementos de limpieza.

Tampoco deberán faltar los elementos de seguridad que correspondan usar para cada uno de los productos químicos, tales como delantal plástico, máscara, anteojos de seguridad, botas, guantes, etc. El responsable técnico de la seguridad industrial deberá determinar para cada producto y para cada procedimiento los elementos y cuidados que se deberán asumir para evitar el daño al operario que lo realiza.

En el depósito de productos de limpieza y desinfección estarán los instructivos correspondientes a los "Procedimientos Operativos Estandarizados" (POES), conocidos por su acrónimo inglés como SOP (Standard Operating Procedure), y las planillas que el operario debe llenar y hacer firmar a los responsables de sectores de producción para que conste su aprobación u observaciones acerca de la limpieza general.

A la limpieza y desinfección se le ha dado tanta importancia que, como norma fundamental de las BPM, se ha desarrollado todo un conjunto de metodologías operativas que tienen por objeto la repetibilidad de los procedimientos. De esta manera, complementando con una correcta e intensa capacitación de los encargados y operarios que la realizan, se puede llegar a un estándar elevado de efectividad como fundamento de la seguridad de los alimentos. Como base para el tema de este libro solo es posible mencionar que estos SOP son la primera organización en nivel ascendente o base de complejidad para la constitución de un sistema preventivo de inocuidad de producto.

Los elementos de limpieza tendrán una selección especial ya que no se puede trabajar con aquellos que desprendan partículas de cualquier tipo. Estos ejemplos demuestran que la limpieza debe ser la justa, ni a desgano ni demasiado entusiasta para que no generen contaminaciones con los productos y elementos de limpieza y desinfección.

• Disposición de los residuos

Al iniciar un estudio para disponer de la basura de manera metódica el primer inconveniente se presenta por la utilización de recipientes y procedimientos adecuados a las BPM. Es costumbre la utilización de tambores plásticos o metálicos de materias primas o aditivos de proceso que se hayan vaciado. Esto lo realizan sin que se le haya quitado la identificación original. Tampoco se los tapa, quedando la basura expuesta durante todo el proceso. Además de todo esto no se les coloca bolsa plástica alguna y de esta manera el interior luce muy sucio. Todo esto obedece a diversas causas entre las que se dan con más frecuencia el desconocimiento de las BPM y la consideración del manejo de la basura e higiene de los recipientes como un gasto que se intenta evitar de cualquier manera. De la manera en que trabajan es probable que este gasto sea significativo por la necesidad de una muy frecuente e intensa limpieza del recipiente para quitar todos los residuos adheridos a sus paredes. Si tuvieran los cuidados de proveerlos de una bolsa interior y taparlos el procedimiento estaría simplificado.

Para la recolección de basura lo mejor es tener un plan general que contemple los recipientes a emplear de acuerdo con el tipo de residuo que se genere. Este plan incluye la ubicación de estos recipientes y la limpieza, su frecuencia de recolección, centralización de toda la basura y disposición para sacarla de planta.

Ejemplo (E45) Recipiente de residuos

Hay actividades en las que se generaba mucho residuo de materia orgánica, juntamente con restos de papel y cartón. Los recipientes de basura pueden recibir con toda propiedad la denominación de "tachos", ya que en casos se emplean tambores, que luego de vaciado de su contenido son cortados, agregado de manijas y en pocos casos pintados. Cuando se solicitó su limpieza, con una frecuencia que garantizara su higiene, apareció el fantasma de los costos, extremadamente común en la región en la que trabajé. Una de las soluciones que se le dio fue que se diferenciara a los recipientes de residuos con dos colores de pintura, uno para papeles, cartones y plásticos y otro para la fruta que se descartaba. De esa manera la mayor frecuencia de lavado de tachos recaía en los de fruta, ahorrando tiempo de mano de obra. Con el fin de mantener el orden y no olvidar a ningún recipiente, se los numeró y se los ubicó en lugares previamente determinados a través de estudios de la posición de trabajo de los operarios.

El destino de los residuos se debe verificar y documentar si lo realiza un tercero. Como principio no discutible todo producto terminado dado de baja y sus envases que identifican a la marca y empresa, deben ser destruidos y/o desnaturalizados antes de ser sacados de la planta. Además, se tomará conocimiento del lugar final de destino y las normas que rigen para su disposición final.

Ejemplo (E46) "Leche de soja". Lotes rechazados descartados en basurero municipal

En una de las primeras visitas a una de las plantas que recién se habían incorporado al negocio de la compañía, ocurrió que había que destruir y remitir al basurero municipal un lote de producto líquido rechazado por contaminación microbiológica. Solicité presenciar todo el procedimiento y pude comprobar que no se llevaba una rutina compatible ni con las BPM ni con una política ambiental adecuada. Los envases llenos se transportaban a granel en un camión volcador, de manera que a lo largo del camino se cayeron varias unidades. El lugar de disposición final era el lecho de un arroyo seco para esa época del año, que la municipalidad utilizaba como basurero municipal. Como en el lugar había gente muy humilde revolviendo en la basura, el camión descargaba su caja y luego le pasaba por encima varias veces para que su contenido no pudiera ser utilizado y así sobre el lecho del río quedaban todos los envases que luego serían arrastrados en la época de las lluvias. Todo esto dejando en riesgo a la imagen de la compañía. Se tomó como norma que el contenido fuera desnaturalizado en la planta, el empaque destruido por una máquina que además lo compactara y de esa manera sería llevada a un destino que no estuviera relacionado con lo ambiental.

Codificación, almacenamiento y transporte

INTRODUCCIÓN

El personal que esté afectado a las tareas relacionadas con el almacenamiento y transporte también debe ser incluido en todo proyecto que se desee encarar para la implantación de BPM, dentro de un programa de calidad. La incorporación al plantel de la compañía debe cumplir con las mismas condiciones que las expresadas anteriormente.

Su función tiene el mismo nivel de importancia que el que se le asigna al proceso de elaboración y que puede ser medida de manera positiva o negativa. La forma de medir la positividad de una actividad muchas veces no es valorada porque su resultado más evidente es el que justamente no evidencia nada anormal. Las cosas transcurren en una armonía en la cual la preservación de materiales y productos en su punto óptimo genera seguridad en la continuidad de las medidas que normalmente rigen el proceso. La forma de medir la negatividad es mucho más simple por la evidencia de los malos resultados ya que la incidencia degradante en los costos, prestigio y permanencia en el mercado puede llegar a ser elevada y aun crítica.

A veces los empresarios aducen que durante mucho tiempo en la empresa no ocurrió nada que hubiera puesto en peligro a los productos. Esto es en apariencia un hecho positivo y, sin embargo, si no se dispone de estudios que determinen los niveles de riesgo, esa tranquilidad puede ser totalmente ficticia. Debe entenderse que lo primero que se debe saber es si las cosas están realmente haciéndose bien o si los pequeños y permanentes problemas a los que no se les ha encontrado solución, pueden eclosionar como el estallido de una tormenta de verano afectando sensiblemente a la compañía.

ALMACENAMIENTO

Un correcto almacenamiento tiene como base la disponibilidad de espacio sin lo cual permanentemente se estará amontonando los materiales y las materias primas, sin así poder cumplir con una rotación adecuada para la preservación de la vida útil de los productos terminados, asegure su calidad y brinde una racional disposición de la mano de obra con las economías que produzcan.

El correcto almacenamiento no es solamente el depósito de materias primas, materiales, productos semielaborados y elaborados, sino que involucra una gestión para su mejor realización. Esto está determinado por el tipo de guardado, las instalaciones que existan, el diseño de los ambientes, la necesidad de frío, los equipos que se deban usar, la codificación que se empleará, los sistemas y el personal con todas sus necesidades.

Ejemplo (E47) Problemas por vencimiento producto en el extranjero

Me informaron que existía un problema con una mayonesa que se había vencido en los depósitos de un cliente ubicado en un país vecino. Me acompañó el representante de ventas de la compañía. Para la mayonesa, antes de la creación del MERCOSUR, la Dirección de Bromatología de aquel país, había fijado un tiempo de vencimiento y ordenado destruir aquella mercadería. La empresa solicitaba la reposición del producto sin costo que se trataba de un equivalente de dos pallets completos. Solicité visitar los depósitos y encontré que el negocio principal era la venta de sanitarios. Los alimentos eran algo secundario por lo que no tenían un lugar preciso de almacenamiento. Revisé las fechas de elaboración y comprobé que no se seguía PEPS (FIFO) alguno. Desconociendo su responsabilidad sobre el asunto, la posición de las empresas no cambió, por lo que me sugirieron acompañarme a la Dirección de Bromatología y luego al Centro de Investigaciones, para una entrevista que habían convenido. En ese tiempo todavía no se había concretado la formación del MERCOSUR, por lo que no se había establecido para muchos alimentos la fecha de vencimiento. Así que la empresa elaboradora establecía los tiempos de vida colocando solo la de elaboración. Luego de una prolongada exposición sobre los estudios que llevaban la determinación de la vida útil, se convino autorizar un período adicional para esas partidas. La empresa local se hacía responsable de no superar ese tiempo adicional y Bromatología recibiría un informe escrito sobre las existencias, si las hubiese en sus depósitos y muestras para el análisis de la partida. Finalmente, con la empresa en cuestión organizamos un programa de comercialización en tiempo límite y su distribución.

A veces se observan incompatibilidades entre los distintos materiales que se guardan en depósito. Estas incompatibilidades obedecen a dos tipos principales de causas y, por lo tanto, el efecto que tenga sobre el producto.

a) Peligro directo de contaminación de uno hacia otro: es el ejemplo típico de los productos químicos almacenados junto con materias primas, empaques y otros materiales o productos.

b) Error de utilización de uno por otro. En general todo surge de la lógica de que no es posible juntar materiales aprobados con materiales rechazados, aunque estén perfectamente identificados, porque si existe una mínima posibilidad de que exista una equivocación y se tome uno por otro, esta debe ser prevista y eliminada de inmediato.

Por lo tanto, deben existir separaciones establecidas por zonas perfectamente delimitadas y bien marcadas por algún método físico entre materias primas, materiales de empaque, insumos, productos semielaborados, productos terminados, productos rechazados, productos observados, etc., y perfectamente codificados.

Los ambientes destinados a depósitos tienen un límite lógico determinado por su estructura física, pero no resulta infrecuente que con el transcurrir del tiempo, por ignorancia de lo que estamos hablando o por no habérselo determinado en el diseño, el espacio se vea reducido a una superficie mucho menor que para el volumen relacionado con el trabajo de producción. Así los almacenes se convierten en un cuello de botella de la actividad y particularmente de la calidad. Darle solución a esto significa pensar detenidamente en la situación general de la empresa a corto, mediano y largo plazo.

Entiendo que en general en situación de crisis, y aún en mejores situaciones, aunque en ningún caso sea admisible, en lo menos que se piensa es en las BPM, pero indefectiblemente si no se le busca un remedio finalmente afectará a la producción de alguna manera. La búsqueda de soluciones debe ser permanente ya que la actividad es dinámica. Cualquiera de las que se elija debe contemplar el paraguas que brindan las BPM, porque de otra manera no se habrá resuelto el meollo del asunto.

Dada la gran variedad de productos alimenticios que se manufacturan, conservan, empacan y transportan, son muy numerosos los materiales, materias primas y productos terminados a los que se necesita darle almacenamiento ordenado y seguro. Además de las incompatibilidades, también las posibilidades son diversas por lo que en cada caso los estudios son necesarios antes de organizar un almacén.

Cuando los materiales comprenden muchas unidades del mismo producto la mejor manera es de mantenerlas estibadas sobre tarimas (pallets) y estas a su vez en estanterías para tarimas (racks). En caso de que se trate de pocas unidades y en recipientes pequeños lo razonable es que se utilicen estanterías modulares.

Varias de las condiciones de almacenamiento se constituyen en axiomas y como tales no se discuten.

• Plaguicidas o tóxicos

De cualquier tipo, no pueden estar en el mismo ambiente que los que se emplearán o asociarán con la producción o empaque. Una vez más diremos que los riesgos son muy grandes y cualquier pequeña equivocación puede tener un efecto multiplicador con consecuencias desgraciadas.

• Limpiadores y elementos de limpieza

Deben tener su propio lugar de guardado no relacionado con los restantes productos ni con los plaguicidas. Por las mismas causas que lo expresado anteriormente un limpiador o desinfectante concentrado puede ser un químico de alto riesgo de contaminación y es por ello por lo que requiere un capítulo aparte su manejo para evitar contaminar a los alimentos en su proceso o en su almacenamiento.

• Lubricantes

Deben ser guardados en los pañoles o en el área de mantenimiento. Por tratarse de contaminantes peligrosos nada tienen que hacer durante los procesos de manufactura de alimentos y en particular no deben guardarse con ellos. Si bien son empleados en maquinarias que trabajarán en el proceso y envasado de alimentos ya hemos mencionado que su manejo debe ser cuidadoso y realizado por personal entrenado para evitar la lubricación indiscriminada.

• Solventes y combustibles

Son un peligro muy grande tanto desde el punto de vista de la contaminación que pueden generar sobre los alimentos como las pérdidas directas por incendio.

• Materiales de empaque

Los materiales de empaque primarios deben ser guardados separadamente de los secundarios. Esto significa que, si bien pueden ocupar el mismo ambiente, no se los debe entremezclar ya que los cartones sueltan partículas por roce o aserrín en el caso de la madera y si son de reciclado pueden ser portadores de productos químicos inhibidores de hongos.

• Insumos y materias primas

Si bien pueden compartir el mismo ambiente no se los debe entremezclar, particularmente si entre ellos hay polvos. En este caso la contaminación puede ser cruzada desde un tipo de material a otro.

• Líquidos

Si existiera otro tipo de productos, a los líquidos no se los almacenará en niveles superiores ya que se pueden derramar y dañar a los de otra naturaleza que están debajo. Los depósitos deben conservar y preservar todo aquello que se guardó para que no sufra alteraciones y en este caso los líquidos pueden jugar un papel negativo importante.

• Productos químicos

Particularmente a los de naturaleza agresiva (por ej., soda cáustica, ácido fosfórico, ácido sulfúrico, ácido clorhídrico) se los separará de todos los demás y tomarán las precauciones para que no puedan mezclarse entre sí o atacar a los otros. Los riesgos son tanto para los productos como para la integridad de los almacenes y la planta misma. Ni hablar de los riesgos para las personas y las instalaciones.

UBICACIÓN Y DISEÑO

Cada empresa definirá la mejor ubicación de sus almacenes y para ello tendrá en cuenta que puede estar cercana o lejana de la planta, pero deberá mantener condiciones que permitan a los productos tener igual nivel de aseguramiento de la calidad. En cualquiera de los dos casos se requerirá de una logística donde el transporte jugará un papel importante considerándoselo siempre como una parte integrante del proceso, debiendo cumplir con todas las normas consideradas en las BPM.

Todo lo que se dijo respecto del diseño sanitario de plantas es aplicable a los almacenes y cámaras. Por ello es por lo que debe erradicarse la costumbre de considerar que solamente con disponer de un galpón es suficiente para cubrir las necesidades. A la hora del guardado de los materiales y materias primas, algunas empresas tienen como prioridad la protección contra incendio (he visto empresas en que ni esto se tenía en cuenta), hurto y para prevenir las inclemencias del tiempo. Estas empresas no calculan las pérdidas que se generan por mal estibado, suciedad por falta de protección, deterioro por efecto de plagas y en casos, por falta de una correcta rotación de materias prima y producto terminado. Hoy los diseños han avanzado mucho y se pueden observar sus efectos a través de los esfuerzos que han venido realizando empresas muy comprometidas con la calidad tales como los lácteos y cárnicos, ya sea porque lo exigió la legislación, su propia dirección, su dinámica, las tendencias del mercado o la vulnerabilidad de sus productos.

Ejemplo (E48) Daño en producto por acción de ratones

Realizando una auditoría y reestructuración del sistema de calidad de una empresa afiliada en el extranjero, encontré que guardaban las bolsas de arpillera resultantes del transporte de la materia prima proveniente de las zonas rurales que luego eran reutilizadas. El costo de recuperarlas era mínimo, cuando posible dado el deterioro que sufrían, y durante todo el tiempo en que estuve cuestioné su permanencia en la planta, especialmente por la cercanía de los productos terminados. Una mañana encontramos que las cajas de uno de los productos estibados habían sido roídas con gran pérdida por la dispersión de producto. Ayudado por varias personas aislamos a las bolsas y logramos capturas de seis ratones. De inmediato y a pesar del desagrado del gerente general destruimos las bolsas y establecimos una rutina para la utilización o eliminación de las mismas.

Para poder mantener un cierto aislamiento respecto del exterior y así evitar la posible contaminación y deterioro de los productos almacenados y conservados en su interior, la playa de maniobras de camiones debe ser generosa y los lugares de carga y descarga cubiertos, porque los camiones no deben ingresar al recinto. Deberían existir dársenas con fuelles para que los productos se carguen directamente desde el interior, evitando el movimiento permanente de auto elevadores desde y hacia el exterior. Pero cuando la carga y la descarga se hace sobre los laterales de camiones planos se hace necesario un movimiento de auto elevadores con una zona intermedia entre el interior y exterior, para de esa forma evitar el ingreso de los vehículos de uso externo.

En el interior todos los equipos móviles deben ser movidos eléctricamente para que sus gases no se acumulen, contaminando el aire y los productos. Esto debe ser condición fundamental cuando existen lugares confinados como las cámaras. Como en la mayoría de los casos los fundamentos son dos, la seguridad de las personas y la del producto.

Ejemplo (E49) Intoxicación por gases de motor a explosión

En la actividad frutihortícola el trabajo en cámaras frías es intenso en temporada de cosecha, pero continúa durante casi todo el año. Por ello las empresas deben disponer de auto elevadores eléctricos. En una oportunidad no se tuvo la prevención de contratar un número adecuado al volumen de trabajo y se empleó uno de combustión interna. El resultado fue que tres operarios tuvieron inconvenientes con los gases. Además, esos gases afectaban tanto al producto como a las cámaras.

Ejemplo (E50) Cámaras frías, difusores con suciedad

En la misma actividad y en algunas cámaras frías se podían ver cómo los techos y pisos mostraban suciedad oscura. En algunos casos hasta se observaba como cajas se manchaban por la dispersión de la suciedad que realizan los difusores. Al efecto del hollín se le debía sumar la suciedad que se acumula en los radiadores y paletas de los ventiladores de los difusores como consecuencia de que no se limpiaban. Estos radiadores condensan humedad y como todo el aire pasa en algún momento por los mismos, quedan atrapados muchos microorganismos y en particular sus esporas. Cuando se desconectan por un tiempo, dejan de producir frío y puede producirse la germinación de esporas y multiplicación de hongos sobre la humedad depositada. Aunque esto último no llegue a producirse o no sea importante en casos particulares, las empresas que no tengan para los difusores de cámaras una rutina de limpieza redactado en un procedimiento tendrán niveles de contaminación elevados que sumarán riesgos innecesarios a sus productos. En estudios que he realizado en esas cámaras demostraron una importante contaminación que llegó a preocupar al cuerpo técnico.

Ejemplo (E51) Descarga de menudencias de vacunas sin protección

Un frigorífico de menudencias tenía un único ingreso y egreso para camiones y de culata. Para aislar el ambiente cuando se realizaba cada una de las dos operaciones existía un sistema de aire vertical y cortinas plásticas. Sin embargo, no había visto que accionaran los ventiladores ni corrieran las cortinas para el aislamiento al producirse el movimiento de vehículos. Lo grave era que en esa calle había árboles llamados "palo borracho" —*Ceiba speciosa*— que cuando fructifican, se abre en cinco valvas leñosas, por entre las cuales sale gran cantidad de un algodón blanco que el viento lo esparce profusamente. Siempre existía la posibilidad cierta de que los productos se contaminaran con esos "algodones".

Por sus características estructurales y el movimiento de materiales y productos, los almacenes deben estar provistos de portones que no representen obstáculos para la circulación. Pero esto no debe ser motivo para que las puertas estén permanentemente abiertas, permitiendo a personas extrañas, polvo, plagas —particularmente pájaros, insectos, murciélagos— ingresar y poner en peligro lo que allí se guarda. Por ello las puertas y portones deben mantenerse cerradas cuando no están en uso. Su cierre debe guardar cierto hermetismo teniendo un calce ajustado al marco o burletes que eviten aberturas para el paso de plagas.

Las puertas, ventanas y claraboyas no herméticas se las proveerá de un alambre tejido contra insectos y otras plagas. Por los portones pueden ingresar pájaros cuando se trabaja y están abiertos por lo que, por un cálculo de altura de los equipos que ingresan se reducirá la de los portones mediante cintas plásticas o cualquier sistema móvil que actúe como obstáculo al libre vuelo de las aves.

Cuando exista falso techo o doble pared, como en el caso de las cámaras, se accederá por medios tales como escalera, que permitan una correcta inspección, trabajos de mantenimiento y reparaciones, introducir equipos de limpieza y realizar el control de plagas. Estos entretechos deben contar con muy buena iluminación y tomacorrientes para aspiradora ya que es corriente que se acumule polvo.

MANTENIMIENTO

Los edificios van sufriendo asentamientos en el terreno y con las vibraciones generadas por el movimiento de camiones se producen grietas en la pared y particularmente se abren las juntas entre pared y el piso. La demora en realizar estas reparaciones producirá mayores problemas de distinta índole como mayor rotura, plagas, suciedad, humedad, etc., con las consiguientes pérdidas económicas. A los techos se los aislará exteriormente realizando trabajos preventivos para evitar las filtraciones. Las paredes se repararán y en las uniones pared y piso se sellarán con material elástico. Interiormente es importante que los techos de chapa metálica sean aislados para evitar condensaciones que luego generan goteos.

CÁMARAS DE CONSERVACIÓN

Los plásticos rugosos o porosos impiden la limpieza de las cámaras cuando quedan expuestos en pared y techo. Estos materiales son particularmente muy débiles a la acción de roedores, los que penetran la pared plástica a través de orificios y construyen con sus incisivos verdaderos caminos internos y nidos para sus crías. Además, pueden trepar por su superficie utilizando dientes y patas y llegar hasta el entretecho donde también anidan.

Las cámaras modernas tienen superficies metálicas y lisas que son lavables e impiden el asentamiento de plagas. Estas son ideales para la conservación o enfriamiento de los productos "in natura", tal cual llegan desde la chacra, granja o quinta y que pueden ser portadoras de plagas como los roedores. Al llegar estos a una cámara y no encontrar la manera de esconderse en un lugar seguro y acondicionado a sus necesidades como es el caso de las cámaras con paredes de materiales ligeros, necesariamente intentarán salir por lo que las tramperas con cebos de alto contenido graso serán una herramienta muy valiosa para atraparlas.

CÁMARAS DE FRÍO

Los equipos de frío presentan dos problemas para su higiene: el lavado de sus partes eléctricas y la ubicación generalmente cercana al techo que los hace poco accesibles. Para superar estos inconvenientes se podrá encarar una limpieza profunda cada vez que se haga un mantenimiento de los equipos que no podrá superar un semestre, siempre y cuando se compruebe que por la actividad particular de la empresa la acumulación de suciedad no requiera una mayor frecuencia.

Una forma simple de saber si se cumple con este plan es la de solicitar algún medio de elevación para hacer una inspección en altura. Si no existe o no resulta práctico es muy difícil que realicen la limpieza adecuadamente.

Como síntoma de necesidad de limpieza puede verse desde abajo el estado de las paletas de los ventiladores, subir para verificar el estado sanitario del equipo o realizar un muestreo ambiental. Esto último tiene validez si en el control microbiológico el recuento es simplemente muy elevado lo que no da una idea acerca de cuáles serían los niveles normales. La verdadera forma de conocerlos es mediante la realización de recuentos frecuentes, con cámara vacía como base y en los mismos sitios para tener una idea de la evolución de la contaminación.

Los ensayos comprenden lo siguiente:

Cámara	Forzadores	Posiciones
Vacía	Detenidos	Nivel del piso
	Funcionando	Nivel intermedio
Con producto	Detenidos	
	Funcionando	Nivel elevado

La comparación de resultados se hará con referencia a la cámara vacía con los forzadores detenidos. La contaminación que existiera bajo estas condiciones deberá ser la base para realizar estudios de limpieza y desinfección para ver si se la puede disminuir, especialmente si los niveles no difieren o son mayores que los de otros sitios de planta tales como los pasillos del área fría. Aun así, la comparación más importante estará dada respecto de la que se halle cuando se pongan los forzadores en movimiento y se llene la cámara con producto. Todos estos valores deberán estar estandarizados para así poder sacar conclusiones de los muestreos que se realicen rutinariamente y determinar las acciones que permitan volverlos a los niveles prefijados.

Dentro de las rutinas de control se incluirá la observación de los difusores de aire y la frecuencia con la que deben ser descongelados para evitar su obstrucción que impida que los productos alcancen la temperatura requerida para su conservación, además de las economías que se logren en el consumo de energía. El funcionamiento debe ser el correcto por lo que la lectura de los termómetros calibrados será seguida y registrada con una frecuencia determinada en los procedimientos respectivos. Previamente a su implementación conviene realizar un estudio ubicando los termómetros —en ningún caso de vidrio conteniendo mercurio— en distintas posiciones para conocer si la temperatura varía sensiblemente de un sitio a otro de la cámara.

ESTIBAS

El desarrollo de un producto incluye a los materiales de empaque. Mediante un estudio de sus características físicas se establece la forma en que se estibarán las unidades y la altura determinada por la cantidad de filas. La acumulación de estibas no debe ser una iniciativa que no tenga un estudio previo de resistencia, especialmente para los envases autosustentables.

En muchas empresas esto es una utopía por la falta de espacio y como consecuencia se puede ver colapso de las unidades inferiores cuando el producto está indebidamente estibado o la columna de unidades es superior a lo razonable y permitida.

Muchos materiales ingresan con pallets construidos con materiales ligeros y por razones de costo, no se considera el pago de flete para su devolución, por lo que son descartables. Rápidamente se deterioran luego del primer uso, por lo que no resisten un nuevo uso. Algunas plantas los emplean indistintamente con los nuevos produciendo sobre los productos un efecto verdaderamente devastador. Por supuesto que todo depende del tipo de producto de que se trate. Para bolsas y cajas con producto autoportante, tales como enlatados o aquellos que no dejen espacios de cabeza vacíos dentro de la caja, este efecto puede no ser importante, pero el riesgo para las personas se aumenta ante la posibilidad de romperse al ser elevado.

Ejemplo (E52) Pallets descartables

Por problemas de logística con los clientes, la devolución de pallets no tenía la agilidad suficiente como para cubrir el nivel de producción que se estaba dando. Ante esta situación el gerente de la planta decidió utilizar los pallets descartables que se vaciaban luego de descargar en la línea los envases vacíos. Uno de los productos se empacaba en visualizadores (*display* en inglés) de micro corrugado que de por sí tenían bastantes restricciones de estibado. El resultado fue que en los estantes (en inglés racks) de los almacenes la tarima (pallet) se doblaba en su centro, consecuencia del peso de la estiba, produciéndose una compresión lateral sobre los envases centrales quedando muy deteriorados.

En una inspección de carga de camiones pude observar que se estaban cargando cajas con producto en frasco. Algunos de los pallets eran descartables y no estaban en buen estado. En un momento determinado uno de los auto elevadores levantó una de estas estibas que no resistió los movimientos en el aire y se partió. La persona que estaba haciendo el control de carga pudo saltar hacia un costado y evitar ser golpeado por el conjunto de las cajas.

Uno de los detalles importantes que debe considerarse en el despacho y recepción de productos paletizados son los aspectos legales para su uso. El objeto es el de evitar la entrada a los distintos países de plagas, insectos o parásitos que pueda contener la madera procedente de otros países.

En 2004, entró en vigor la reglamentación fitosanitaria NIMF-15 (Normas Internacionales para Medidas Fitosanitarias), de la IPPC (The International Plant Protection Convention), organismo perteneciente a la ONU, única entidad que regula y autoriza esta norma a nivel internacional. Por ella se exigen dos certificados:

• Origen del pallet.

• Tipo de tratamiento aplicado para su desinfección. Para cumplir con este se permiten dos tratamientos:
   a. Tratamiento térmico, que es permanente.
   b. Tratamiento por fumigación con bromuro de metilo, que debe ser renovado cada dos meses.

Posteriormente a partir de 2005, el protocolo de Montreal aprobado por muchos países, promovió abandonar la utilización de tratamiento químico con bromuro de metilo.

FALTA DE PROTECCIÓN DE MATERIALES

Si se piensa solamente en cómo amontonar todo aquello que molesta en la planta de proceso, pero que se necesita para producir, no se cumpliría con el objetivo primario y final de los almacenes. Si a los pallets se los envuelve con una película extensible se los protegerá económica y fácilmente del polvo y los manejos que se realizan dentro y fuera del depósito.

FALTA DE IDENTIFICACIÓN

La rotulación de todos los materiales e insumos es básica para cualquier sistema, si no se realizara o se lo hiciera de manera deficiente se desconocerían todos los antecedentes y se perdería la historia de cada producto. Si por las razones dadas anteriormente se mantuvieran almacenados más tiempo que el previsto en el desarrollo, tanto a las materias primas e insumos, la vida útil real de los productos que generará podría verse reducida. Un aspecto económico negativo que podría darse es el de la desactualización de materiales, los problemas que se generan con el stock y la pérdida de control sobre la calidad general de la gestión de logística.

TODO AQUELLO QUE ES AJENO A LOS ALMACENES

El guardado de cualquier elemento, equipo, mueble, instalación, rodado u otra cosa de carácter personal, así como perteneciente a la empresa, pero que no tenga nada que ver con el objeto de los almacenes, constituye una importante transgresión porque pareciera que el producto recibe menos atención que los trastos o bienes personales. Esto significa la pérdida de objetivos claros respecto de las BPM en la protección de los productos.

TRABAJOS DE REPARACIÓN

Solamente se realizarán en los almacenes aquellos que por sus características formen parte de su estructura o instalaciones y para ello se observarán las condiciones de aislamiento para evitar contaminar los productos. La reparación de rodados deberá hacerse en áreas específicas de mantenimiento.

Ejemplo (E53) Almacenes y cámaras frías como depósitos o talleres

A lo largo de muchos años he podido comprobar el uso de almacenes y cámaras frías para el guardado de innumerables cosas, muchas de ellas de carácter personal, convirtiendo a estas dependencias de la planta en verdaderos patios traseros del hogar o meros depósitos de trastos. En el interior he encontrado autos nuevos y viejos, en uso o abandonados. Piezas de auto. Remolques, botes con motor fuera de borda y motos de agua. Equipos para jardinería. Mamparas como restos de reformas en las oficinas. Materiales de promoción abandonados o descartados. En un caso se había instalado un taller de soldado de tubos y chapas en el mismo ambiente donde se armaban los envases. En otros no había división entre el taller de mantenimiento y depósito.

AUTO ELEVADORES Y ZORRAS

No se justifica que un auto elevador presente un aspecto de dejadez en cualquier circunstancia y en especial cuando la empresa alega tener un sistema de calidad y cuida las buenas prácticas de higiene. Las buenas condiciones de los vehículos se corresponden con un adecuado sistema de mantenimiento preventivo y más aún, correctivo.

Los aspectos que están reñidos con las BPM son las que muestran fallas en el mantenimiento o buen funcionamiento y aquellos que hacen al mal manejo de los productos y comportamiento de los conductores. Los siguientes son ejemplos de lo que se enuncia:

- Presentación personal del conductor y cuidado de su trabajo

El uso de un uniforme oficial y el cuidado de las normas de manejo en cuanto a las personas y los materiales es un indicio del cumplimiento que hace la compañía de las BPM al proveer la capacitación, el uniforme y las condiciones generales de trabajo. A través de sus encargados o supervisores es también la empresa responsable por las órdenes contrarias a las BPM y Buenas Prácticas de Seguridad. Esto no es infrecuente cuando los mandos exigen mayor velocidad y capacidad de carga de estos vehículos generando daños a los productos y poniendo en peligro las vidas y bienes en la empresa. Cuando no existe ordenamiento en la organización se pueden apreciar marcas de las uñas del auto elevador en paredes y productos. También se los suele emplear para llevar personas con todo el riesgo que representa y que llega a su máxima expresión cuando se lo emplea como medio de elevación de personas paradas sobre las uñas del equipo. Tampoco es infrecuente ver auto elevadores cargando y descargando en la vía pública o, en un caso de total irresponsabilidad permitir que circulen aún en lugares de mucho tránsito vehicular o peatonal, sin proteger las uñas.

• Higiene del vehículo

No se puede hacer un trabajo limpio con un vehículo engrasado y sucio. La adopción de un programa de limpieza involucra un compromiso del responsable del vehículo o de la persona que designe la empresa. En este caso es una situación delicada que las uñas tengan las uñas engrasadas y esté moviendo pallets que tengan destino al exterior del país, ignorando las normas internacionales que sobre maderas habíamos mencionado.

• Mantenimiento general

Como dijéramos al comienzo de este apartado no se puede pretender tener los equipos en buen funcionamiento sin un programa de mantenimiento que además incluya el cuidado general de toda su estructura. Cuando se ven despintados o con muchas partes de su carrocería mostrando el metal o con múltiples golpes que acumulan suciedad y no se pueden limpiar correctamente se puede pensar en desidia por la falta de interés en aspectos generales de orden, limpieza y mantenimiento. De manera similar se debe prestar atención al funcionamiento de las luces, existencia de espejo retrovisor, señales sonoras y todos aquellos accesorios que hacen a la seguridad de los vehículos, las personas y el producto. Todo esto resulta en una paradoja por el cuidado de los productos que pasa poco tiempo en los depósitos mientras que no se cuidan el capital de la compañía que sirve al movimiento y conservación de aquellos.

• Estado del habitáculo

El tapizado del asiento es quizás lo menos cuidado, por lo que no es extraño que el conductor apele al recurso de las cintas engomadas para improvisar las reparaciones. Cartones, papeles, alambres y otros elementos también se los suele ver, especialmente cuando son equipos que trabajan en áreas frías.

• Pérdida de aceite

Anteriormente dijimos que el aceite mineral es uno de los contaminantes principales de los productos alimenticios y de todo aquello que haga a su envase. Si sobre los charcos de aceite o sus manchas se depositaran materiales que terminarán aumentando la contaminación. A pesar de que los materiales siempre deben apoyarse sobre tarimas, estas a su vez pueden mancharse y luego ser apoyadas sobre otras estibas con lo que ensuciarían a los productos que están en la última fila. En conclusión, un vehículo que pierde aceite no debe ser empleado hasta su reparación o reemplazo.

• Pérdida de ácido de las baterías

Es inadmisible que se produzcan derrames o goteos por estar las baterías en malas condiciones. Esta violación a las BPM debe considerársela crítica, así como el caso de las pérdidas de aceite, ya que el riesgo es directo para las personas, el producto, los materiales y materias primas.

• Emanaciones de gases por combustión defectuosa de motores

Ya habíamos hablado de la necesidad de contar con vehículos eléctricos en lugares cerrados y particularmente en todas aquellas áreas de producción y almacenamiento. Aunque se los emplee en lugares abiertos no deben producir humo y su combustión mantenida en niveles aceptables.

CODIFICACIÓN

Como en todo lo expresado hasta el momento, antes de pensar en una identificación interna de los productos de la compañía, se deberá estar seguro de que sean cumplidos todos los aspectos que hacen a la rotulación y que han sido aprobados de acuerdo con las exigencias legales y presentaciones oficiales. Estas tienen por objetivo el conocimiento que la comunidad toda debe tener de los productos y la necesidad de los organismos de fiscalización de cumplir con su cometido. Legalmente la codificación con la fecha y número de lote debe estar en la menor unidad de venta del producto para que el consumidor pueda verla en el mercado.

Para el mejor manejo de los distintos sectores dentro de la empresa, todo lo que se almacene debe ser identificado de acuerdo con un plan racional, simple, legible y que permita realizar una trazabilidad de los productos.

a) Racional: es el que tiene una lógica en la presentación e información que brinda y que es necesaria para una identificación rápida y sin complicaciones cuya disposición de datos sea siempre la misma. Se usarán letras o números como códigos para representar lo que contienen las unidades o bultos, con una correspondencia hacia un patrón explicado a los responsables de operar en planta y los almacenes. Estos patrones estarán disponibles en todo momento que se los necesite.

b) Simple: la presentación no debe ser compleja y llevará como información la mínima necesaria para que no pueda dar lugar a equivocaciones permitiendo una fácil identificación.

c) Legible: por lo que se empleará buena letra, sin borrones ni tachaduras y completando todos los datos que se requieren en la impresión. Sin embargo y como ejemplo, he comprobado que en casos no son legibles porque la impresión en negro se confunde al imprimirse sobre un fondo azul oscuro.

d) Trazabilidad: el término proviene de la palabra **trazar** que significa preparar los medios para seguir un recorrido con un fin determinado. En esta definición las expresiones significan:

• Preparar los medios: Dentro de un proceso productivo significa tener todos los elementos, como materiales e insumos, acondicionados a sus necesidades y condiciones de conservación y preservación, identificados y disponibles.

• Seguir un recorrido: Mediante técnicas de trabajo, dentro de una secuencia determinada de uso de equipos y mano de obra en un diagrama de flujo, para poder desempeñar la tarea de la mejor manera.

• Con un fin determinado: como es el de elaborar un producto específico, en la cantidad pedida, para el tiempo de entrega acordado, con la calidad prometida, al precio estipulado en el contrato y, en el caso particular de un alimento, libre de contaminaciones que lo hagan apto para el consumo.

Cuando se define trazar se lo hace en sentido de construcción de algo o lo que es lo mismo, para trazar se sabe que son necesarios ciertos objetivos, elementos, método y los conocimientos de cómo hacerlo. También tiene el sentido retrospectivo que permite decir qué es lo que pasó mientras se preparó un alimento y llevaron a cabo las etapas en el trazado. Es decir, mediante el estudio de todo lo que pasó o "trazabilidad" se puede saber si algo se hizo bien o no y en este último caso, se averiguará qué es lo que falló. Esto solo se podrá realizar si durante el trabajo de elaboración o trazado se han cumplido con una serie de procedimientos y pautas establecidas de antemano. En ningún caso es buscar un culpable sino cuál fue la causa para poder establecer correcciones y así evitar que se repita la equivocación o el defecto. Concluyendo, la trazabilidad es "todo el proceso que se ha desarrollado al trazar un objetivo y que mediante una investigación permite saber cada detalle del trabajo realizado".

Tal como fue explicado, uno de los beneficios es el de conocer en detalle lo realizado en determinado momento del proceso. Otros objetivos no son menos importantes ya que apuntan a una acción de prevención y por lo tanto pueden obtenerse muchos más beneficios, particularmente porque se evitan problemas. Si se establece un sistema de identificación se conocerán las características de las materias primas e insumos que dan origen a un producto. Su control establecerá el nivel de calidad de lo que se ingresa y se podrá rechazar y advertir al proveedor acerca de la calidad de los materiales que se necesitan. La identificación en el depósito permitirá que en el movimiento de materiales no solo no existan equivocaciones, sino que al quedar registrado su destino sobre la base del número adjudicado en su ingreso, los productos tengan una historia fácilmente realizable.

Mediante la codificación en el envase los operarios pueden realizar todo el manejo de la mejor manera durante el almacenamiento y transporte. Con la codificación no es suficiente darle agilidad al trabajo si no va acompañada de una correcta ubicación preparada de antemano para una rápida búsqueda y disponibilidad. Esto es imprescindible cuando son muchos los ítems que se manejan. Hoy con el sistema de codificación mediante barras y el uso de ordenadores personales esto solo necesita un programa de trabajo y la capacitación de los operarios.

Cuando se cargan los productos elaborados que se destinan hacia los almacenes, la fecha de validez de estos constituye un valioso dato que requerirá de un sistema PEPS (FIFO) para evitar que algunos consuman buena parte de su vida útil dentro de la empresa. En caso de que el producto no tenga la salida a mercado esperada, a pesar de haberse cumplido este sistema escrupulosamente, será necesario realizar acciones comerciales rápidas e inteligentes para que se los pueda ubicar antes de que entren en la etapa crítica de su vida útil.

Una estrategia para el manejo armónico de los productos en cuanto a la vida útil es su consideración desde tres puntos de vista que confluyen hacia un objetivo común y que es su rápida salida al mercado bajo ciertas condiciones.

a) La del producto

La vida útil propia es el tiempo en el que un consumidor no detectará diferencias significativas en sus aspectos sensoriales. Tampoco existirán alteraciones físicas o químicas, no detectables sensorialmente, y que puedan poner en duda la inocuidad de estos. En productos críticos, como es el caso de la leche, la vida útil se fija por reglamento oficial. En todos los casos deberá ser estudiada durante su desarrollo y desde el primer lote industrial, observando la curva de caída de las características sensoriales y las variables físicas y químicas que las acompañan. La recomendación de consumo en el envase, bajo las condiciones de almacenamiento y exhibición debe tener en cuenta este tiempo establecido.

b) La permanencia en almacenes

Que es el tiempo máximo en la propia empresa, más allá del cual su comercialización antes de la recomendación declarada o vencimiento de la vida útil del producto, es casi imposible. Este tiempo dependerá de la capacidad y velocidad regular de puesta en punto de venta y rotación de la mercadería en esos lugares. Este tiempo es por consiguiente inferior a la vida útil del producto.

c) El tiempo real de mercado

Cuando no se trate de aquellas fijadas oficialmente y por razones de seguridad de consumo, la empresa debería tener un tercer tiempo medio determinado de permanencia en puntos de venta. Este tiempo es establecido teniendo en cuenta la existencia de producto en un corto período, previo a la fecha de recomendación de consumo. De esto surgirán las acciones de logística para ajustar los niveles de producción. Desde el punto de vista del consumidor se deberá tener en cuenta el posible tiempo medio en que un producto, cercano a la fecha de vencimiento, podrá ser usado y las condiciones de conservación una vez abierto el envase si no se consumiera de inmediato.

Ejemplo (E54) Productos con pronto vencimiento por falla en PEPS

Luego de haberse inaugurado un sistema de control de stock y ubicación de producto terminado, recibí una consulta de almacenes sobre un pallet de producto cuya vida útil estaba por vencer, consulté sobre el hecho con el área de control de calidad. Me informaron que habían realizado una serie de controles especiales, pero que en ningún momento alguien lo liberó para el envío a comercialización. Luego de haber corregido el problema decidí aplicar medidas preventivas que consistieron en establecer un seguimiento por sistema de los productos terminados y listos para la venta. Aseguramiento de la calidad haría ese seguimiento con un contacto diario con el área de ventas. El método indicaba los tiempos de vida útil de cada producto por variedad. Estos tiempos indicaban que un producto determinado no debería permanecer más allá del vencimiento en los almacenes de la empresa. De esa manera los productos debían salir en tiempo hacia los mercados. Por otro lado, el área de ventas debía informar a aseguramiento de la calidad sobre los productos a punto de vencer en los mercados, para que se emitiera las acciones especiales a llevar a cabo.

TRANSPORTE

Los camiones planos, cubiertos, cerrados, refrigerados, contenedores y cualquier otra clase de transporte de alimentos constituyen una prolongación de las actividades que deben conducir a su cuidado. Luego del esfuerzo de todo tipo que significa obtener un producto alimenticio, su mal manejo puede desperdiciarlo si no se tiene en cuenta lo dicho en el párrafo anterior. Por ello obviar los cuidados que se deberán propiciar a las materias primas, materiales y productos es no completar una cadena de protección que muy probablemente llegará a romperse en lo más sensible, el consumidor. Es así como para el transporte se deberá tener en cuenta lo que a continuación se detalla.

a) Política de la empresa

El transporte puede ser propio, contratado a terceros o independientes. En cualquier caso, la compañía debe tener una política definida respecto de la forma en que sus mercaderías deberán ser transportadas. Esta política representa un compromiso de todos y contemplará el tipo de transporte para llevar sus propias mercaderías a destino, así como las condiciones a cumplir por los que llevan y traen materiales, materias primas, productos semielaborados y todo aquello que necesite ser movido por este medio.

b) Condiciones legales de los vehículos

La primera condición sin cuyo cumplimiento no podrá darse la habilitación, es que la documentación y lo mínimo exigible del vehículo (luces, defensas, frenos, dirección, emanación de gases) esté en regla para que pueda circular libremente. En muchos casos a esto no se les presta atención en beneficio de un menor costo, aunque luego se termina pagando punitorios por pérdidas materiales y compromisos no cumplidos, en cantidad y tiempo o decididamente perdiendo un cliente. En el caso de alimentos se debe tener visible la indicación "transporte de alimentos".

c) Seguro del vehículo

Otro aspecto es si el vehículo tiene seguro por los daños que pueda generar. Cuando una empresa no tiene en cuenta al transporte es muy probable que tampoco tenga un programa de calidad y descuide la seguridad, por lo que un accidente originado por un vehículo iniciará una secuencia de problemas legales y costos impredecibles particularmente cuando se encuentre en el predio de la planta.

d) Estado general del vehículo

Para su verificación a la empresa le debe interesar disponer de una lista de revisión para darle seguridad a los productos que transporte.

• El primer aspecto es la integridad no admitiéndose remiendos mal realizados, grietas en cualquier lugar (particularmente cuando es cerrada y las aberturas están ubicadas en el techo), aún en el piso ya que las ruedas pueden salpicar a la mercadería desde abajo.

• Las puertas deben asegurar la hermeticidad mediante un cierre perfecto, donde los burletes estén en perfecto estado.

• La pared interna no debe tener roturas que exponga el aislante y permita el asentamiento de plagas.

• El diseño será sanitario y la higiene, aún para la inspección inicial, estará acorde con las BPM.

• Si fuera refrigerado se verificará el funcionamiento del equipo de frío, la temperatura y su higiene.

• Cuando el transporte se destine a productos cárneos expuestos sería conveniente que se realizaran hisopados para microbiología en la búsqueda de patógenos.

Los puntos b, c y d deberán ser observados con una frecuencia a determinar, pero particularmente el "d", cada vez que se realice una carga. En todos los casos, para evitar malentendidos a la firma del contrato con la empresa transportista, se le entregará una lista de las condiciones que deberá observar para el transporte de productos de la empresa.

TRANSPORTE DE MERCANCÍAS
(ver registro anexo sobre camiones)

El control del vehículo dará pautas sobre lo que no puede observarse directamente de los materiales o materias primas que transporte. Este control debe ser estipulado contractualmente con el proveedor para asegurar que sea cumplido y no existan riesgos para lo que se lleve a la planta.

La higiene de la caja del camión es la base de los cuidados. El exterior puede o no estar sucio, dependiendo de las condiciones ambientales del día, pero no así el interior ya que cualquier mercadería que se transporte deberá ser protegida, independientemente del tipo de vehículo de que se trate.

La utilización de lonas en camiones chasis y/o acoplados playos, con laterales, sin constituir una caja cerrada, deben cubrir lo transportado en todo momento y sin importar sus características. En los días de lluvia evitarán que se mojen y embarren mientras que en los días de sol protegerán del polvo y de la acción de los rayos luminosos. El estado de la lona será también objeto de inspección porque a veces esta ensuciada por el polvo del camino.

Cuando se transporte materiales o productos con cobertura de lona se tendrá cuidado de no ajustar las sogas de manera que pudieran dejar marcas o deteriorarlos. Por otra parte, si no se deja espacio entre la lona y el producto para que actúe como aislante, el efecto del calor de los rayos de sol será directo y hará que los productos alimenticios sensibles puedan deteriorarse de manera significativa.

En el caso de camiones con caja cerrada o contenedores resulta imposible hacer una inspección cuando llegan cargados, salvo que la falta de higiene o la infestación sea grande. Por ello es por lo que cada vez que se termine de descargarlo se lo inspeccionará vacío. Cuando el resultado no fuera satisfactorio se evaluará si el producto ha sido afectado o no mediante una revisión minuciosa de toda la carga. Del resultado podrá considerarse un rechazo o un reclamo al proveedor ya que siempre es el que debe realizar la inspección previa a la carga sin importar quien haya contratado el transporte.

(Ver anexos sobre camiones afectado por plagas A5 y A16).

TRANSPORTE REFRIGERADO

En el desarrollo de un producto alimenticio no solamente se estudiará las condiciones de producción y almacenamiento sino también las de transporte porque, a pesar de que un producto pueda no necesitar estar refrigerado, el transporte puede someterlo a variaciones que lo afecten seriamente.

Ejemplo (E55) Transporte indebido de mercancías

. Caso 1: Me informaron desde los almacenes de despacho que había arribado un camión para el transporte de vegetales deshidratados a un país vecino. Solicitaban mi autorización porque el mismo camión estaba cargado con cueros semi elaborados, y como tenía lugar, desde el área de comercio internacional habían decidido su uso. Suspendí la operación e informé de que se debía emplear otro camión que cumpliera las normas de BPM.

. Caso 2: Se había decidido que, en lugar de exportar producto terminado, pero no envasado a una afiliada de un país vecino, sería conveniente exportarlo a granel en tambores para que fuera envasado en destino. Me informaron desde destino que en el viaje el camión sufrió una gran tormenta y que algunos tambores tenían agua en su interior. Me solicitaron concurriera para la inspección y definitivo destino del producto. Fue así que el producto de varios tambores fue destruido con cargo a la empresa original. El problema fue debido a un mal cierre de los tambores y además las lonas fueron mal ajustadas y el viento dejó varios de ellos sin cobertura.

. Caso 3: Para el envasado de aceite se empleaban latas. Estas se traían de un proveedor ubicado en una ciudad distante unos trescientos kilómetros. Al llegar a destino me informaron de que había restos de material de construcción debajo de los pallets. El problema era que, si bien las latas estaban vacías y en cajas de cartón, no existía seguridad de que el polvo de los residuos de ladrillos pudiera afectarlas. Ante la necesidad de su uso se hizo un estricto muestreo de la partida, además complementada con una permanente inspección en el soplador previo al envase. Finalmente se hizo una seria advertencia y envió un inspector de calidad al proveedor para una auditoría.

Muy distinta es la situación cuando a veces las plantas trabajan con productos frescos, como por ejemplo carnes y frutas, y dejan que el transporte frío complete el enfriamiento. Esto rara vez se logra y significa un riesgo microbiológico innecesario el que, al decir de los empresarios del sector, las causas que lo justifican son problemas de infraestructura, espacio, logística y económico. El primer caso fue discutido cuando hablamos de espacio y diseño de plantas y mencionamos que desde el inicio no existen proporciones razonables entre los distintos sectores que trabajan interdependientemente a través de un diagrama de flujo. A través de una mala logística no se adecuan los pedidos con la posibilidad de trabajo de la planta y el transporte. Finalmente, el económico puede llegar a alterar cualquier principio crítico de los alimentos y para ello no existe razonamiento lógico cuando se ignora el aspecto técnico.

Control de plagas

ASPECTOS GENERALES

Por su ubicuidad, las plagas constituyen un verdadero azote para la humanidad. La acompañan desde la antigüedad demostrando que resulta harto difícil su control. A lo largo de los siglos afectaron cosechas, destruyeron lo que se almacenaba y crearon escasez al consumir en muchos casos los magros resultados del esfuerzo humano en épocas de desastres tales como sequías o inundaciones. A todo esto, debieron sumarse las enfermedades que transmitían de manera directa o indirecta. Bacterias, virus, hongos y parásitos estuvieron asociados a estos animales y produjeron terribles brotes que diezmaron las poblaciones hasta fines del siglo XIX y en los momentos críticos del siglo XX hasta llegar al siglo XXI con la pandemia de enfermedad por coronavirus (Covid-19).

El avance de la ciencia ha logrado un relativo control, pero aún queda mucho por realizar y todavía existen enfermedades en las que los animales que constituyen una plaga se encuentran íntimamente relacionados. A pesar de todo permanecen como una constante amenaza que se concreta en apariciones esporádicas por la falta de continuidad en tomar las medidas necesarias para su control. Al considerar estos antecedentes un empresario, particularmente de la alimentación, debe hacer un examen minucioso de la situación de sus plantas y tomar conciencia sobre los peligros que acechan a sus productos y que pueden degenerar en riesgo para los consumidores y desprestigio para su negocio y marcas.

Como veremos más adelante el control de las plagas no es imposible de realizar y el éxito es seguro si se obra de acuerdo sobre lo que corresponde a un trabajo meticuloso, científicamente planeado, escrupulosamente ejecutado, rutinariamente seguido y profesionalmente interpretado.

Antes de entrar de lleno en el estudio de control de plagas es necesario explicar algunos aspectos que se relacionan con otros animales que también puede constituirse en motivo de preocupación para el cumplimiento de las BPM. Se trata de los animales domésticos que en muchas plantas son utilizados en vigilancia, compañía de los serenos, habitantes eventuales que buscan albergue y comida además de cazadores de ratones. En estos últimos casos la presencia de perros y gatos es por voluntad de los responsables de la planta, por lo que constituye una ignorancia supina de las condiciones en las que se deben desenvolver las actividades con alimentos. El criterio en estos casos es que no hay pretexto que los autorice y se enmascara con otras deficiencias e ignorancia que parecen justificar su existencia en la planta. Un auditor y amigo brasileño, que me enseñó mucho sobre el tema, una vez me dijo que *"las ratas no se combaten con gatos ni estos con perros"*. La sola presencia de uno de estos animales debe considerársela como una muy seria violación de las BPM.

Si bien no es el objetivo de este libro realizar una descripción detallada acerca del control de plagas ni describir las características de estas, es importante mencionar algunas de las que más afectan a los establecimientos dedicados a la actividad alimentaria y la importancia que tienen en la calificación que finalmente se le dará a esa planta de acuerdo con el mayor o menor grado de infestación en que se encuentren. Dada la enorme riqueza en formas de vida, en general se consideran grupos de animales relacionados entre sí por sus características comunes. Entre los que más frecuentemente pueden generar problemas a los alimentos o ser una consecuencia de la falta de un programa de limpieza están algunos grupos de mamíferos, particularmente roedores y murciélagos, además de las aves, los arácnidos y los insectos.

Como en todo plan de trabajo la realización de un diagnóstico es prioritaria para conocer la situación de la planta. La metodología es variada pero la búsqueda de indicios y pistas que ayude en la orientación del control es necesaria.

Pero ningún programa de control de plagas podrá ser encarado responsablemente si no se capacita y dota al personal de un lugar de guardado de elementos y productos químicos, de los elementos de seguridad que permita su desempeño eficiente y protección adecuada y finalmente de las comodidades para la higiene personal y de los elementos y equipos de trabajo.

PRINCIPALES PLAGAS QUE AFECTAN A LA INDUSTRIA

Arácnidos

Son animales articulados (Artrópodos), en cuyo cuerpo se pueden observar dos partes principales:

• Cefalotórax (cabeza y tórax unidos sin línea de separación) y provisto de cuatro pares de patas articuladas.
• Abdomen.

Relacionados con las actividades productivas y de la industria esta clase de animales se encuentra representados por las arañas, los ácaros, garrapatas y los escorpiones, entre otros.

a) Arañas

La característica de estos arácnidos es que son cazadores, independientes y en general, solitarios. Pueden aprovechar las mínimas deficiencias estructurales o de proceso por lo que su prevención debe ser objeto de un minucioso estudio.

El más evidente síntoma de la falta de un programa de limpieza es la existencia de telas de araña en la planta y particularmente su antigüedad que aparentan tener cuando se ven densas y oscuras. Su eliminación de aquellos establecimientos ubicados en áreas rurales es una lucha incesante para limpiar todo lugar en los que se muestren sus telas. Aquí nuevamente es necesario mencionar que la falta de un diseño sanitario, techos muy elevados y con recovecos, paredes no lisas y rugosas, cableado suelto y a la vista, conductos y cañerías mal ubicados, exceso de portones, particularmente cuando permanecen abiertos, son los responsables de un aumento en la permanente y muy frecuente aparición de telas de araña. Cuando el mantenimiento no sigue una programación rutinaria o es de lenta respuesta, ya sea por falta de recursos o de prioridades, las grietas, agujeros, hendiduras, juntas y otros lugares por el estilo permiten que estos animalitos se asienten inmediatamente.

La sola presencia de una tela de araña dentro de las áreas críticas de proceso constituye una transgresión. En muchas oportunidades me ha sido explicado que la limpieza se lleva a cabo con intensidad y que puede ocurrir que una eventual tela de araña pudo haber sido producida en una noche. Esto es verdad y el auditor de BPM debe tener criterio para saber valorar por el panorama general si hay un programa para la limpieza y lo que ve es algo momentáneo. Nadie puede justificar la existencia de telas de araña por el simple hecho que permanentemente sean generadas, especialmente si se puede observar que existen muchas y en algunos casos las telas son de considerables dimensiones. Podríamos decir que, de la misma manera que se controlan los alimentos mediante el recuento de bacterias banales para las cuales existen límites establecidos, las telas de araña son indicadores indirectos de la falta de limpieza. Más aún, siempre puede haber un riesgo de que las arañas caigan o ingresen a equipos o materiales y, por una deficiencia en el programa de limpieza, terminen formando parte del producto.

En algunas regiones y actividades la convivencia con algunas arañas puede constituir un peligro para los operarios. Este peligro surge del conocimiento de accidentes en los cuales ciertas arañas han picado a las personas produciendo cuadros de dolor intenso, hinchazón, edema, espasmos musculares en el abdomen, fiebre, problemas alérgicos, desasosiego y en casos muy particulares, la muerte. Especies como *Latrodectus mactans* (viuda negra) o de la especie *Loxosceles laeta* son un riesgo que puede ser reducido si se implementa un programa de limpieza que prevenga su aparición y asentamiento. Toda planta instalada en estos lugares debe tener conocimiento de los centros asistenciales para la provisión del suero correspondiente en caso de accidente.

b) Ácaros

Son pequeños y algunos microscópicos, con la cabeza, el tórax y el abdomen completamente unidos, sin segmentación o línea anatómica que los diferencie.

Los ácaros abundan en el suelo, el humus, los alimentos almacenados, las aguas saladas o dulces, en las plantas y como ectoparásitos de animales y plantas. Algunos se alimentan de sustancias animales o vegetales en descomposición, otros chupan los jugos de las plantas y otros viven de la piel, sangre u otros tejidos de los vertebrados terrestres.

Los ácaros constituyen un grupo de arácnidos asociados con graves enfermedades y, como ectoparásitos están en estrecha conexión con roedores, aves de corral y otros animales de sangre caliente incluido el hombre. Su presencia y accionar genera problemas en el manejo de alimentos, particularmente con los papeles y cartones estibados por prolongados períodos sin limpieza adecuada. (Ver Anexo A11).

c) Escorpiones

Son animales alargados, caracterizados por las dos pinzas anteriores y un largo abdomen terminado en una gran uña venenosa. Dependiendo de la especie se los puede encontrar en distintas regiones y edificios con grietas, conductos de desagüe de las casas, fábricas antiguas y aun en centros urbanos donde el diseño sanitario es inapropiado con mantenimiento poco eficiente y limpieza precaria.

Si bien no representa riesgo para los alimentos, el peligro está dado por el tipo de veneno que se inocula con la picadura de las especies peligrosas. En las zonas rurales puede ser un problema menor, aunque en las industrias el riesgo es prácticamente nulo.

INSECTOS

Los insectos comprenden el más grande número de especies en toda la escala zoológica, están ampliamente distribuidos y constituyen los principales invertebrados capaces de vivir en una amplia diversidad de ambientes, aun los secos y muchos con el beneficio de poder volar. Debido a que sus ciclos biológicos suelen ser cortos en condiciones favorables, se pueden reproducir en grandes cantidades.

Muchas de las especies de insectos afectan y potencialmente pueden hacerlo, a la producción de alimentos y actividades industriales relacionadas. Esto es conocido desde la antigüedad y mencionado por la Biblia como una de las "Plagas de Egipto". Por sus características y la más amplia variedad de formas de vida resulta muy difícil su control. La mejor manera de prevenirlos y combatirlos es a través de acciones orgánicas, vectores biológicos y saneamiento o plaguicidas, mientras que en los establecimientos industriales las correcciones a los malos diseños sanitarios o deficiencias de plantas y el mantenimiento permanente de un programa de lucha, especialmente durante la primavera y el estío, evitan que se asienten.

Por el tipo de especialidad que desarrolla una industria alimentaria existen distintos objetivos y diseños que se deben de tener en cuenta dentro de un plan de control de plaga enfocado hacia los insectos.

Los insectos pueden afectar de muchas maneras a los alimentos o todo lo que lo relacione, incluyendo los materiales de envase. No resulta agradable encontrar una mosca en la sopa, gusanos en la harina o en la carne, cucarachas caminando sobre una torta o infinidad de ejemplos que pueden llegar a producir un rechazo tan desagradable en el consumidor que se lo pierda para siempre.

Para evitar su ingreso en las áreas de proceso deben incluirse alguno de los sistemas que se describen a continuación. Estos sistemas pueden ser decisivos y efectivos en el control, pero también pueden fracasar si no se los aplica adecuadamente o se sistematiza su uso.

a) Antesalas, áreas intermedias o filtros sanitarios

Particularmente para insectos voladores impiden o controlan el ingreso de los insectos. Es recomendable el sistema de doble puerta y la eficiencia puede llegar a ser la mejor si están provistos de cortinas de aire, insectocutores, cierre automático de puertas y se realiza una intensa capacitación del personal.

b) Cortinas de aire

Cuando están instaladas deben tener las dimensiones acordes con el tamaño de la puerta o portón ya que de otra manera resultarán insuficientes. A veces están descompuestas o se las desconecta por el consumo eléctrico del motor, poniéndolas en funcionamiento solamente para las visitas y auditorías. En muchos casos resulta incompatible con la cultura del personal que dejan la puerta o portón abiertos por lo que, a pesar de la eficiencia del sistema, resulta que el ingreso de los insectos no puede ser evitado.

c) Insectocutores

Su colocación no es una garantía de efectividad, y se lo debe considerar un sistema más de control. Mi opinión es que no encajan en un sistema de tipo preventivo, a menos que se los instale en las antesalas. Si están en el interior de las áreas de proceso o depósito, su acción es meramente correctiva, pero marca un fracaso a lo que se hace o no por evitar su acceso. De allí es que cuando realizo alguna auditoría o diagnóstico y veo estos artefactos pregunto cuáles son las verdaderas medidas para evitar el ingreso de insectos. Colocar insectocutores y dejar que las puertas y ventanas permanezcan abiertas solo permite que una cantidad menor de los insectos queden atrapadas.

Previamente a su colocación se debería incluir un estudio meticuloso de los sectores, no solo en el plano donde se debe indicar su posición sino en el lugar de trabajo. Para que sea efectivo se debe tener en cuenta algunos detalles que son propios de los insectos. Estos tienen ojos compuestos que forman imágenes groseras a corta distancia y son sensibles a los estímulos luminosos, particularmente a los de la luz ultravioleta. Cuando ingresan en un ambiente cerrado desde el exterior, se encuentran con un cambio total en la intensidad lumínica por lo que, si existe una fuente de luz UV o luz negra de la longitud de onda más larga ya que es la más barata y no causa daño a piel ni mucosas, inmediatamente se dirigirán hacia ella. La ubicación correcta del insectocutor es a una distancia adecuada de la puerta, no más allá de 2 metros, y a una altura compatible con el vuelo de ingreso de los insectos que es de 2 a 2,5 m si se trata de una puerta de características normales. Esto les dará mayor eficiencia a estos artefactos. Si se los ubica muy alejados de la puerta y muy elevados para el vuelo normal de ingreso o se trata de portones altos, agravado con una apertura cuasi permanente, los insectos pasarán por las varillas electrificadas solamente por casualidad. Demás está decir que el sistema debe funcionar correctamente y ser limpiado con una frecuencia establecida en un procedimiento operativo.

d) Iluminación

LED, en inglés "Light Emitting Diode" o "Diodo Emisor de Luz" en castellano.

Los distintos tipos de insectos ven diferentes longitudes de onda, nunca está garantizado que una luz LED no los atraiga, pero la mayoría de los insectos se sienten atraídos por las longitudes de onda cortas y por la luz ultravioleta. De allí es que, para el rechazo en el exterior del edificio, las luces LED son la mejor opción ya que apenas producen luz ultravioleta y desprenden una cantidad mínima de calor, lo que hace que sea muy poco atractivas para los insectos. A pesar de que puede atraer insectos lo hacen de manera reducida.

La percepción del color en los insectos se determina por la longitud de onda más corta del espectro visible y a la luz ultravioleta. Las más cortas —menos de 550 nanómetros— corresponden a colores ultravioletas. Estas, además de la luces azul y verde, son más visibles para los insectos que las longitudes de onda más largas como la amarilla, naranja y roja que las atraen.

En el caso de las luces incandescentes, fluorescentes y halógenas, emiten una radiación ultravioleta que resulta atractiva para los insectos, lo que produce alteración en su orientación al atraerlos. Al buscar luces para evitar a los insectos es importante elegir los que emiten longitudes de onda por encima de los 550 nanómetros, que corresponde a temperaturas de color cálido o ultra cálido.

La luz amarilla de yodo en la vecindad de la planta fabril produce algún rechazo de los insectos si se lo compara con la luz blanca que dan las lámparas mezcladoras o de otro tipo y que irresistiblemente los atraen.

e) Telas mosquiteras en las ventanas

Su presencia es tolerable en determinadas actividades y definitivamente necesaria en aquellas plantas en las que es necesaria la ventilación natural por las ventanas abiertas. Su existencia no justifica suciedad ni telas de araña, por lo que deben limpiarse frecuentemente y para ello deberían estar armadas sobre bastidores desmontables. Esto se debe complementar con un procedimiento que determine cuándo se las debería revisar, cambiar las oxidadas y rotas por nuevas, pintar los marcos, etc.

f) Fumigación

Si bien bajo condiciones muy estrictas y en determinados sitios como almacenamiento y transporte de determinados productos, podría ser utilizada, no es aceptable en las áreas productivas de la industria y su utilización debe constituir un recurso extremo para el que no debe existir otra posibilidad. En todo caso se deben tomar las medidas más estrictas de cuidado de materias primas, materiales de envase, equipos, utensilios y personal. La metodología estará perfectamente definida y el personal capacitado y provisto de los elementos de seguridad acordes con la tarea, así como deberá conservarse un lugar cerrado y de acceso restringido para el guardado de tóxicos y elementos de trabajo. De la misma manera que en una empresa determinada se haya permitido llegar a una situación límite que hiciera necesaria una fumigación, deberá tenerse en cuenta que solo mediante el sacrificio de parar la producción, vaciarla de materias primas, empaque, producto y encarpado para proteger los equipos, se podrá realizar el tratamiento para luego limpiar cuidadosamente todo.

Cualquier tratamiento con insecticidas se realizará con productos aprobados por autoridad competente, con elementos adecuados, instrucciones bien especificadas y personal capacitado y provisto de los elementos de seguridad que correspondan. Conviene no realizar tratamientos con productos de alto poder residual.

Si se almacenan bolsas la atención debe ponerse en gorgojos y polillas que depositan sus huevos y las orugas emergentes producen el deterioro. Si las bolsas son de papel el cuidado se deberá tener con las cucarachas, aunque no se debe descartar a los anteriores. La mejor manera de evitar problemas es la fumigación periódica mediante encarpado o uso de cámaras y túneles, con un registro y codificación de las estibas donde consten todos los detalles. El movimiento de estibas es muy importante ya que se debe hacer de acuerdo con un sistema PEPS (FIFO), y cuando permanecen mucho tiempo sin moverse lo razonable es un nuevo estibado y limpieza de las bolsas.

El diseño del transporte es sumamente importante en la cadena hacia el consumidor. El mantenimiento y la limpieza será una rutina bien programada mediante procedimientos operativos, y si bien ya habláramos anteriormente de esto, en este capítulo mencionaremos algunos ejemplos de lo que puede ocurrir si alguno o varios de los aspectos anteriores fallan.

Era frecuente que se recibieran materias primas y productos terminados del extranjero, tanto en camiones térmicos como en contenedores. En dos oportunidades se presentaron graves problemas con insectos.

Ejemplo (E56) Infestación de cucarachas en planta de elaboración

En un recorrido matinal por el sector de envase me llamó la atención que había partículas blancas en la base de una ranura cubierta por una chapa pintada de blanco y correspondiente a las dos columnas de una junta de unión del edificio. Entre el polvo blanco se veían algunas partículas muy oscuras. Sospeché de los detritos de cucarachas e informé al encargado de producción para que al finalizar los turnos de envase pidiéramos a mantenimiento liberar la ranura y previamente cubrimos a dos máquinas envasadoras vecinas con láminas de plástico. Se realizó una fumigación y al instante comenzaron a salir las cucarachas, completando su eliminación. Se dejó una hora con la vigilancia de un operario y luego se limpió la ranura y el suelo. Se dejó sin cubrirlo hasta que no salieran más insectos y al segundo día se rellenó con un sellador elástico para grietas. Se lo controló rutinariamente pero no se detectó más actividades de cucarachas.

Ejemplo (E57) Infestación de "borboletas" en frontera

Me informaron que una exportación de vegetales deshidratados a Brasil estaba infestada con "borboletas" (nombre brasilero de mariposas). En esos tiempos todavía no estaba integrado el sistema cuatripartito de MERCOSUR, por lo que las fronteras no eran de trámite ágil de cruce. Era común que se debían depositar las mercancías en los depósitos oficiales o estacionados los camiones para su inspección y luego de un lapso de 24 o más horas, se podía liberar a su destino. La empresa afiliada local concurrió a la aduana fronteriza y tras una inspección y trabajos de limpieza pudo liberarse la mercancía. Como resultado nos informaron que el problema estaba en el estado sanitario de los depósitos. A su vez en el establecimiento en Argentina se realizaron las inspecciones y limpieza de los depósitos comprobándose que no existía problemas para ese tipo de infestación.

Algunos proveedores pueden llegar a transportar plagas a través de materias primas, productos terminados y materiales de envase. Previamente a concretar un contrato de compra, en todos los casos es necesario un control de las instalaciones y operaciones.

Aún en las plantas que producen material de envase las plagas suelen producir graves problemas. Para algunos no pareciera que una fábrica de cartulinas, laminados y envases no debiera tener un programa de BPM, al fin y al cabo, durante años trabajaron con máquinas y en establecimientos comunes del tipo de un taller. Sin embargo, no es extraño que a veces los insectos queden incluidos en un laminado o manchar papeles y cartones. He visto hasta una pequeña cucaracha incluida en un laminado para sobres y por suerte era demasiado evidente como para que se distinguiera en la línea de envase. Pero en otra ocasión fue detectada por un consumidor una mancha en el laminado y ante la duda lo descartó sin darse cuenta exactamente de qué se trataba. Luego de una observación con una lupa determinamos que se trataba de un pulgón.

ROEDORES

De todas las especies de este tipo de plaga las ratas comunes de hogares, oficinas y fábricas y algunas zonas rurales, entre otras actividades pertenecen a las especies Rattus rattus y Rattus norvegicus y al ratón doméstico Mus musculus. Ello es porque son los que más se han adaptado a las condiciones de vida del hombre. Otras especies también llegan a afectar plantas industriales, depósitos y producción rural, aunque esencialmente llevan una vida silvestre afectando principalmente la producción agropecuaria, esto sin considerar los graves problemas de transmisión (por ej.) de virosis hemorrágica como por ejemplo hantavirus.

A pesar del combate permanente contra los roedores en su vida silvestre, estos se han adaptado al tipo de cultivo que el ser humano le ha ofrecido en cada región. Son muchas las variedades, pero mencionaré unas pocas.

En mi experiencia personal, además de las ratas y ratones mencionadas, he investigado la acción del holochilus a las plantaciones en Tucumán, sin olvidar a Sigmodon, Rattus y Geomys. Estos animalitos aprovechan las plantaciones en "tablones" que brindan la espesura de los cultivos de caña de azúcar. También Holochilus y Sigmodon, a los que se les incluye Orizomus en los cultivos de arroz. El maíz no está exento de la acción de roedores, siendo el principal responsable Geomys.

Muchos otros también constituyen plaga, pero no se relacionan con industrias ni están tan involucradas en la transmisión de enfermedades en el hombre. No obstante, aunque se trate de especies que en apariencia puedan hasta parecer simpáticas, como es el caso del colicorto "conejillo de indias" (cobayo o *Cavia porcellus*), su presencia en plantas industriales es síntoma de falta de prevención y una seria transgresión.

Ratas y ratones

Se las puede identificar por la forma, tamaño, aspecto, proporciones del cuerpo, hábitat, costumbres, deyecciones, improntas y muchos otros indicios producto de su actividad. Es importante mencionar que por tratarse de colilargas pueden desplazarse por los lugares más insólitos ya que la cola actúa como complemento del órgano de equilibrio. Además, por estar sus manos adaptadas para asir, les permite tomarse de los cables, además de sujetar el alimento con ellas.

Dentro de las características de los roedores se pueden mencionar las siguientes, que varían según la especie:

• Trepan paredes y caños: ya que pueden asirse en la medida que no se trate de superficies lisas. Por lo que en el exterior las paredes deben estar alisadas desde el suelo hasta por lo menos un metro.

• Caminan sobre los cables: las patas delanteras son verdaderas manos y su cola les permite moverse con comodidad por los cables sin perder el equilibrio.

• Pasan por pequeños orificios ya que su esqueleto es muy elástico por lo que podrá pasar en la medida que su cabeza pueda hacerlo.

• Sacan ventaja de toda deficiencia de construcción o deterioro como desagües sin protección, aberturas sin cerramientos, vidrios rotos, puertas que no cierran bien, falta de burletes, etc.

• Caminan sobre o dentro de caños utilizándolos para desplazarse especialmente, pudiéndoselos encontrar electrocutados en los tableros eléctricos. También se los ha encontrado en caños sanitarios que conducen a inodoros.

• Tienen gran capacidad de reproducción. Cada hembra da hasta 15 crías por vez. Su período de gestación es de 18 a 30 días; algunas se independizan desde los 11 días; Se reproducen a los 35 días de haber nacido.

• Paren unas seis veces al año por lo que, sumado a lo anterior, en un corto período pueden multiplicarse muy rápidamente. Cuando van a parir necesitan hacer un nido por lo que los materiales que más se afectan en una planta u oficina son los papeles y cartones que cortan en pedacitos.

- Sus dientes incisivos crecen constantemente y necesitan desgastarlos, de allí el nombre de roedores. Pueden roer todo tipo de material generando pérdidas importantes. Si a esto se le suma que donde comen también orinan y defecan, la contaminación que generan puede ser peligrosa.

- Comen todo lo que pueden cortar: son omnívoros por lo que aprovechan cualquier tipo de alimento. Sin embargo, no ingieren alimentos en mal estado o enranciados.

- Forman colonias con hábitos que indican cierta organización enviando a los jóvenes y viejos a investigar el medio ambiente para la identificación de lugares, particularmente los que proveen alimentos y agua. No hay que olvidar que para subsistir necesitan tres factores importantes, lugar donde vivir y procrear, alimento y agua. Si los exploradores no vuelven la colonia no irá a ese lugar ya que lo asociarán con un peligro para la colonia.

- Viven preferentemente en lugares ocultos: y se desplazan siguiendo la línea de zócalos sin cruzar ambientes grandes, a menos que esté oscuro y sientan que no exista peligro. Por ello es por lo que las estibas deberían guardar una distancia de no menos de 45 cm respecto de la pared y ubicarse tramperas o cebaderos alineados en el borde del zócalo.

- Son excelentes nadadores: y algunas especies poseen membrana interdigital en las patas posteriores.

- Saltan hasta 80 cm de altura.

- Son extremadamente adaptables e inquisitivos.

- En ambientes naturales tienden a evitar nuevos objetos, por lo que deben acostumbrarse a ellos antes de frecuentarlos.

- Tienen muy buen olfato: esto se debe tener muy en cuenta cuando se realiza el trabajo de renovación de cebos y tramperas. La persona encargada de ello se debe lavar previamente las manos y no fumar.

- Por la continuidad de exposición crean defensas contra determinados tóxicos tales como los anticoagulantes principalmente la Warfarina. Esta deriva de la micotoxina anticoagulante natural dicumarol, que provocan la muerte por sangrado excesivo de los animales que comen los cebos con este veneno. De allí es que en los tratamientos se deben alternar los tóxicos no agudos como este para evitar su acostumbramiento. Cuando se encuentran roedores muertos en un lugar donde se efectúa tratamiento con Warfarina se puede realizar una observación del recto, tomándolo por la cola para identificar si se observa color rojo, señal de derrame de sangre. Esta operatoria se realizará con vestimenta y protección adecuada, incluyendo anteojos de seguridad, guantes y barbijo.

• Si bien esta toxina es importante en tratamiento de coagulación en humanos con riesgos de trombosis en el tratamiento de anticoagulación, solo se realiza bajo diagnóstico y seguimiento médico.

• En caso de accidente por consumo en humanos se puede revertir de manera urgente el efecto anticoagulante con la administración de plasmas frescos congelados (PFC) o de concentrados de complejo protrombínico (CCP) asociados con la administración de vitamina K por vía intravenosa.

• Los métodos físicos del control de roedores son los que emplean técnicas mecánicas como trampas o barreras para excluir los animales de ciertos lugares, especialmente terrenos linderos a las fábricas para controlar madrigueras.

• Demás está decir que no deberán utilizarse venenos agudos como por ejemplo el sulfato de talio (Tl_2SO_4), o arsénico y sus derivados que pueden generar intoxicación aguda.

De los aspectos más negativos que significa convivir con estos animales merecen mencionarse los siguientes:

a) Salud

• Transmiten y propagan enfermedades tales como peste bubónica, tifus, rabia, tularemia, triquinosis, salmonelosis, hantavirus, virosis hemorrágica, etc.

• Algunos roedores que conviven con el ser humano suelen tener vectores ectoparásitos que transmite un agente infeccioso de un animal infectado a un ser humano o a otro animal. Ejemplo de ellos son los artrópodos, como mosquitos, garrapatas, moscas, pulgas y piojos.

- Entre las enfermedades muy graves para la humanidad podemos nombrar la "peste bubónica" producida por el bacilo Gram positivo *Yersinia pestis*, que fue responsable de estragos en la humanidad y hoy todavía es endémica en algunos países de América del Sur.

- Desde el punto de vista sanitario los roedores, particularmente las ratas de casa o de campo infectadas, presentan las características de ser portadores de vectores como la pulga, *Xenopsylla cheopis*. Estos son organismos vivos que transmiten un agente infeccioso de un animal infectado a un ser humano o a otro animal.

- Otra enfermedad relacionada con los roedores está la fiebre hemorrágica sudamericana, que está asociada a los roedores *Calomys laucha* y *Calomys musculinu* como reservorios responsables de la fiebre hemorrágica Argentina.

- *La es*pecie *Rattus rattus* es el principal reservorio de Tripanosomiasis americana, responsable de Chagas. Causa miocarditis y es un problema de salud pública de gran importancia en países de Sudamérica. La rata es su principal reservorio intradomiciliario. Como responsables también se incluyen a *Rattus norvegicus*, *Mus musculus*, *Sigmodon hispidus* y el género Cavia.

- A través de la orina de ratas se han producido leptospirosis, enfermedad infecciosa bacteriana, común en las ratas y también en animales domésticos como vacas, caballos, cerdos y perros. Puede suceder que los animales infectados no muestren síntomas evidentes durante el análisis clínico, pero son capaces de eliminar las bacterias al ambiente a través de su orina. De allí es que se debe tener cuidado de beber directamente de los envases provenientes de lugares de escaso orden y limpieza.

b) Propiedad: Roen maderas, cables, géneros y papeles. Ocasionalmente cortan caños de plomo y pequeñas barreras de cemento.

c) Trabajo: Atacan las aislaciones de cables en tableros y consolas de mando provocando interrupciones en el suministro eléctrico.

d) Seguridad: Pueden provocar accidentes por acción directa (mordeduras) o indirecta (ver b y c).

e) Pérdidas de producción: Rompen envases de papel o cartón, ingieren su contenido y lo infectan con sus deyecciones, destruyen más de lo que comen, atacan bolsas, cajas, paquetes y cajones, en silos plásticos flexibles provocan grandes pérdidas, atacan aves y destruyen huevos, atacan plantaciones de caña de azúcar como la rata colorada u *Holochilus brasiliensis* produciendo gran volteo de caña, etc.

Ejemplo (E58) Molino harinero, corte corriente eléctrica por acción de roedores

Fui llamado de un molino harinero de una ciudad rural cito en la provincia de Buenos Aires. Sufrían reiterados cortes de electricidad, causados por la infestación con ratas. Los directivos llegaron a la máxima preocupación cuando los cortes de corriente se hicieron frecuentes. En una inspección se pudo comprobar que no había lugar de la planta a la que no tuvieran acceso las ratas, incluido el tablero de comando eléctrico de la planta, que al ser abierto mostró una enorme cantidad de materia fecal, mucha de ella fresca. El acceso a la planta era por distintas vías, particularmente desagües, cañerías y acequias vecinas a la ruta. No existía ningún programa de lucha ni se había contemplado su prevención. Entre otras cosas se recomendó trabajar sobre las madrigueras de las acequias ubicadas a la vera de la ruta en la inmediatez del molino.

Ejemplo (E59) Plagas, auditoría e informe rechazado (Ver A27)

Cuando me hice cargo del departamento microbiológico de una empresa realicé una inspección de la planta a modo de diagnóstico. Esa visita incluyó una revisión del programa de control de plagas. La empresa tenía contratada una empresa dedicada a esa actividad. Comprobé la existencia de una infestación en las áreas anexas a la de proceso, hecho que por otra parte era del conocimiento de los operarios y supervisores. Además, constaté que, a pesar de existir un comedor algunos operarios comían en los lugares dedicados a los motores y sala de ascensor, sitos en la terraza. La prueba la tuve al encontrar en un cebadero para ratas un trapo rejilla que envolvía los huesos de un pollo. Cuando se presentó el informe y un programa de lucha recibí por contestación del gerente de la planta que "*había muchas ratas en Buenos Aires*". El informe fue archivado hasta que un inspector de un organismo oficial vio una rata durante su recorrido por la planta. Ante la amenaza de clausura fue exhumado mi informe y se realizaron los arreglos que proponía, además del desarrollo del programa complementario. En tres meses las ratas habían desaparecido.

Los animales deben cumplir con su ciclo biológico para la procreación por lo que sus necesidades son las siguientes:

1. Albergue

Para almacenar alimentos, armar sus nidos, procrear y dar tiempo al crecimiento de crías.

2. Agua

Su búsqueda se transforma en imprescindible especialmente cuando los anticoagulantes comienzan a actuar.

3. Alimento

Mantienen una dieta equilibrada de lípidos, proteínas e hidratos de carbono. Seleccionan el alimento y tratan de no comer alimentos envejecidos o enranciados.

Como consecuencia de esto surge la idea de que la mejor estrategia para combatir a los roedores es la de evitar que ingresen y se asienten en la planta. Entre las causas que permiten el acceso y asentamiento de los roedores están:

• Desorden y acumulación de materiales:
○ Como mencionáramos en los primeros capítulos, al tener hábitos cavícolas estos animales pueden anidar en lugares donde se amontonan materiales y se frecuentan poco.

• Falta de higiene:
○ Por la falta de un programa de limpieza se va produciendo acumulación de residuos de los alimentos.

• Defectos de construcción:
○ Entretechos, falsas paredes, cañerías innecesarias, recovecos, etc.

• Deterioro de los edificios:
○ Que producen espacios ideales para anidar.

• Adyacencias no saneadas:
○ Estos animales no acostumbran a correr por predios bien cuidados y con pasto cortado porque están expuestos a los predadores (por ej., lechuzas). La presencia de zanjas sin sanear, las malezas, los acúmulos de distintos materiales, etc., les permite tener cuevas donde viven y pueden alcanzar la planta.

• Depósitos poco transitados:
○ Por lo que se debe tener una rutina de movimiento de materiales.
○ Cañerías de desagües, cañerías en general y sistemas de conducción eléctrica sin protectores de los que hablamos anteriormente.

• Inspecciones poco frecuentes:
○ Al no realizar una visita rutinaria se va abandonando el control sobre áreas que comienzan a convertirse en la periferia del proceso.

• Respuesta lenta o deficiente de los sectores de mantenimiento:
○ Porque a los roedores no puede dárseles la ventaja de facilitarles la posibilidad de anidar.

○ Ingreso con materias primas en cajones, cajas: inevitable para muchas actividades, por lo que hay que trabajar mucho con los proveedores y establecer zonas bien delimitadas para que no se mezclen con producto terminado o en proceso. Una planta bien cuidada, saneada y considerada correctamente de acuerdo con las BPM, resultará en un desafío superior a las posibilidades de cualquier roedor que quiera asentarse.

○ Causas particulares del sector.

Plan de acciones para erradicación:
La erradicación es la meta fundamental de todo plan de control y la secuencia para lograrlo puede ser la siguiente:

1. Evaluación de la situación general

Se realiza teniendo en cuenta los siguientes aspectos:

• Daños causados.
• Presencia frecuente de animales y sus rastros.
• Riesgos de infestación generalizada.
• Riesgos de infecciones y ataques de roedores.
• Efecto psicológico sobre el personal.

2. Estudio profundo del programa: Comprende la evaluación de las dos fuentes importantes que se describen a continuación. Información que pueden aportar los responsables de áreas, teniendo en cuenta los siguientes puntos:

- Contacto visual con roedores (tipo y característica, rata o ratón, etc.).

- Horario de máxima actividad de los roedores.

- Sectores más frecuentados.

- Sectores más afectados.

- Daños causados a bolsas, cajas, cajones, cables, utensilios, materiales aislantes, puertas y/o muebles, entretechos, etc.

- Cualquier anormalidad como pequeñas mojaduras en los materiales, partículas extrañas, papeles cortados en pequeñas piezas, manchas rojizas (que pueden tratarse de sangre por efecto de los anticoagulantes), materia fecal, etc.

3. Investigación propia para realizar:

- Estudio del área sospechosa y/o afectada.

- Equipos, cañerías, montantes de luz, grado de deterioro, cierre de puertas y ventanas, desagües, acumulación de materiales, higiene, incorrecto estibado.

- Posibilidad de disposición de albergue.

- Posibilidad de disposición de alimento.

- Posibilidad de disposición de agua.

- Circulación de animales.

- Búsqueda de caminos, estudio de hábitos, colocación de indicadores (bandejas con polvos o harinas, baldosas plásticas con tinta gráfica para ver pisadas).

- Búsqueda de habitáculos.

- Hay que buscarlos en lugares poco transitados, entretechos, huecos en paredes y pisos, tableros de luz, equipos de aire acondicionado industrial, defectos en construcciones o defectos en equipos tales como coberturas aislantes, estibas no renovadas, cajas mal selladas, etc.

• Evaluación de la población por trampeo vivo y muerto (la colocación de trampas se realizará con guantes de goma limpios y evitando fumar en ese momento, los cebos deberán ser frescos eliminando los rancios o resecos).

4. Reducción de la población a niveles controlables: Se basa en la evaluación y el estudio profundo realizados para encarar la lucha definitiva de la siguiente manera:

a) Infraestructura

• Reemplazar vidrios rotos.

• Reparar puertas y verificar el correcto cierre.

• Efectuar cierres a la circulación de roedores con material, alambre tejido (de no más de 1 cm de abertura, con chapas de cierre exacto, vidrio, plástico, etc.), entre ambientes y entre pisos.

• Tapar agujeros.

• Aislar y mantener cerrados sectores de poco tránsito.

• Sellar lugares "muertos", dejando accesos de cierre perfecto.

• Cuidar que en los entretechos sean selladas las pequeñas aberturas, a la altura de las cortinas.

• La pared aislante de los equipos debe ser entera y no dejar huecos que permitan la anidada.

• Los equipos de aire central se revisarán periódicamente para evitar la anidada.

• Las chapas que cubren el material aislante de los conductos de aire acondicionado deberán unirse sin dejar separaciones ni huecos.

• Los huecos en la pared, correspondientes al pasaje de los montantes de cables y cañerías, se sellarán con chapas o material hermetizando los sectores.

b) Ordenamiento:

• Estibas: Se deberán mover periódicamente y encarpen para fumigar, se deberán descubrir luego de un período de no más de una semana cuando el efecto del gas haya terminado y la cobertura no sirva más que para cobijar nuevamente a más animales, de otra manera se deberá verificar periódicamente la ausencia de roturas o aberturas en la carpa.

• Muebles: No deberán dejar lugares cubiertos por falsos fondos o pisos con acceso en algún rincón. Si fuera necesario que existan los accesos, serán cerrados con tapas herméticas.

• Donde exista archivo de papeles o depósitos de formularios y útiles de escritorio, el orden será primordial y se evitará la acumulación de carpetas, blocks, tarjetas, hojas sueltas, etc.

• Saneamiento de adyacencias por la roturación de la tierra, desmaleza-do y corte de pasto.

• Cierre de alcantarillas y caños de desagüe mediante redes o barras metálicas.

• Todo material que se almacene deberá ser elevado del piso pudiéndose emplear tarimas. No se deberá mantener indefinidamente, sino que se moverá del lugar con cierta periodicidad.

c) Trampas y búsqueda de nidos:

Una vez realizados los trabajos de infraestructura y ordenamiento se procederá de la manera que a continuación se describe.

• Nuevo estudio de circulación de roedores (tratar de identificar el tipo de roedor).

• Continuar con el trampeo vivo y muerto.

• Colocación de cebos.

• Estadística de cazas.

• Planos de distribución de cebos.

• Ubicación de las cazas en un plano.

• Los animales que aparezcan moribundos o muertos serán revisados para determinar si se trata del efecto de los anticoagulantes (se toma de la cola y se observa si presenta la región anal sanguinolenta. Se recomienda la necropsia).

5. Acciones directas de previsión (ver A38 y A39):

a) Control de roedores

Incluye la utilización de tramperas y cebaderos tóxicos. En ningún caso se deberá emplear estos últimos en áreas productivas, almacenes de materias primas, materiales de empaque o insumos comprometidos directamente con la producción, cámaras frías o dependencias íntimamente relacionadas con el proceso. Si fuera necesario se colocarán tramperas, de caza viva o muerta, con cebos inocuos. En casos extremos se podrán colocar cebaderos, perfectamente protegidos, de cebos en bloque, pero nunca en semilla para evitar que puedan dispersarse. Las tramperas deberán verificarse diariamente para evitar que un animal permanezca más de un día en esos sectores, particularmente si está muerto y descomponiéndose.

A los cebaderos tóxicos se les escribirá exteriormente la palabra "Tóxico" y estarán numerados para su identificación tanto en un plano como en el lugar. Se ubicará cada 10 a 15 metros, en áreas perimetrales, una exterior sobre la divisoria de terreno y una interior en el borde exterior de los edificios de producción, oficinas y vestuarios. Al principio se realizará una inspección semanal y anotará en una planilla preparada "ad hoc" si existieran novedades o no en cada cebadero. En caso de haber zonas de gran actividad se reducirá la distancia colocándose cebaderos adicionales y aumentando la frecuencia de observación. Es conveniente que cada tres a cuatro meses se cambie el principio activo del veneno y el cebo mismo (ver Anexo 38).

b) Trampeo

Las actividades por realizar con trampas y cebaderos deben reunir ciertas condiciones y aceptar las recomendaciones que a continuación se indican (ver Anexo 38).

• Tras cazar un animal se reemplazará a la trampera por una nueva mientras que la original deberá ser lavada y en lo posible sumergidas en agua hirviente. Si no fuera esto último posible conviene que se las lave con cepillo y un jabón común que no sea perfumado.

• Durante todas las operaciones que se realicen en la colocación de tramperas y cebos se evitará fumar (no hay que olvidar que el bulbo olfatorio está muy desarrollado en estos animales). El olor a tabaco puede afectar el olor y sabor de los cebos.

• Las tramperas se cambiarán de lugar luego de una caza.

• Los cebos deberán ser frescos y se les deberá ofrecer alimento con una buena proporción de lípidos, aunque por su fácil enranciamiento se lo deberá cambiar con mucha frecuencia.

• Se tratará de ubicarlos en sus caminos previamente estudiados o zonas más frecuentadas.

• La inspección se deberá realizar con mucha frecuencia (al principio todos los días) para eliminar rápidamente el animal atrapado y evitar que los demás establezcan asociaciones que los induzca a evitar los caminos o cebos.

c) Cebos tóxicos

• En la industria alimentaria el uso de tóxicos agudos (sulfato de talio, compuestos mercuriales, arsénico, etc.) es extremadamente peligroso.

• Los tóxicos deberán ser del tipo anticoagulante (Warfarina, Difacina, Pival, etc.). Para esto hay una doble razón:

1) Puede revertirse un cuadro de intoxicación en humanos por la administración de factores de coagulación, y

2) Los animales comen el cebo con más confianza pues su efecto es acumulativo y no produce muertes inmediatas, no asociándolos los roedores con los malestares y muerte de otros miembros del grupo.

• Los cebos deben estar protegidos para evitar su dispersión, exponerlo a contingencias climáticas que lo deterioren y durante su ingestión dar tranquilidad a estos animales.

• Los tóxicos se adsorberán en distintos cebos (bloques, granos, pellets, etc.) con el objeto de evitar su dispersión, variar la dieta y no permitir la relación con la intoxicación de la población.

- Las variedades de cebos se rotarán periódicamente ya que los anti-coagulantes pueden producir resistencia en la población de roedores a partir de un animal resistente por selección forzada.

- Los cebaderos deberán estar numerados e indicado su carácter de tó-xico.

MURCIÉLAGOS

Este mamífero volador, de hábitos nocturnos y transmisor de enfermedades, representa un serio problema cuando se ha asentado en una planta. La existencia de un diseño de techo con cabreadas complejas y entretechos de difícil limpieza representa el lugar ideal para que estos animalitos se "cuelguen" de sus garras posteriores, con la cabeza hacia abajo durante el día, tratando de esconderse de la vista de predadores y humanos, pero dejando un rastro inconfundible de materia fecal sobre la pared y piso. Sus excretas son negras, mucho más pequeñas que la de los roedores, e inconfundibles ya que normalmente bordean las paredes, generalmente externamente, siempre que tengan bordes superiores como alares, cañerías o canaletas de donde asirse y tener una visión amplia para la caza.

Si no se evita su asentamiento mediante correcciones en el diseño o mediante un plan de lucha que incluya el cerramiento adecuado de los lugares inaccesibles para la limpieza, se convierten en un verdadero problema para su erradicación con elevados costos por el daño que puede causar a los materiales y particularmente al aspecto sanitario. Su multiplicación los lleva a convertirse en poblaciones muy prolíficas.

Además del rastro de materia fecal, también se pueden identificar los lugares donde han orinado, como en la investigación de las otras plagas, mediante la observación con luz UV. Se los combate retirando y limpiando los lugares de anidadas, cerrando huecos, así como puertas y ventanas de altillo y entretechos y en casos extremos utilizando venenos químicos, aunque no son recomendados en lugares de producción o almacenes.

Ejemplo (E60) Murciélagos en el altillo de hotel y establecimiento rural

- Cuando estudiaba en la universidad concurrimos al Instituto de Biología Marina de Mar del Plata como práctica de campo. Cenábamos en un hotel cercano y era llamativa la cantidad de ramos de flores distribuidos en los salones y pasillos. Una noche, mientras cenábamos, la propietaria se acercó a nuestra mesa y sabiendo que éramos estudiantes de biología, nos confesó que tenía un problema grave de murciélagos. Acordamos volver al mediodía para estudiar ese problema. El hotel tenía un techo a dos aguas con un altillo muy grande. Ingresamos desde un pasillo del segundo piso a través de la tapa de inspección. En un ambiente difícil de respirar por el olor amoniacal, nos encontramos con innumerables murciélagos que prácticamente cubrían todo el techo del altillo. Nuestra presencia provocó un revoloteo desenfrenado de los animales, y aprovechamos para recoger varios en una bolsa. Verificamos que existía una ventana que estaba abierta y era justamente la que permitía el acceso y egreso de aquellos animalitos. Recomendamos llamar a una empresa para que produjera humo para ahuyentarlos y luego de una revisión, clausurarlo.
- Ya en la actividad profesional en la industria alimentaria tuve la oportunidad de observar el guano pequeño y brillante de murciélago muy semejante al excremento de los roedores, pero identificables ya que por razones de gravedad se marca sobre la pared y amontona debajo de la salida donde acostumbra a descansar el murciélago; debajo de la cornisa de un establecimiento rural.

AVES

Los pájaros constituyen un serio problema, consecuencia casi exclusiva de la falta de previsión en el diseño sanitario de las partes altas del interior y exterior de las plantas de proceso y almacén, así como de la lenta respuesta en el mantenimiento. Ubicados en esos lugares ensucian, a veces abundantemente, los pisos y materiales constituyendo un crítico peligro de contaminación de los productos en cada uno de los pasos que van desde los insumos, materias primas y empaque hasta el producto terminado.

Los excrementos de las palomas pueden ser una vía de infección de salmonela, que puede llegar a través de alimentos contaminados e incluso por la ropa tendida. Como toda acción natural microbiológica no son totalmente seguras las contaminaciones con salmonela, pero siempre habrá una posibilidad de ocurrencia.

Al tener el maravilloso don del vuelo libre, aprovechan plenamente todos los espacios aéreos, apoyándose en las cabriadas y cornisas o anidando en los rincones próximos al techo. Los grandes portones, los ventanales abiertos o con vidrios rotos o faltantes, permiten que ingresen y se asienten.

La ignorancia, la impotencia o, a veces, el diseño sanitario por no encontrar soluciones de planta, proceso o almacenes impiden una solución definitiva. De esa manera un ave que anidó volverá y el ciclo no continuará.

La mejor manera de combatir las plagas es evitar que ingresen y para ello se debe estudiar minuciosamente todas las vías de ingreso y cómo corregir deficiencias y realizar reparaciones. Mientras esto no ocurra se deberán bajar los nidos antes de que se produzca la postura de huevos y colocar pinturas o geles que repelan el asentamiento.

Para anidar necesitan no solo un lugar para posarse sino una cobertura para proteger sus crías. Estos lugares pueden ser edificios, sectores, huecos, y todo lugar aéreo en el que puedan anidarse. En una fábrica puede resolverse con inspecciones diarias, ordenando y limpiando. En el caso de alturas internas difíciles de acceder como los galpones y cabriadas, la solución es evitar el ingreso por los portones, limpiar rutinariamente en altura usando dispositivos para ascenso y descenso de operarios o emplear gel anti ave, pegajoso para evitar que se posen sobre superficies horizontales planas. También existen otros repelentes para ahuyentar aves, como por ejemplo repelentes naturales y biodegradables se encuentran productos como terpenoides. Por ejemplo, el geraniol que es un monoterpenoide y un alcohol que compone la mayor parte de los aceites esenciales de las rosas y las citronelas, pudiendo ser un efectivo repelente basado en plantas. También se encuentra en pequeñas cantidades en los geranios, limones y otros aceites esenciales.

Como las aves tienen agudeza visual muy desarrollada, se posan en las cornisas de paredes elevadas, conviene que sean rematadas sin bordes salientes, pero diagonal muy pronunciada hacia el interior para que las aves no puedan "hacer pie" al estar rematadas sin dejar lugar para que puedan ver el piso.

En una empresa pude observar un edificio metálico sostenido exteriormente por una estructura que era un perfecto mirador de palomas. Sugerí cubrir toda la pared con red anti pájaros.

En un empaque de frutas tenían un cañón sónico que funcionaba con una batería en intervalos programados para ahuyentar aves. Por razones lógicas, esto solo puede ser empleado en las afueras de las zonas urbanas.

ANIMALES DOMÉSTICOS

Su presencia es un signo del desconocimiento de los mandos sobre las BPM. Su origen obedece a distintas causas, aunque particularmente la no separación del negocio de lo familiar puede serlo. Se debe recordar que los animales domésticos no pueden reemplazar medidas de seguridad o de control ni pueden reemplazar al control de plagas. Por más que se los quiera no se los debe integrar a una planta alimentaria y en este término le damos el sentido más amplio que incluye todo el perímetro del terrero que la involucra.

Aunque los animales estén sanitariamente bien cuidados, pueden llegar a hacer sus necesidades en cualquier lugar y, aunque se los haya entrenado, sueltan pelos, saliva, etc.

Ejemplo (E61) Gato en el depósito

En una recorrida por la planta encontré sobre un pallet de arroz a un gato durmiendo. Pregunté al encargado del depósito sobre aquella novedad y su contestación fue que él tampoco sabía nada. Solicité al responsable de RRHH que tomaran medidas para sacar al animal de la planta y que buscara al responsable de haberlo traído para explicarle sobre las necesidades y riesgos que implica introducir animales domésticos en un establecimiento alimentario. Mientras tanto le pedí a uno de mis asistentes que colocara el pallet con el arroz, en un túnel de fumigación y en su penumbra revisara las bolsas con luz UV para ver si las bolsas estaban orinadas. Esto fue positivo, por lo que ordené la destrucción de todas las bolsas. Al siguiente día ocurrió lo mismo y ante la negativa de sacar al gato ordené destruir otro pallet de arroz. Finalmente, alguien se llevó al gato.

Ejemplo (E62) Perro en área de producción de puré de papas

En una auditoría a la planta que producía puré de papas, había un perro que nos "acompañaba" por el sector de proceso. Además, en un rincón encontré el lugar en donde el animal defecaba. La explicación fue que por el calor del sector habían dejado las puertas abiertas. Mi recomendación fue que aquella era una violación crítica a las normas de BPM.

Desarrollo de productos alimenticios

En el desarrollo de un producto alimenticio se debe considerar no solo todos los aspectos de diseño comercial y estudio de marketing, además de asegurársele lo relacionado con lo sensorial a través de su formulación, sus especificaciones técnicas, todo lo relacionado con su realización en fábrica y particularmente el aseguramiento de la calidad. En esta etapa se involucran varias áreas colaborando para que las características del producto queden concretadas.

Los atributos del aseguramiento de calidad se pueden determinar de acuerdo con el siguiente esquema:

• Cuantitativos

• Legales

• Valor alimenticio

• Seguridad de consumo

• Sensoriales

• Aspecto

• Textura

• Sabor

• Manipulación, conservación y transporte

• Vida útil

El desarrollo comienza al recibirse la orden de crear un alimento de determinadas características, de acuerdo con conceptos del área directiva de comercialización. De allí es que esta área debe entregar información a la empresa sobre los siguientes ítems:

• Tipo de producto alimenticio.

• Existencia o no de legislación que lo contemple con definición específica o general. Esto es responsabilidad de Aseguramiento de la calidad y de legales.

• Existencia o no, en el mercado o similar como competencia.

• Tipo/s y tamaño/s de envase para la venta al consumidor.

• Marca.

• Estimación de venta para cubrir mercado y luego reposición regular.

• Fecha estimada para pruebas de degustación de producto final en empresa y mercado.

• Posible fecha de lanzamiento al mercado.

Particularmente el área de desarrollo de productos se encargará de preparar una fórmula de acuerdo con las características deseadas. De allí, el área de abastecimientos comenzará la búsqueda de las materias primas y posibles proveedores. Con esta información, desarrollo determinará las cantidades a ser provistas para iniciar los trabajos en el laboratorio y planta piloto.

LABORATORIO DE DESARROLLO

En función de sus conocimientos y experiencia, el área se orientará a definir una o más fórmulas para el comienzo de los trabajos.

La existencia de fórmulas clásicas y las que básicamente se describan en la bibliografía para el inicio, es una buena herramienta sobre la cual se introducirán las modificaciones que alcancen las metas sensoriales deseadas por el área de comercialización.

Las distintas etapas de trabajo contarán con el apoyo del laboratorio de control de calidad, evaluando materias primas, aditivos, etapas de producto y terminado, así como asesoramiento sobre posibles inconvenientes y modificaciones.

El área de abastecimientos investigará y efectuará la provisión de materias primas para que desarrollo acepte o no su potencial aprobación en lo sensorial y control de calidad en la calidad, que conduzca a la aprobación de los proveedores. Todo esto conducirá a:

• Redacción de especificaciones de compra y almacenamiento de las nuevas materias primas y materiales de envase y empaque.

• Fijar parámetros de elaboración (tiempo, temperatura y otros).

• Realización de prueba de degustación comparativos con la competencia o definición sensorial si fuese un nuevo producto para el mercado.

• Realización de pruebas de aceptación con paneles.

• Redacción de memorando al área de comercialización para elevar la información a los vendedores.

• Redacción de normas de almacenamiento y transporte.

• Información al apoderado legal de la compañía para la presentación a los entes fiscalizadores para la aprobación.

VERIFICACIÓN DE LA PRIMERA ACCIÓN

Al inicio se debe emplear una lista o plan que conduzca a verificar los datos previos al trabajo en laboratorio y planta piloto. A continuación, se procederá a la planificación, control de ejecución y la evaluación económica.

a) Determinación de las características técnicas del producto

Ingredientes y formulación. Técnica de análisis de productos:

• Objetivos, determinación.

• Búsqueda de Información.

• Análisis de situación presente y sus posibilidades.

• Formulación. Búsqueda de alternativas, análisis y selección de la mejor en todo sentido, incluyendo la económica.

b) Estudio de proceso. Juntamente con ingredientes y formulación establece los siguientes pasos en la determinación de:

• Escala piloto.

• Escala real.

• Capacidad de proceso.

• Tiempo y costo.

c) Estudio de envase y embalaje:

• Envase conveniente para el tipo de producto.

• Atributos y elementos.

• Desarrollo de envase y embalaje.

• Almacenamiento y transporte.

d) Estudio de aspectos legales

Se realiza mediante el conocimiento y aplicación de las normas del Código Alimentario Argentino y de SENASA para lo relacionado con la identidad y seguridad de producto. El área oficial de Lealtad Comercial complementa todo lo relacionado al consumidor en cuando a contenido e identidad de producto. Se debe tener mucho cuidado con respecto a las normas emitidas por los organismos citados y una muestra de los errores que pueden cometerse se pueden ver en el anexo (A9).

Ejemplo (E63) Discusión ley sobre productos importados y nacionales

A comienzos de la década de 1990 se abrió la importación de todo tipo de producto alimenticio. Uno de ellos era el aceite de arroz en lata. En su impresión figuraba la leyenda "*libre de colesterol*", que por ausencia de legislación al respecto no estaba permitido en la Argentina. Esto surgía del hecho de que los productos vegetales contienen fitoesteroles, pero no colesterol, que es típica su presencia en los lípidos de origen animal. Los fitoesteroles son compuestos alimenticios que reducen la absorción de colesterol en el intestino por competencia ya que básicamente poseen una estructura química base, aunque con detalles en su constitución final.

(continúa)

Ejemplo (E63) Discusión ley sobre productos importados y nacionales (*continuación*)

En el Congreso Nacional se presentó un proyecto para modificar el Código Alimentario Argentino (CAA). El anteproyecto se puso a discusión en una reunión en la Asociación de Abogadas y Abogados de Buenos Aires, a la que la empresa me envió. La presentación la llevaron a cabo dos senadores. Todo parecía estar bien hasta que se mencionó que el CAA iba a tomar como referencia de aceptación a un código alimentario del mejor nivel internacional, sin mencionar cuál sería. Yo imaginaba que sería el Codex o la FDA, por lo que pregunté, sin nombrarlo, cuál era al que se refería, Me dijeron que lo consideraban según una escala existente. Ante lo vago de la contestación le pedí más precisión. Me respondieron que su asesor le había indicado la existencia de esa lista. Le aclaré que no había en ese entonces lista alguna. Todo terminó cuando me preguntaron si yo estaba seguro, en lugar de averiguar la existencia de esa lista.

e) Estudio de Vida Útil

Cada tipo de alimento presenta un deterioro que es el resultado de la acción de varios factores propios de su composición relacionados con distintas situaciones a las que son sometidas. Este cambio o deterioro se produce de forma aislada, integrándose o no a características anómalas generales. La aparición de características sensoriales extrañas o no pueden ser consideradas señales de envejecimiento o son riesgosos. Esto también puede asociarse a microorganismos que haga peligroso el consumo de tal alimento.

Desde el punto de vista químico la rancidez de los lípidos en el tiempo, y sin que sea una anomalía extraña, puede llegar a producir el rechazo de su consumo, de allí es que la exposición a la luz natural y el contacto con oxígeno puede ser motivo de rápido envejecimiento. Sin embargo, detectable o no la rancidez excesiva involucra un riesgo para la salud. En algunos alimentos, como por ejemplo los aceites, la reducción del nivel de vitaminas (tocoferoles) sin el apoyo de antioxidantes puede deteriorar rápidamente al producto.

Es en este sentido que el tiempo contado a partir de la elaboración, se determinará el período en el cual se mantendrá la calidad de consumo, es decir su vida útil. El fabricante, a través de los técnicos especializados, debe determinar los ensayos que permitan estimar el tiempo en que el producto mantendrá sus características sensoriales y de salud durante el tiempo que comprenda desde la finalización de la elaboración, almacenamiento, transporte y exhibición en puntos de venta.

En este sentido y a los efectos de la trazabilidad se debe tener en cuenta varias fechas de la existencia de un lote de producción:

• Fecha de elaboración

• Fecha de envasado

• Fecha de almacenamiento

• Fecha de distribución

• Fecha de vencimiento

Es por ello que para cada tipo de producto se deberá fijar internamente otras fechas importantes para la organización general del fabricante, y estas son:

• Elaboración: Requerida por la legislación.

• Vida útil real: Determinada según los estudios sensoriales de desarrollo. Desde el punto de vista sensorial de cambios generales naturales no perceptibles por el consumidor.

• Fecha previa al vencimiento: En la que el producto no puede salir al mercado por razones de tiempo de comercialización. Esto lo debe fijar el área de desarrollo con el de comercialización en función de la fecha de vencimiento y las posibilidades de rápida venta. Esto permite realizar una regulación sobre el nivel de producción en función de las ventas no realizadas sobre las producidas.

Existen diversas metodologías para la determinación de la vida útil antes del lanzamiento de un producto. En todos los casos previamente se realizarán todas los estudios sensoriales, físicos, químicos y microbiológicos que luego se continuarán para establecer un patrón de comportamiento. Estas comprenden:

Modelos predictivos

Estos permiten predecir de manera aproximada el comportamiento de un producto durante su período de almacenamiento y comercialización. Para su utilización se debe establecer una base de datos propia debidamente organizada, normalizada y actualizada. Resulta importante en el desarrollo de nuevos productos, incluyendo simulaciones por ordenador que lleven a predecir cómo pueden verse afectados en las diversas condiciones ambientales propias de distinta geografía y ambiente. Para ello el método aplica modelos de deterioro a los datos que se encuentra en la base de la empresa y/o la bibliografía.

El propósito de estos modelos es el de describir un proceso y predecir una respuesta de variables independientes. Comprende la evaluación de una variable particular luego de una variable relativa y se expresa mediante un polinomio.

De manera general

$$Y = A + BX_1 + BX_2 \ldots$$

En donde "Y" es una variable dependiente, y "X" variables independientes.

Los parámetros importantes en la determinación de la vida útil comprenden:

• Intrínsecos, como el tipo de producto, condiciones y relación con el envase.

• Extrínsecos, como temperatura de almacenamiento, transporte y exhibición.

En esta estimación se deben indicar los pasos a seguir como:

a. Definir el programa de trabajo.

b. Colectar datos.

c. Elegir el formato del modelo.

d. Ajustar el modelo a esos datos.

e. Verificar el modelo y para ello,
   • Justificar el modelo elegido,
   • Acumular una nueva serie de datos,
   • Comparar los resultados.

Debido a la compleja descripción de muchos alimentos, hacer la predicción de la vida útil por una vía analítica-matemática resulta muy difícil, aunque en contados casos de alimentos simples puede resultar en una practicidad especial. En esa mayoría de alimentos complejos es práctico trabajar sobre estudios experimentales o simulación para ahorrar tiempo y para ello se van estudiando el comportamiento de diferentes fórmulas elaboradas en planta piloto.

Métodos de simulación

Estos consisten en procedimientos parciales de una parte de la primera producción o planta piloto, llevándolos en transporte y almacenamiento en condiciones extremas comparadas con normales. Es un método relativamente económico en tiempo y dinero. Resulta muy ventajoso durante el desarrollo o casi en el final del mismo pues se adapta a alimentos en algunas de sus etapas de producción y permite realizar cambios en ingredientes y en proveedores.

Se basa fundamentalmente en determinar por cálculo la evolución del complejo alimento-envase en el transcurrir del tiempo y en las condiciones ambientales a partir de modelos cinéticos de diversos tipos de alteraciones. La sensibilidad de muchos alimentos requiere un estudio profundo de ello.

Ensayos de laboratorio

La metodología por emplear dependerá de varios factores relacionados con la sensibilidad del alimento, que puede llegar a ser crítico en determinadas geografías y condiciones.

Estos ensayos se realizan mediante pruebas térmicas continuas en refrigerador y distintas temperaturas, además de pruebas y de alternancias. Además, las pruebas físicas son importantes ya que miden la relación crítica con su envase.

El seguimiento real de muestras extraídas de la primera producción se toma como patrón de los resultados de método empleado.

En todo método los registros de los controles sensoriales, físicos, químicos y microbiológicos se acompañarán de modelos matemáticos, especialmente en la interpretación comparativa con el comportamiento de las muestras, ajustando los siguientes lotes a los resultados obtenidos.

MODELOS DE DETERIORO GENERAL

Factores propios y ambientales de deterioro

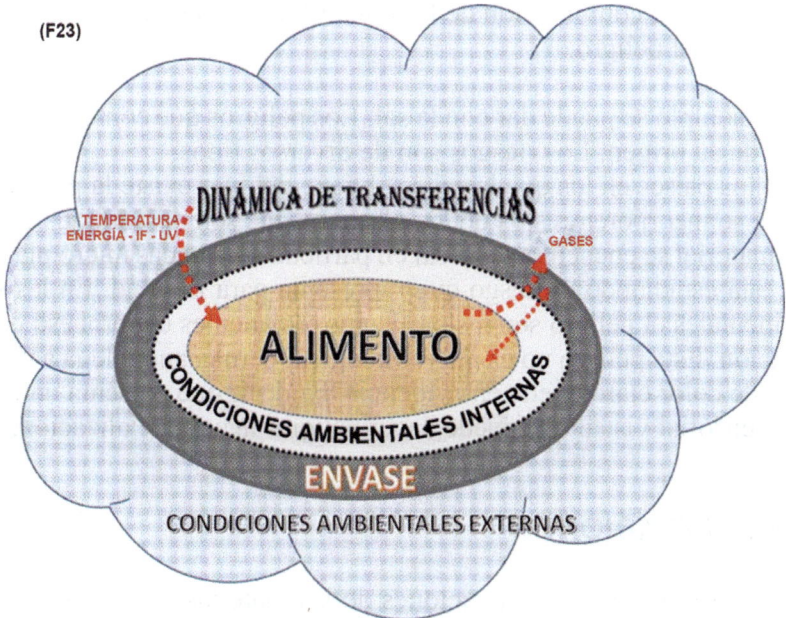

(F23)

Estos tienen en cuenta el tiempo de almacenamiento, los factores ambientales internos y externos de envase ya que no es lo mismo un determinado producto en la llanura que en la altura o en el trópico como en zonas frías, así como factores propios del alimento y las propiedades del envase interno tal como se aprecia en el esquema siguiente.

MATERIAS PRIMAS: PELIGROS Y RIESGOS

En todos los casos se deberá tener en cuenta estudios sensoriales como aspecto de textura y color, aroma y otros, que serán más o menos importantes dependiendo de su incorporación a un producto final. Los ejemplos son muchos, como la medición de granulometría en el pan rallado, la pérdida de color por acción de la luz en vegetales deshidratados y su molienda, el olor rancio en los productos grasos, y una multiplicidad de materias empleadas en procesos y productos alimenticios.

Previamente, al estudiar lo que puede afectar a un alimento y por ende a las personas, se debe tener cuidado en diferenciar correctamente un peligro de un riesgo.

• Peligro: Es una condición o característica intrínseca que puede causar lesión o enfermedad, daño a la propiedad y/o paralización de un proceso.

• Riesgo: Es la combinación de la probabilidad y la consecuencia de no controlar el peligro.

Un ejemplo se puede dar con la sal. Los peligros que contenga dependerán de su origen. Los riesgos son de diversos tipos.

En los países en los que la sal se obtiene del mar existe la posibilidad de que se incorporen restos de los plásticos que son descartados en ella. Este material se encuentra en la sal en partículas llamadas micro plásticas y se está estudiando el riesgo que representa para la salud. En las sales continentales el peligro son las partículas remanentes del proceso de purificación. Este peligro no es microbiológico, pero cuando llega a un producto de color claro queda en evidencia. Es decir que presenta un riesgo en lo sensorial visual que puede hacer peligrar la comercialización.

ESPECIFICACIONES

Para determinar las especificaciones de las materias primas se debe tomar en consideración lo siguiente:

• Los peligros y sus riesgos para la salud
• Los peligros y riesgo de deterioro del producto
• Los peligros y riesgo de afectar lo sensorial
• Las regulaciones oficiales

MICROBIOLOGÍA

Para un tipo de alimento a desarrollar y producir se realizará la búsqueda de microorganismos en determinadas materias primas y su influencia en el producto final. Para ello, lo primero será conocer la ecología que las caracteriza, particularmente de acuerdo con su proceso total o parcial, origen natural deshidratado o sin tratamiento, mineral, etc.

Es así que los microorganismos pueden clasificarse en:

a) Organismos indicadores, que son los que forman parte de la flora normal de un hábitat determinado en donde ocasionalmente pueden estar organismos patógenos.

b) Grupos fisiológicos, como ampliación de concepto anterior y constituyen el conjunto de bacterias fisiológicamente similares, aunque de distintos géneros o especies.

Es común hablar de "indicadores", que señalan la posible presencia de patógenos en alimentos y generalmente son usados para evaluar la calidad microbiológica general de un alimento. Los dos propósitos difieren en los objetivos, aunque a veces el indicador es el mismo.

Algunos ejemplos de indicadores son:

Escherichia coli, Número más probable de coliformes totales (NMPCT), Número más probable de coliformes fecales (NMPCF), Enterobacteriaceae, Estreptococos fecales, *Bifidobacterium*, *Clostridium perfringens*, *Rhodococcus coprophilus*.

Al realizar los estudios microbiológicos en alimentos se comienza primero haciendo la siguiente búsqueda:

Cuenta total de colonias, resultado de la medida de la colonización general y específica. Comprende el total de bacterias aerobias (TPC), hongos y levaduras, el número más probable de bacterias coliformes totales (NMPCT) y el número de bacterias anaerobias reductoras de sulfito (SRC).
Los microbiólogos alimentarios se han basado en datos empíricos para obtener información sobre la capacidad de un organismo para crecer o producir toxinas en un entorno alimentario particular. Esto surge del estudio de los parámetros para limitar el crecimiento de microorganismos y que se consideran:

a. Intrínsecos
pH, a_w, humedad, potencial redox, contenido de sal, sustrato, limitación, etc.

b. Extrínsecos
Temperatura, composición de gases, humedad ambiente, nivel de altitud, etc.

Generalmente hay al menos tres factores —pH, a_w, temperatura— que son responsables del crecimiento de los microorganismos. En la mayoría de los casos hay efectos interactivos entre ellos ya que algunos son sinérgicos. De manera que a partir de esos datos es necesario evaluar la vida individual, la estabilidad microbiológica y la seguridad.

Aunque la mayoría de los alimentos se conservan gracias a más de uno de los factores mencionados, para algunos alimentos faltan datos cuantitativos disponibles que permitan predecir los niveles necesarios para considerar esos factores.

Si estudiásemos el modelo de sistema alimentario que es la base del producto a investigar, es posible predecir la posibilidad o probabilidad de crecimiento microbiano o producción de toxinas en ese determinado producto alimenticio.

Por la gran variabilidad de materias primas y productos es necesario saber y/o determinar las siguientes probabilidades para un determinado microorganismo:

• La probabilidad de germinación y crecimiento en un cultivo o en un sistema simulado en el alimento.

• La probabilidad de crecimiento en un modelo del alimento.

• La probabilidad de producción de una toxina.

Esas informaciones pueden ser usadas en muchas situaciones:

• Para predecir la relativa estabilidad microbiológica de un nuevo producto alimenticio, que puede diferir muy levemente de otros establecidos largamente en el mercado.

• Para completar la evaluación de los efectos directos e interactivos sobre el crecimiento microbiano relacionados con los aditivos y conservantes de alimentos.

• Para evaluar la inocuidad de los alimentos que están sometidos a diversos grados de temperatura cuando pasan por los puntos de venta mayoristas, minoristas y nacionales.

Los procedimientos de estudio para llegar a conclusiones de afirmación de las bases en la determinación de la vida útil son:

• Determinar el proceso o planeamiento.
Volumen regular de producción, tiempos de ejecución, equipos y disponibilidad, distribución del proceso, espacio, etc.

• Colección de datos.
Tiempo y temperatura informando la capacidad regular de producción. Resultados experimentales y posible extrapolación teórica hacia lo práctico.

• Resultados y ajuste del modelo.

• Validación del modelo.

Las pruebas deberían producir los máximos resultados por un mínimo número de ensayos.

En microbiología los peligros pueden ser clasificados de acuerdo con el tipo de alimento y su riesgo de producirse. La categoría de los riesgos presenta distintos niveles de acuerdo con la sensibilidad de los productos o sus ingredientes a ser contaminados microbiológicamente.

Categorías:

• A: Los que son sensibles a ser contaminados microbiológicamente.

• B: Las que durante el proceso de elaboración no cuentan con una etapa que destruya efectivamente los microorganismos.

• C: Los que son maltratados sin protección durante su transporte o por los comerciantes o consumidores, produciendo alteración microbiológica al crear riesgos indebidos a la salud del consumidor.

Para establecer un criterio a seguir en el análisis de riesgos microbiológicos se recomienda realizar estudios de desafío, además de realizar tomas de muestra por atributos (Ver A), teniendo en cuenta:

• Tipo de ingrediente o producto terminado.

• Contaminante que se supone lo afectaría.

• Método analítico por usar.

• Límites microbiológicos apropiados y sus tolerancias si existieran.

Los criterios de aceptación y rechazo presentan planes de estudio e interpretación diferentes dependiendo de su patogenicidad.
Siguiendo el sistema de la Comisión Internacional de Especificaciones de Microbiología para Alimentos (ICMSF), con alguna modificación se siguen dos planes.

a. Se expresa como Aceptable/No Aceptable. Los símbolos que se emplean tienen los siguientes significados:

N, número de unidades de muestra extraídos del total de un lote.
M, límite microbiológico para la búsqueda de microorganismos inaceptables como por ejemplo *Salmonella*. Este límite es crítico para la cantidad de gramos o volumen empleados.

b. Se considera como Aceptable, Marginal o Inaceptable. Los símbolos que se emplean tienen los siguientes significados:

N, número de unidades de muestra extraídos del total de un lote.
m, límite microbiológico deseable.
M, límite microbiológico inaceptable. (crítico). Ninguna unidad del total de las muestras **N** pueden superar este valor.
c, número de unidades de la muestra **N** que, superado **m** se acepta el lote, aunque no se acepta ninguna unidad que supere **M**.

Ejemplo análisis microbiológicos materias primas:

Análisis	Categoría A	Categoría B	Categoría C
	m_c	m_c	m_c
Aerobios totales	10^5 *	10^5 *	10^5
Hongos y levaduras	10^3 *	10^3 **	10^3
Escherichia coli	< 10 *	< 10 **	< 10
Staphilococcus aureus coagulasa +	10^2 *	10^2 **	10^2
Salmonella sp.	neg. 375g*	neg. 125g *	neg. 25 a 50g (certificación)

Categoría A, el símbolo * indica que todos los análisis deben ser ejecutados.

Categoría B, el símbolo * indica que cada lote debe ser ensayado.
el símbolo ** indica que cada 3 lotes recibidos deben ser ensayados. Si solo un lote fue recibido, todos los ensayos deben ser realizados.

Categoría C, estas materias primas, incluyendo la sal, no necesitan ser analizados como rutina. Si no se confiara en el proveedor, según el historial pasado, se deberá ejecutar un estudio de certificación.

EJEMPLOS DE MATERIAS PRIMAS CLASIFICADAS POR EL RIESGO

La clasificación no es rígida y dependerá de la experiencia concreta de la calidad entregada por el proveedor, pudiendo modificarse el nivel de seguridad en función de los resultados de varios lotes. En cada caso a la relación de peligro, la probabilidad debe considerar el destino final en la variedad de producto y el proceso al que se lo somete en la producción.

Categorías

- Alimentos en conserva: Seguir CAA y SENASA
- Productos cárnicos enlatados: Seguir CAA y SENASA
- Carne vacuna/aviar, deshidratada   A
- Carne aviar cruda y congelada   A
- Especias no tratadas bacteriológicamente   A
- Extractos de carne, levadura o proteína vegetal hidrolizada   A
- Grasa aviar cruda   A
- Harinas de origen animal   A
- Vegetales deshidratados, ajo, cebolla hongos   A
- Huevos enteros sin lavar   A
- Jamón curado   A
- Leche en polvo   A
- Pastas, productos con huevos   A

- Almidones   B
- Azúcar líquido   B
- Cereales/granos   B
- Especias tratadas bacteriológicamente   B
- Grasa aviar refinada   B
- Harinas de origen vegetal   B
- Vegetales deshidratados (no ajo o cebolla)   B
- Huevos lavados para mayonesa o aderezo para ensaladas   B
- Huevo líquido pasteurizado, solo para mayonesa real   B
- Pastas, productos sin huevos   B

- Azúcar en cristales   C
- Colorante caramelo   C
- Condimento concentrado/sal/ glutamato monosódico (MSG)   C
- Jamón, panceta, tocino, ahumados   C
- Vinagre   C

Nota:
CAA: Código Alimentario Argentino
SENASA: Servicio Nacional de Sanidad y Calidad Agroalimentaria

Anexos

CASOS DE NO CONFORMIDADES Y GESTIÓN

En una oportunidad de la década de mil novecientos ochenta, fuimos a almorzar a un restaurante de una ciudad del interior del país como intervalo al trabajo de asesoramiento que estábamos realizando en una planta elaboradora de alimentos. Al solicitar la carta, muy gentilmente el mozo nos "recitó" todo el menú del día. Cuando le preguntamos sobre la mayonesa que acompañaba al tomate relleno, nuestro mesero dijo con cierto orgullo, "casera de la buena".

Hacia fines de 1978, en mis comienzos en la actividad alimentaria se producían intoxicaciones alimentarias generadas por las mayonesas "caseras" elaboradas en lugares públicos como restaurantes, bares, panaderías, fiambrerías y otros. A causa de ello se prohibió su elaboración y consumo. Varias fuentes coadyuvaron, como la formulación sin fundamentos de seguridad, control de los ingredientes particularmente huevos, y condiciones de higiene del lugar, materiales, conservación térmica y manejo personal.

En casos de elaboración en hogares para uso familiar hube de concurrir a visitarlas ante la denuncia de intoxicaciones atribuidas a la mayonesa, y que sin dejar de ser de importancia por su gravedad, no resultaba más que debido a una falta de información de los consumidores respecto a las condiciones de elaboración en "casa" y su conservación. Esto último me recuerda a un caso que me tocó encarar por la gravedad del manejo de la publicidad, sin que la información haya sido encarada con la seriedad que correspondía.

A través del tiempo transcurrido en el trabajo de elaboración de alimentos, varias metodologías han sido modificadas y actualizadas con métodos y equipamientos modernos. La capacitación y desarrollo en la prevención de calidad aplicados en la gestión pueden considerarse superadas en este libro. Sin embargo, al leer lo escrito se verá cómo la metodología ha tenido origen en la corrección evolutiva hacia lo actual para cumplir con las necesidades tecnológicas, así como la gestión de normativas internacionales de uso y necesidad a las que se ha llegado. Es así como tuve el privilegio de participar en una reunión del Código Alimentario Argentino y en las reuniones técnicas del Mercado Común del Sur (MERCOSUR).

Ejemplo (E64) Intoxicación por mayonesa casera

Me informaron que en una ciudad del interior se había producido una intoxicación con mayonesa y los periódicos locales lo habían publicado con fotos del producto que mostraba la etiqueta que pertenecía a nuestra compañía. En el primer avión que partía a esa localidad viajé en donde me esperaba el vendedor de la zona. En principio fuimos a visitar al director de bromatología mostrándole nuestra enorme preocupación y preguntando por el estado de los afectados. El director nos dijo que a ese momento todo estaba bien sin consecuencias graves más que las del momento. Sin embargo, nos explicó que en esa región era costumbre la de preparar el relleno de las empanadas para dejarla toda la noche en una especie de maduración en la que el sabor de los ingredientes se convertía en el punto de sazón deliciosa de la empanada. El problema fue que la noche anterior fue muy calurosa llegando a 38°C, temperatura más que necesaria para que el *Staphylococcus aureus* se multiplicara para generar toxina termorresistente. Como siempre habían preparado a las empanadas de la misma manera, de allí pensaron que fue la mayonesa adquirida en el comercio la que generó la intoxicación ya que conocían de los brotes causados por mayonesa, sin saber si se trataba de la casera. Días después la Dirección de Bromatología me informó que los resultados microbiológicos de nuestra mayonesa no mostraban contaminación alguna.

En aquellos tiempos, y como consecuencia de los brotes de intoxicaciones que se producían con mayonesa, el público en general pensaba que solo la mayonesa casera era segura. De ello es que se hizo necesario aclarar que no es lo mismo cocinar para una familia que para un restaurante que puede albergar a más comensales, a pesar de que las condiciones porcentuales de riesgos pueden ser similares. Los volúmenes de producto, el tiempo en el que se los almacena hasta su consumo, las condiciones de preservación y el cuidado que se debe tener al mantener fuera del frío son los que hacen la diferencia.

En 1977, Richard Smittle, publicó el artículo "Microbiology of Mayonnaise and Salad Dressing", trabajo que mostró sin dudas la seguridad que ofrece una mayonesa elaborada industrialmente *versus* una casera. Esto condujo a la prohibición de elaborarla en negocios públicos. Sin embargo, entonces no se había realizado una campaña para explicar porque no convenía hacerla en los hogares.

Debido a mis limitaciones de conocimiento y experiencia aplicada en aquellos tiempos, solo presentaré hechos concretos que muestran muchos errores cometidos en el desarrollo, formulación, elaboración, transporte, almacenamiento y tareas auxiliares de una actividad alimentaria. En algunos casos presento cómo se desarrollaba la elaboración de algunos alimentos, basándose en sus características de composición al aplicarlos en su formulación.

(F24) Investigación de no calidad: Técnica del embudo

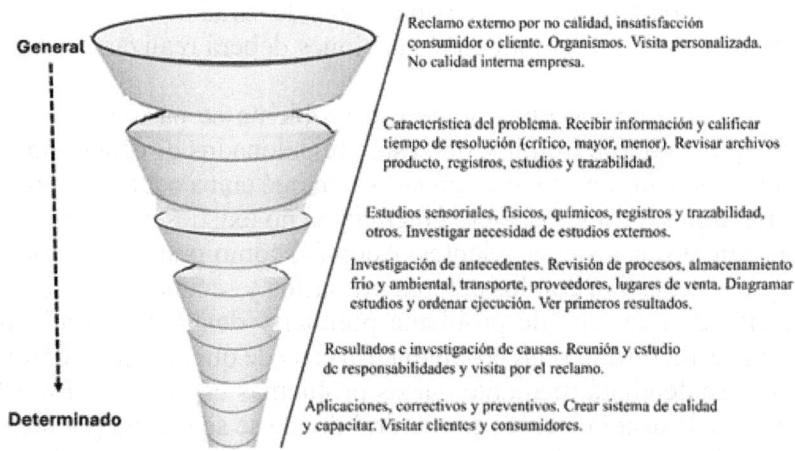

Si bien la técnica del embudo originalmente era una estrategia de mercadeo, destinada a aumentar la tasa de conversión de sus clientes, también puede emplearse en distintos aspectos de las actividades de las empresas. Por analogía puede usarse para la búsqueda de las causas de un problema como la pérdida de calidad o la pérdida de competitividad por falta de esa calidad. Por este mecanismo, en mercadeo se infiere que hay 6 fases que se emplean para desarrollar esta técnica: conocimiento, interés, consideración, acción, venta y lealtad. Mientras que en la búsqueda o mejora de la calidad las fases se identifican de manera similar a los objetivos, pero haciendo fuertemente hincapié en sus causas, responsables de frenar o reducir el logro de la calidad.

De acuerdo con esta técnica general, es importante poner en marcha una estrategia para llevar a la solución de los problemas, mediante la identificación de inputs como sus causales, así como los outputs como resultados de las soluciones de un equipo de trabajo. De acuerdo con la filosofía de este método se requieren acciones, con la identificación de los detalles tanto positivos como negativos que ayuden a la solución del problema. Todo se llevará a cabo mediante un programa que esté basado en una acción de calidad.

Al menos son seis las preguntas que se consideran necesarias para este estudio.

Para resolver un problema que se presente es importante encararlos a través de una mecánica de preguntas correctas que sigue la "Técnica del Embudo", que llevan a su solución lógica. De allí es que se debe articular adecuadamente y con palabras claras una breve definición del problema que se presenta para investigar. Esto se logra mediante las preguntas que se deben hacer en secuencia lógica y relacionadas al problema.

Es muy importante en el caso de la actividad alimentaria determinar con certeza a los problemas que son críticos de salud de los que no son. En el primer caso la premura en las acciones deberá realizarse sin dilación.

Una vez establecido claramente ese problema se pasa a definir los factores que pudieron influir y que estén relacionados directa o indirectamente como causales. Dónde, cuándo y en qué etapa ocurrió el problema. Citar algunos estudios sobre el tema y si no existiesen investigar en la bibliografía por los antecedentes. Además, como punto de partida lo hecho y conversación con los actores primarios y secundarios.

Identificar si se trata de problema puntual y detallado, para lo que sólo se necesita formular un problema. En caso de que sea más complejo y amplio, se detallará mediante varios problemas específicos. En estos casos se puede usar la técnica estructural donde se segmenta por áreas y cada una aborda un problema específico, o la técnica secuencial donde cada paso es un problema específico. De allí, como rutina se establece una secuencia extraída de área de trabajo y de la trazabilidad.

Uno de los causales puede encontrarse de las auditorías no cumplidas en su realización. Puede ser el de deficiencias menores y mayores pero que por dejadez o impericia se dejaron en el tiempo para convertirse en críticos. De allí es que debe revisarse lo hecho y conversar con los actores primarios y secundarios.

De acuerdo con la definición de calidad que dé la empresa para lograr la solución al problema, delimite previamente dónde, cuándo y hasta cuánto se va a investigar. Esto tiene tres delimitaciones básicas a considerar:

1. Espacial: o lugar donde se realizará la investigación.

2. Temporal: o el período de tiempo de la procedencia de los datos.

3. Conceptual o temática: con aspectos, temas, áreas que se va a investigar y los que no se harán.

(A1) ADEREZOS. CARACTERÍSTICAS. INTRODUCCIÓN

Como en varios ejemplos debo hablar de problemas de calidad en la elaboración, almacenamiento y comercialización de aderezos (*dressings*), particularmente mayonesa. De ello es que describiremos su estructura física y química, producción, y problemas de diversos tipos.

(F25) **Esquema de la estructura química y distribución de glóbulos de aceite**

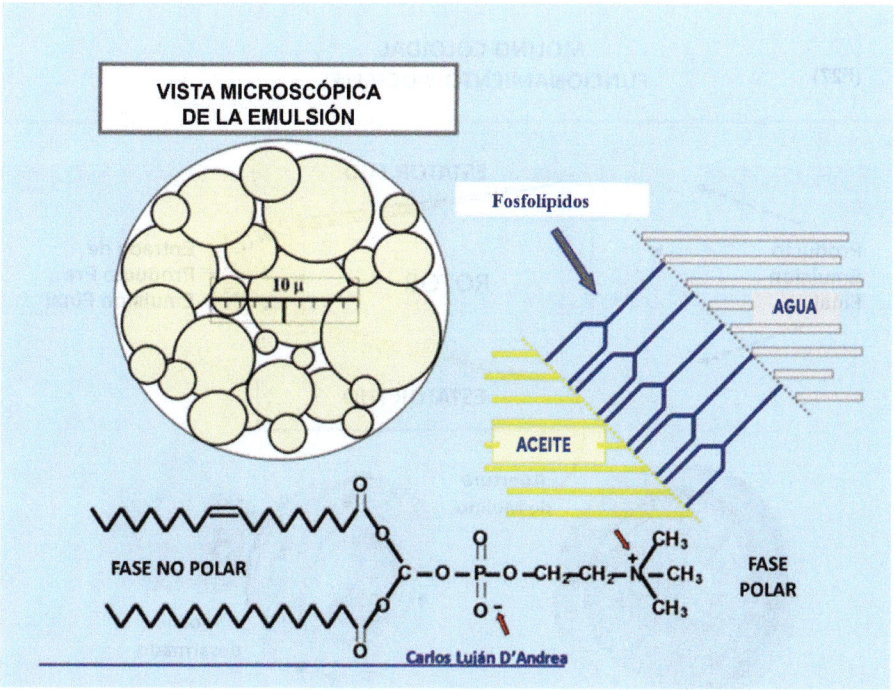

(F26) **Distribución de glóbulos de aceite en mayonesa**

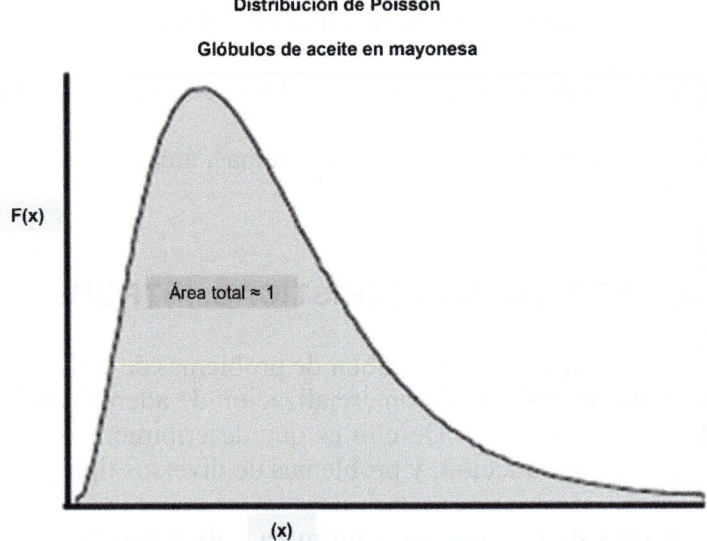

Distribución de Poisson

Glóbulos de aceite en mayonesa

F(x)

Área total ≈ 1

(x)

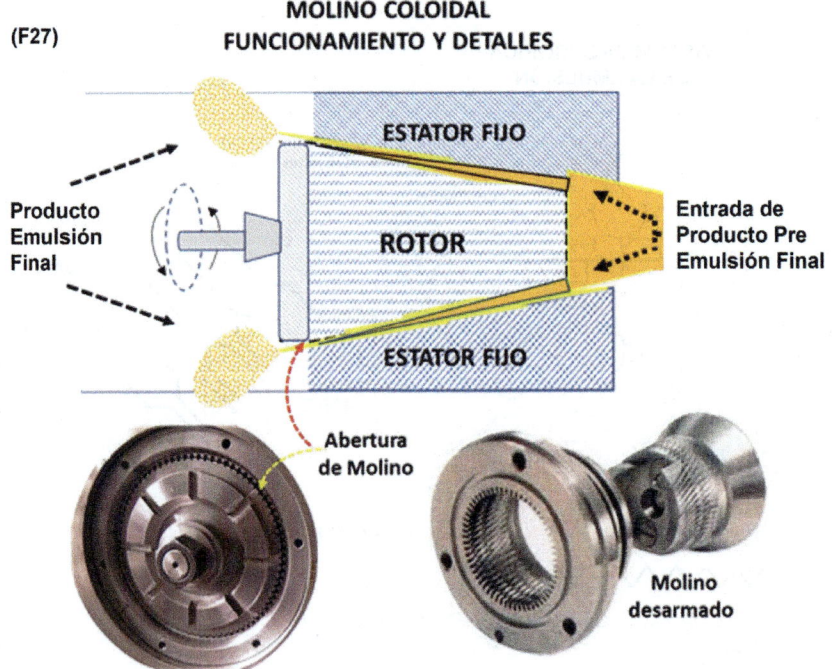

(F27)

**MOLINO COLOIDAL
FUNCIONAMIENTO Y DETALLES**

ESTATOR FIJO

Producto
Emulsión
Final

ROTOR

Entrada de
Producto Pre
Emulsión Final

ESTATOR FIJO

Abertura
de Molino

Molino
desarmado

(F28) **Mayonesa: Esquema del proceso de elaboración**

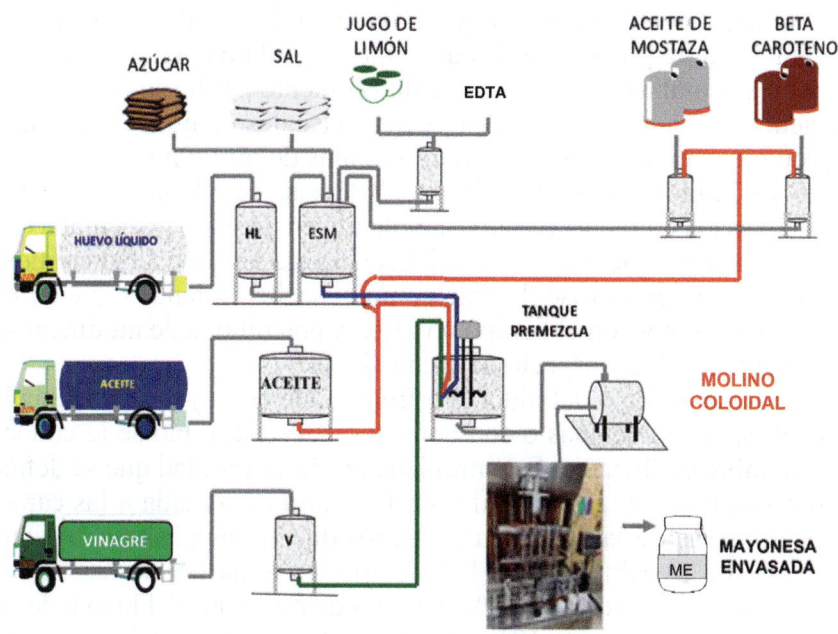

En mis viajes comprobé la evolución tecnológica y de métodos que, en plantas de producción de grandes volúmenes de mayonesa, al momento de haber preparado este esquema, ya habían reducido actividades que pudieran economizar materiales y tiempo evitando innecesarios riesgos de contaminación y dinero. Por citar algunos de ellos, la sal ya no ingresaba en bolsas sino en camiones tanque conteniendo una salmuera filtrada y pasteurizada que se almacenaba en tanques y se dosificaba automáticamente de acuerdo con fórmula. De manera análoga se procedía con el jarabe de sacarosa. Además, el aceite que se empleaba estaba de acuerdo con el tipo de variedad característico de cada país, como por ejemplo desde la de girasol en Argentina, de soja en Brasil o el de Canola, una variedad obtenida en Canadá a partir de la colza. Los aditivos eran variables y dependiente de las autorizaciones de país, como el uso del colorante caramelo en Argentina para darle un color más indicativo de la presencia de yema de huevo, o la utilización un derivado de un agente de sabor de mostaza, cuyo principal componente es el isotiocianato de alilo, responsable del sabor picante en alimentos que lo incluya en su formulación.

Durante muchos años la producción de mayonesa se realizaba en dos reactores tipo lote, mientras se elaboraba en uno, el otro con mayonesa terminada era empleado en el envase en frascos. De esa manera la elaboración llevaba un tiempo razonable como para reducir la retrograda-ción de la albúmina de huevo por la agitación de paletas accionadas por motor, produciendo una mayonesa de carácter muy cremoso. Cuando se introdujo un sistema automático y continuo, el tiempo de estancia en el mezclador era de pocos minutos de manera que la mayonesa envasada en frasco se notaba cremosa, pero al día siguiente perdía su cremosidad pareciendo más un gel con características visuales de queso muy blan-do, y en casos extremo retenía microburbujas de aire y nitrógeno. Esto alarmó a las autoridades de marketing. Además, cuando la comparaban con la envasada en sachet plástico al volcarla en un plato presentaba una cremosidad aceptable. La primera diferencia era la viscosidad cremosa del producto en un envase flexible como el sachet, mientras que en un frasco era estable y con el tiempo no ofrecía posibilidad de modificar su propiedad reológica y aspecto de cremosidad.

Al no tener aspecto definido, la estructura de la mayonesa cambia la posición de sus moléculas o componentes. A este cambio se le conoce por el nombre de fluencia. Esta propiedad es la viscosidad que se define como resistencia de un fluido al fluir. La causa era debida a las carac-terísticas físicas de la albúmina de huevo que acompañaba a la yema (ver A11). La ovoalbúmina es la principal proteína de la clara, en la que representa alrededor del 55% del total de proteínas del huevo de un total de aproximadamente 10% de toda la clara. Esta proteína, o grupo de moléculas proteicas estrechamente relacionadas, se desnaturaliza fá-cilmente al agitar la clara, lo que da lugar a la formación de un grumo o coágulo.

En la mezcla para llegar al producto final se provee con la yema de huevo la cantidad de fosfolípidos necesaria (ver Fig. 2), con parte de la clara y la fase acuosa con ingredientes, que al agitarse metódicamente logra una emulsión primaria. Es esta la forma en la que los fosfolípidos se alinean físicamente para formar las gotas de aceite en un medio acuo-so polar. Luego, al pasar por el molino coloidal (ver Fig. 4) esas gotas de aceite se distribuyen aún más de acuerdo con una curva de Poisson (ver Fig. 3) hasta adquirir el tamaño necesario como para que se estabilice de manera definitiva la emulsión.

La relación de yema/clara se establece desde el momento en el que al cascar el huevo se separa la clara del huevo. Luego se separa parte de la clara y se mezcla con la yema proveedora de la mayor parte de los sólidos (mayoría fosfolípidos). El huevo aporta hasta las dos terceras parte de clara de su peso con una composición de agua de 85-90% y el resto es proteína cuya composición mayoritaria son albúminas, con tra-zas de minerales, materias grasas, vitaminas y glucosa. De manera que para lograr la cantidad de los sólidos deseados en la mayonesa se deberá aportar solo una parte de la clara.

De lo explicado surgió que la agitación de la mezcla de ingredientes de la mayonesa producía una cremosidad deseada, pero luego, al ser el tiempo de mezclado muy reducido todo el trabajo de formación de la emulsión recaía sobre el molino coloidal sin que la cremosidad se mantuviera permanentemente debido a la retro degradación de los micro grumos de la albúmina produciendo el aspecto de un gel. Cuando se trata de mayonesa en frasco, esta normalmente se retira con una cuchara y esta acción no modifica el aspecto que tenga el producto hasta que no se produzca la distribución sobre una superficie como, por ejemplo, un pan. En el caso del envasado en sachet, su flexibilidad, el movimiento en su manejo y transporte, así como la extracción del producto a través de una abertura reducida y por presión, genera una segunda cremosidad definitiva.

(A2) MAYONESA: VIDRIO EN EL PRODUCTO

Problema detectado: Partículas de vidrio (Defecto Físico Crítico)
Etapa de proceso: Molino coloidal

No más de dos meses de haberme incorporado al laboratorio de la compañía como jefe de departamento de microbiología, noté un movimiento inusual de personas particularmente jerárquicas. Con curiosidad pregunté qué es lo que ocurría. Todavía desconocía muchas de las actividades que se desarrollaban, así como se componía el plantel gerencial. Me explicaron que, al desarmar el molino coloidal, responsable de producir la estabilidad de la emulsión de la mayonesa con el objetivo de limpiarlo, se habían encontrado partículas de vidrio. Esto representaba un hecho crítico e inadmisible en un alimento por el peligro que significaba. En un principio se desconocía la causa, pero se sospechaba que eran restos de un frasco de vidrio de los que se usaban para envasar la mayonesa. En esa época a comienzos del año 1978, el vidrio era el principal tipo de envase.

Observé que en el laboratorio se presentaron gerentes tanto de producción, de aseguramiento de la calidad, así como los encargados respectivos. Pude apreciar la inquietud pues la línea de producción estaba detenida y no se sabía qué hacer con el personal que atendía esa línea. Esta situación se agravaba porque la mayonesa producida y envasada, ubicada en el depósito estaba retenida y corría el peligro de ser finalmente rechazada y enviada a destrucción.

Investigación

En esos casos lo primero que debe hacerse es estudiar microscópicamente la emulsión de la mayonesa, su distribución de glóbulos de aceite en el agua, el diagrama de proceso de manera práctica, visitando la línea de producción y como era la estructura el molino coloidal, además de los mecanismos de funcionamiento, los procesos adicionales a la línea principal, las materias primas empleadas, sus envases, conversar con los operarios encargados de esa parte del proceso y luego pedir los planos de todo el proceso, así como la disposición de las instalaciones en función del proceso. Finalmente estudiar el flujo de frascos, su operativa e higiene y el manejo de los operarios de línea. En ese entonces el envase era automático pero el tapado era manual y realizado por operarias, aunque mediante un dispositivo posterior de línea se le aplicaba torque de cierre.

Preparación para estudio

Tomé varios frascos de muestras de producto terminado de distintos lugares del lote almacenado en el depósito, retenidas hasta que se decidiera enviarla a mercado o destruirla.

En el laboratorio tomé un embudo de decantación de 1.000 cc. Separé el robinete y el tapón del cuerpo principal del dispositivo, lavé cuidadosamente todas esas partes y enjuagué con agua destilada filtrada. Escurrí y finalmente sequé en estufa a 40°C, durante dos horas. Lo mismo hice con un embudo de porcelana tipo Büchner de 100 mm.

En un vaso de precipitación de plástico coloqué medio litro de mayonesa mezclada con 10 ml de detergente neutro sin fosfatos y 100 ml de agua destilada filtrada. Lo agité para romper la emulsión. A esta mezcla la agregué al embudo de decantación y luego de agitar intensamente lo dejé decantar el tiempo suficiente para que se formaran tres fases, una de aceite superior, una inferior acuosa y una intermedia de una emulsión inestable.

Haciendo vacío en el sistema de filtración montado en un embudo Büchner de 10 cm de diámetro, provisto de un papel de filtro cualitativo rápido Whatman, recogí la fase acuosa inferior del embudo de decantación. Una vez que se filtró toda la fase tomé el disco de papel con pinza metálica plana y la coloqué en una placa de Petri de plástico de 10 cm de diámetro. Le agregué unas gotas de solución de azul de metileno y lo puse a secar en estufa a 30°C. Luego de secado observé primero a simple vista y luego con lupa binocular estereoscópica.

Resultado

Se observaron pequeñas partículas sospechosas de ser vidrio. En esto debía tener el cuidado de no confundir las partículas de vidrio, en parte pulidas por el molino coloidal con partículas de cuarzo que la sal podría aportar de origen. Además, el molino coloidal impediría que partículas superiores a su abertura de trabajo pudieran pasar al producto final a envasar. Existieron dudas y discusiones sobre los riesgos que implicaban esas partículas, por lo que la decisión final fue la destrucción del lote. Como se trataba de un sistema de producción tipo lote de 1.000 kg se pudo identificar al producto envasado.

Interpretación de las causas

En esos años el sistema de producción era por lote, es decir existían dos mezcladores. Alternativamente en uno de ellos se mezclaban los ingredientes de acuerdo con la formulación, mientras que el otro ya estaba completado y aprobado su envase, previamente su paso por el molino coloidal. De esa manera se alternaban en su función.

Existía la costumbre de recuperar para reproceso a la mayonesa que por alguna razón no podía enviarse a consumo por problemas de envasado o por algún problema de sabor que el laboratorio rechazara, pero que había sido envasada. Normalmente este proceso de vaciado de frascos se realizaba en un recipiente de acero inoxidable para luego volcarlo en el mezclador. Este trabajo se realizaba haciendo un cálculo del producto a reprocesar que no debía superar al 10% del total de nuevo producto.

En esa oportunidad en que se descubrió vidrio en el molino coloidal, infringiendo las instrucciones de procedimiento, realizaron el volcado del producto envasado para reproceso directamente en el tanque de mezclado, posiblemente rompiendo parcialmente el frasco. La persona que realizó esta operación no informó al supervisor de lo que había ocurrido. A la finalización del trabajo, el encargado del molino coloidal debía desarmarlo para limpiarlo. Fue ese el momento en el que descubrió que había restos de vidrio e informó al supervisor.

Acciones correctivas

Aseguramiento de la Calidad ordenó la destrucción y destino final de toda la mayonesa involucrada en ese proceso.

Acciones preventivas

Aseguramiento de la calidad realizará la capacitación de todo el personal sobre lo siguiente:

• Se prohibió el uso de frascos de vidrio en toda la zona de elaboración en donde el producto se encuentre en proceso sin envasar.

• No reprocesar ningún producto proveniente del mercado y menos modificar la identificación de fechas y lotes en las etiquetas.

• El producto de línea no envasado, que presente fallas de proceso debe ser estudiado minuciosamente por el área de control de calidad antes de decidir su destino.

• El reproceso debe ser realizado en un tanque "ad hoc" independiente y analizado.

• Una vez aprobado el reproceso podía ser agregada en una proporción que solo el aseguramiento de calidad dispondría en función de sus estudios.

(A3) MAYONESA: CONTAMINADA CON LEVADURAS

Problema detectado: muestras recibidas desde el extranjero por evidente pérdida de estabilidad de emulsión y olor anormal. (Defecto Critico)

De la Dirección Internacional de Calidad me informaron que me estaban enviando unas muestras de mayonesa elaborada en una afiliada de otro país y que presentaba anormalidades. El auditor del área había concurrido, pero no encontraba justificación para lo que pasaba. Además, había algunas evidencias de rotura de la emulsión y olor extraño.

Preparación de ensayo y estudio

Ese mismo día se recibió en el laboratorio dos frascos con mayonesa para realizar el estudio. Al abrir el frasco se notaron dos anormalidades, una aromática y otra visual.

• Aromático
Con típico olor a fermentación que producen las levaduras. En un portaobjeto se colocó una gota de mayonesa y cubrió con un cubreobjeto,

aplicándole suave presión. Se observó bajo microscopio y confirmó la presencia de abundante contaminación con levaduras. Esto llamó mucho la atención ya que la formulación tradicional de una mayonesa industrial resulta en una inhibición al crecimiento de microorganismos acidófilos, particularmente los conocidos como APRY, acronímico en ingles de *Acid Preservative Resistant Yeasts*.

• A simple vista

Se observaban varias gotitas de aceite sobre la superficie de la mayonesa lo que mostraba que la emulsión estaba inestabilizándose.

En las Figuras 1, 2 y 3 se da una idea de la emulsión estable que mantiene la distribución de gotitas de aceite en agua y el tamaño de estas.

Con esta última evidencia, sospechando que este hecho físico constituía una separación importante de las fases oleosa de la acuosa, y ante la certeza de la existencia de microorganismos contaminantes, se procedió a estudiar el perfil físico químico del producto. (ver Fig. 6)

A un sacabocado de 20 mm de diámetro con ambos extremos abiertos, se lo introdujo en la mayonesa del frasco problema hasta el fondo. Antes de sacarlo se colocó un tapón en el extremo externo con el objeto de sacar un completo cilindro de muestra del producto. En el plato de una balanza granataria se colocó un vaso de precipitado con un agitador magnético en su interior y 20 cc de agua destilada. Se quitó el tapón que obstruía el extremo externo del sacabocado y allí se introdujo un émbolo para empujar el contenido. Con una espátula se cortó un taco de la columna de mayonesa de unos 10 g aproximadamente y se lo introdujo en el frasco Erlenmeyer y determinado su peso exacto. Se lo agitó sobre un agitador magnético hasta la homogeneización. Finalmente se determinó la acidez y el contenido salino.

(F29) **Mayonesa: Estudio perfil físico químico del producto**

Se repitió la operatoria hasta completar el análisis de toda la columna de mayonesa. Finalmente se determinó el perfil de contenido de sal y acidez.

(F30) Mayonesa: Perfil de contenido de sal y acidez

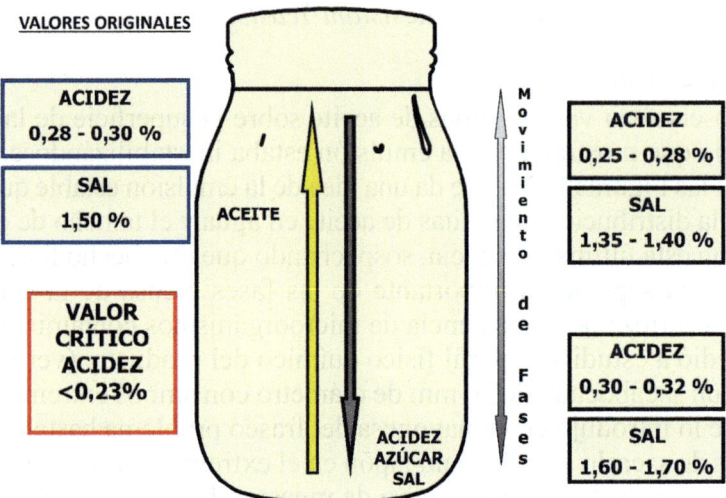

Resultados

Aromático: la abundancia de levaduras indica una elevada contaminación y proceso fermentativo del azúcar que genera un olor característico. En este caso lo calificamos como olor a fermentación de panificación.

Visual por aparición de gotitas de aceite: las mediciones de acidez y sal, presentó un gradiente de descenso del nivel de sal y acidez por la separación de la fase acuosa hacia el fondo y la oleosa hacia la superficie como se observa en la figura.

Interpretación

Las evidencias preliminares son el olor a "panificación" y la presencia de gotitas de aceite en la superficie. A diferencia de las mayonesas caseras, la contaminación de una mayonesa industrial bien equilibrada en sus componentes hace muy difícil que los microorganismos se multipliquen. La estandarización de la fórmula asociada al trabajo físico que aporta el molino coloidal bien regulado estabiliza la emulsión lípido-acuosa por lo que todo el producto presenta una homogeneidad crítica en la concentración de sal y acidez.

Una emulsión en estado de ruptura se evidencia visualmente por la presencia de aceite libre en la superficie y a su vez químicamente por el aumento de acidez y sal en el fondo del frasco, determinado por análisis de su gradiente y asociado a la existencia de levaduras oportunistas *Saccharomyces*, que generalmente provienen del jugo de limón no pasteurizado.

En aquellos años de los 70-80, en las fábricas de las afiliadas todavía los limones se exprimían a mano para extraer su jugo y luego filtrarlo para eliminarle las partículas. Se estaban haciendo estudios y ensayos para su concentración y pasteurización, pero mientras tanto la cáscara y el manoseo aportaban levaduras y hongos. De esta manera solo el correcto equilibrio de la emulsión final aseguraba su inhibición en el crecimiento. La solución fue la tercerización del producto, pero el problema era disminuir el nivel de terpenos como por ejemplo, el limoneno, para que el sabor amargo no fuera notorio. Cuando se superó esta etapa se eliminó el riesgo de contaminación por estos microorganismos.

Información adicional

Posteriormente desde la fábrica ubicada en el extranjero, una auditoría informó que, para aumentar la velocidad de producción y envase, el gerente había decidido ampliar la apertura del molino y la velocidad de producción y envase. Esto llevó a que los glóbulos microscópicos de aceite se agrandaran inestabilizando la emulsión de la mayonesa.

Recomendaciones

Acciones correctivas

• Regular la abertura del molino coloidal al tamaño recomendado por fórmula para obtener una mayonesa cremosa de emulsión estable.

Acciones preventivas

• Utilizar jugo de limón pasteurizado y además con bajo tenor de terpenos, esto sin relación con los contaminantes y solo para no aportar mucho sabor "amargo" a la mayonesa.

• En ningún momento se deberá modificar la abertura del molino coloidal.

• Medir regularmente con microscopio luego de su limpieza que consistía en desarme y posterior armado, provisto de ocular micrométrico, un número determinado de glóbulos estableciendo una curva estándar de diámetro para tener la certeza de que el molino coloidal está calibrado correctamente. De ser posible adquirir un equipo de recuento de glóbulos rojos adaptado al recuento de las gotitas de mayonesa.

(A4) MAYONESA: SE SALE DEL FRASCO

(Defecto crítico)

De las direcciones de Manufactura y de Aseguramiento de la Calidad, me informaron que en ese mismo día debía concurrir con carácter de urgente a la República de Chile, porque una partida de mayonesa enviada desde Buenos Aires se salía del frasco y se sospechaba de una contaminación.

Esa misma noche estaba en la planta de la compañía en Chile. Al día siguiente me dieron detalles del problema, pero no podían conocer la causa de la salida de la mayonesa de algunos frascos. Incluso algunos pensaban en una contaminación. Hay que tener en cuenta que en ese entonces los frascos solo se cerraban con tapas plásticas provistos de una guarnición de cartulina con una de polietileno adherido que lo aislaba de la mayonesa y evitaba que se aflojen sin incorporarles precintos de seguridad, hoy en uso en todo producto envasado.

En la reunión realizada en la gerencia indagué sobre los tiempos de recepción de la partida y las características del transporte. Era verano y la temperatura tuvo una amplitud térmica importante pues el promedio diurno en la cordillera era de más de 26°C a pleno sol, y de menos de 10°C en la noche. Por razones de paso de frontera, el camión se detuvo durante una noche en la aduana a 2.200 m de altura, aunque luego la ruta ascendía hasta 3.175 metros al llegar al túnel internacional. La mercadería solo estaba cubierta por lona que ajustaba la estiba de las cajas.

Hicimos un recorrido por la planta y particularmente revisamos la partida que se encontraba retenida en el depósito de producto. Retiramos muestras y efectivamente varios frascos mostraban la salida de mayonesa por el borde de las tapas, y particularmente su guarnición de cartulina y polietileno estaba combada hacia el interior, pero el aspecto y aroma del producto era normal. Les comenté que no pareciera que el producto estuviera contaminado ni que justificara una contaminación.

Antecedentes

Cuando en 1978 ingresé a la empresa se usaban de manera general las tapas metálicas con guarnición de cartón y polietileno, pero el polipropileno fue el reemplazo en el frasco con mayonesa, pero sin modificar el tipo de guarnición. El cambio fue producto de ventajas significativas, como el menor costo del plástico y características importantes en la industria alimentaria como inodoro y no tóxico, resistente a la fatiga y flexión, muy denso, químicamente inerte, y reciclable.

Para el cambio, uno de los problemas que se asociaba al mayor costo del metal era que a veces la acidez de la mayonesa saturaba con su presión de vapor el espacio de cabeza y en algunos casos terminaba deteriorando el metal. Si bien aquel metal era perfecto para el hermetismo de las tapas twist off como las de mermeladas, cualquier defecto sobre el barniz externo que recubre la hojalata, o al compuesto sellante (polímero) interno apto para la alimentación, produciría la alteración por la acidez de la mayonesa. Este era uno de los defectos que se habían observado con más frecuencia. De allí es que se requería una tapa roscable que permitiera colocar una guarnición.

Pero el desarrollo de la tapa de polipropileno presentó un primer problema en lograr el torque de una tapa roscable sin que la tapa no se deformara, problema que fue superado a través de estudios y modificaciones de densidad del material y ajustando algunos detalles de cierre. Representó un desafío que tuviera las características finales de acuerdo con la cantidad de plástico por tapa para que no se deformara y mantuviera su torque de manera adecuada, sin aflojarse durante el almacenamiento, traslado y exhibición. Esto se logró y el uso de estas tapas se realizó sin problemas mayores.

El esquema de un frasco era como se puede ver en la Fig. 8. Como dijera más arriba, la guarnición tenía dos componentes, la cartulina y el polietileno que la aislaba físicamente de la superficie de la mayonesa. Era evidente que en el caso que nos toca las guarniciones habían sido deformadas por una fuerza intensa, pero no todos presentaban ese problema (ver Figs. 8 y 9). En este punto se debe aclarar que entonces el cerrado no era totalmente hermético. A la ausencia de un sistema de cierre a prueba de evidencias de manipulaciones, se debía agregar que entre la rosca del frasco y la de la tapa existía cierto espacio que con el torque adecuado y la existencia de la guarnición impedía que la mayonesa saliera.

Investigación

Al día siguiente y ya en Buenos Aires, preparé un estudio teniendo en cuenta todos los datos recogidos y de nuestra producción diaria extraje algunos frascos y planifiqué el siguiente procedimiento de laboratorio. El ensayo comenzó a las 10 h del primer día y terminó a las 20 h del tercer día. En cada ensayo se emplearon cuatro frascos.

(F31) **Tiempo y temperatura de exposición de los frascos con mayonesa**

Ensayo	Primer día		Segundo día		Tercer día	
	10 h	24 h	10 h	24 h	8 h	12 h (**)
A. Ambiente	Mantener a temperatura ambiente, 24°C					
B. Heladera	Mantener en heladera 6°C aprox.				T °C ambiente	
C. Variable	30°C	Frío 6°C	30°C	Frío 6°C	T °C ambiente	
D-Variable	24°C	Frío 6°C	24°C	Frío 6°C	T °C ambiente	

(*) Temperatura ambiente a 24°C

(**) Se inician observaciones y ensayos.

Resultados

a) Visuales

• Ensayos A y B: Los frascos no mostraron cambio visual alguno.

• Ensayo C: Tres frascos, sus guarniciones estaban combadas y en una salió mayonesa por la rosca de la tapa.

• Ensayo D: Un frasco presentó deformación de la guarnición, pero sin derramar mayonesa al exterior del frasco.

• En ningún caso se observó ruptura de emulsión.

b) Químicos

Los resultados de acidez, sal y rancidez fueron normales.

Interpretación

Frasco de mayonesa: Durante el proceso regular de elaboración de la mayonesa se le incorporaba nitrógeno y además en ese tiempo el producto se vendía por unidad de volumen (ver más abajo***). Es así como la mayonesa estaba sujeta a modificaciones de su volumen con las variaciones térmicas debido al gas incorporado. De noche se contraía y de día se dilataba y esto era crítico cuando las variaciones térmicas eran extremas. A todo esto, se debía considerar si el cierre de la tapa producía una adherencia firme de la guarnición a la superficie de cierre con el borde de boca por la presión ejercida. De esa manera al no tener alguna elasticidad, el cartón mantenía su deformación sin retorno.

Luego, cuando la temperatura se elevaba críticamente al día siguiente la mayonesa se dilataba y al encontrarse con la guarnición deformada reduciendo el espacio de cabeza y habiendo perdido superficie de adherencia a la superficie de cierre, empujaba al producto hacia los bordes internos de la tapa. La deformación de la guarnición también generaba una retracción en su diámetro hacia el centro. Además, por tratarse de una tapa roscada y un acabado de boca para roscar, quedaba un muy pequeño espacio en el anillo de rosca, pero suficiente para que pueda deslizarse hacia afuera un producto fluido como la mayonesa.

(***) Esta presentación por volumen del producto generó un serio problema cuando en San Pablo hubo de equiparar las diferencias con el resto de los países del MERCOSUR (Brasil, Paraguay y Uruguay). La mayonesa era presentada por peso mientras que en Argentina lo era por volumen, además en nuestro país existía una reglamentación que solo permitía envasar en 350 cc, 500 cc, 1.000 cc por encima y debajo de aquellos volúmenes no existía prohibición, mientras que no lo había en el resto de los países. Hice una presentación de relación de volumen con peso de mayonesa y de esa manera se pudo salvar las diferencias, además de terminación con la regulación de volúmenes.

Transporte

El haber enviado las cajas de mayonesa en un camión playo, cubiertas por una lona y ajustada con sogas, no permitió una ventilación intermedia que atenuara el efecto térmico de los rayos de sol del verano y el frío de la noche en montaña. Esto incidió directamente en el contenido de los frascos.

Acciones correctivas

En destino: Con el control directo de Calidad se revisó la partida y descartó aquellas cuya hermeticidad fue violada.

Acciones preventivas

• En origen: las nuevas partidas fueron enviadas en furgones con pared aislante, no refrigerados, dejando espacio entre el tope de la estiba y el techo para su ventilación natural a través de "ventanas" al frente y posterior del furgón.

• Posteriormente se incorporaron registradores de temperatura para que en destino indicaran las temperaturas sufridas por el producto.

• Se recomendó introducir la hermeticidad del frasco con "tamper evident" que descartaba toda conexión del producto con el medio.

(F32) **Mayonesa: Sistema de cierre de frasco tapa polipropileno**

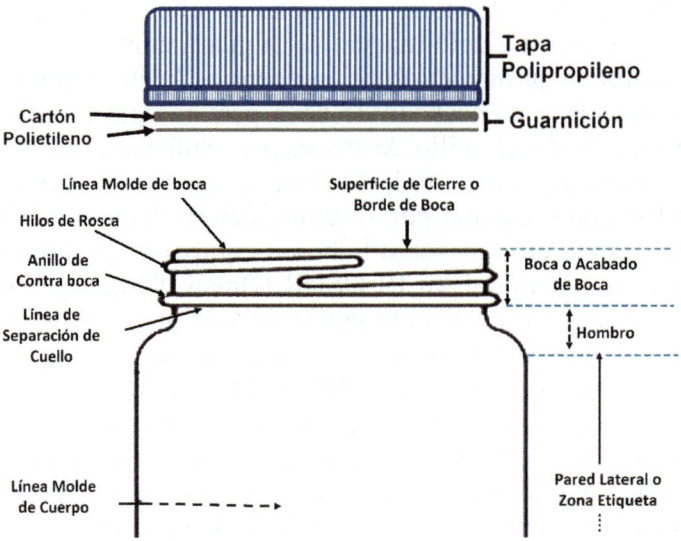

(F33) **Estado final por efectos térmicos variables**

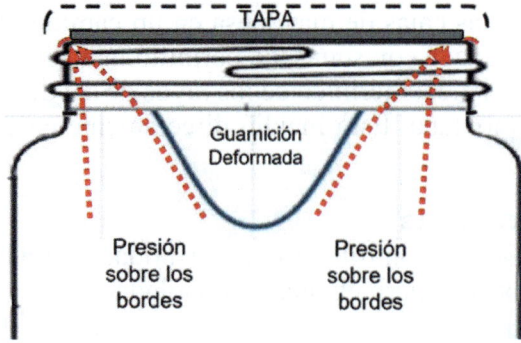

(A5) HORMIGAS EN UN FRASCO DE MAYONESA

(Defecto crítico)

Me informaron que se había encontrado un frasco de mayonesa con hormigas rojas muy pequeñas en la superficie del producto. No existían antecedentes de esta situación. El gerente pensó que se trataba de una broma o un sabotaje. Le aclaré que a nadie se le ocurriría hacerlo pues algunas de las hormigas todavía estaban vivas, y fueron atrapadas por la cremosidad del producto. Además, ello indicaba que por el tamaño habían ingresado por el espacio que existía entre la ranura de rosca de la tapa y los hilos de rosca.

Investigación

El frasco en cuestión lo habían puesto sobre la repisa de una ventana. Durante la noche un camino de hormigas rojas muy pequeñas caminó sobre esa repisa y algunas de ellas todavía estaban por la vecindad al hacer la investigación.

Resultado

Las hormigas, como la mayoría de los insectos tienen desarrollado un sentido del olfato y tacto en sus antenas. Esto permitió demostrar entre otras cosas, que el torque de la tapa no era lo suficientemente fuerte o alguien la había manipulado, y bastó solo un poco de flojedad para que existiera espacio en la rosca para que las hormigas ingresaran. Poco tiempo antes se habían cambiado las tapas metálicas por las plásticas. El hecho de que algunas hormigas estuvieran vivas, luchando por salir de la mayonesa, demuestra que cuando colocaron en ese lugar al frasco las hormigas no estaban.

Acciones correctivas

• Se destruyó el frasco de mayonesa comprometido por las hormigas.

• Se revisó todas las cajas de producto para la búsqueda de infestación.

• Control de plagas. Se convocó a reunión para revisar el sistema de control, los registros y búsqueda de posibles lugares de infestación con hormigas, además de otras plagas.

Acciones preventivas

- Se instruyó al personal del laboratorio para que, basándose en una planilla de muestreo, revisaran el torque de los frascos en las cajas existentes.

- Se realizó una reunión con el proveedor de las tapas para que realizaran alguna modificación en el material plástico que le permitieran mejorar el torque.

- Se solicitó del área de desarrollo de empaque el estudio de incorporación de sistema de evidencia de violación de los frascos.

(A6) MAYONESA: SABOR EXTRAÑO PRODUCE NÁUSEAS EN CONSUMIDOR

(Defecto crítico)

Fui informado de que había una reclamación por la indisposición de una consumidora por la ingesta de mayonesa, por lo que debía concurrir con un vendedor a su hogar ya que se había concertado una cita.

Visita a la consumidora

Fuimos atendidos por la madre y su hija, una joven estudiante de medicina que había sentido náuseas al consumir la mayonesa. El resto de la familia no había sentido diferencias en otras veces en la que habían consumido mayonesa de esa marca. La joven manifestó que sintió un sabor muy extraño lo que la llevó a vomitar la comida. Pensó que se trataba de una intoxicación. Les pedí que me permitieran ver el producto para identificarlo.

El producto parecía normal pero el aroma recordaba a la presencia de fenol. Pregunté quién había abierto el frasco y probado la mayonesa a lo que me contestaron que había sido la joven haciéndose un emparedado y guardó el frasco en la heladera.

Les expliqué que necesitábamos realizar análisis al producto para identificar la causa del problema pero que consideraba que podría ser de origen químico. La joven comprendió perfectamente lo explicado preguntando si el compuesto pudiera ser tóxico, a lo que le respondí que en principio no provenía de la elaboración de la mayonesa sino de la tapa y/o su cierre. Solicité que si todavía tuvieran ese frasco me permitieran llevarlo para hacerle algunos estudios.

De la situación tensa del primer momento a la explicación de los posibles motivos pasamos a una cordial relación con la familia, que gustosamente nos permitieron llevar el frasco a nuestro laboratorio, prometiéndoles visitarlos nuevamente para explicarles los resultados y la causa del problema.

Investigación

• Con sacabocado se extrajo un cilindro de mayonesa y se realizaron degustaciones de muestras tomadas del fondo, medio y superior, además de estudios de acidez, sal y rancidez.

• Guarnición: se realizó un estudio de posibles contaminantes particularmente fenólicos.

Resultados

1. Degustaciones: El sabor extraño solo se detectó en lo que quedaba de la superficie original, mientras que en el medio y fondo de lo extraído solo se pudo apreciar el sabor típico sin connotación extraña alguna.

2. Rancidez, acidez y sal. Los valores fueron los normales para la edad del producto.

3. Guarnición. El resultado para este ensayo fue positivo en fenoles.

Interpretación

El sabor era debido a los fenoles asociados al cartón de la guarnición. Esto se explica porque en el espacio de cabeza cerrado por la tapa, la presión de vapor del agua y el ácido acético de la mayonesa atravesó el filme de polietileno ligado al cartón. Como la dinámica de vapor se desarrolla en un ambiente cerrado el vapor de los fenoles solo tiene la posibilidad de intercambiarse con la superficie de la mayonesa. Esto se incrementa por el elevado contenido de aceite que esta posee. De allí es que solo tenía ese sabor y aroma un tramo en profundidad muy reducido de la superficie del producto.

Acciones correctivas

Se retiró del mercado la mayonesa que portaba la guarnición contaminada químicamente y se destruyó. Para ello se disponía de los números de lote.

Se intervinieron las partidas de tapas con guarnición que todavía estaban en el depósito de insumos para hacer estudios de las guarniciones.

Se reclamó al proveedor de tapas por incumplimiento de la cláusula que prohibía el uso de cartón reprocesado. Además, la empresa fue intimada a resolver las pérdidas generadas por la no calidad de sus productos.

Acciones preventivas

• Se responsabilizó al laboratorio de Control de Calidad por el control a la recepción de cada nueva partida de guarnición.

• Aseguramiento de la calidad debió proveer al laboratorio de un método analítico con este fin y los respectivos estándares y muestreo.

(A7) MAYONESA: OLOR Y SABOR EXTRAÑO

Antecedentes

Con el objeto de lograr un cierre hermético para cumplir con la exigencia de proveer una evidencia de violación de envase para la mayonesa, el área de desarrollo aprobó la colocación de una guarnición de aluminio-polietileno sobre la superficie de cierre del frasco de vidrio mediante un adhesivo vegetal.

Reclamo

Un consumidor presentó una queja por una anormalidad de aroma y sabor en un frasco de mayonesa. Esta consistía en un sabor que no se podía identificar claramente.

Investigación

De inmediato se investigaron los archivos encontrándose que tenían el mismo problema. El sabor extraño se detectaba en la mayonesa al abrir el frasco y quitar la guarnición de aluminio. Se decidió hacer una auditoría en planta. De las preguntas que se hicieron previamente el jefe del laboratorio dijo que tenían un solo proveedor de adhesivo. Sin embargo, al realizar la visita se comprobó que eran dos los proveedores. Cuando se trata de dos o más proveedores para un mismo tipo de adhesivo se deben hacer estudios de eficiencia y particularmente sensorial ya que por tratarse de un adhesivo vegetal puede presentar variaciones muy importantes, además de contaminaciones de distinto tipo, uno de ellos mohos. Esto último solían evitarlo adicionándole inhibidores, algunos no recomendables.

Se decidió hacer una serie de ensayos, teniendo en cuenta que debían considerarse a los dos proveedores de adhesivo por separado. Así se encaró el trabajo considerando las dos variables más importantes, estas son las que surjan del producto mismo y las que dependan de algún agente externo al producto, particularmente por algún componente o aditivo del envase.

1. Proveniente del mismo producto

Con un sacabocado se tomó una columna del producto para verificar el gradiente físico/químico, microbiológico y sensorial.

• Físico/Químico

   Análisis de sal, acidez, rancidez y consistencia que demostró que los valores eran los normales para la emulsión.

• Sensorial: Hasta casi un centímetro de profundidad desde la superficie presentaba un olor extraño, tal como el consumidor lo describió. Sin embargo, el resto de la masa de mayonesa presentaba sabor normal.

2. Agentes externos al producto

Comprendió el estudio de los componentes individualmente. De ellos se hizo hincapié en la guarnición de cierre hermético del frasco y del adhesivo empleado. Para ello se realizó un ensayo a temperatura ambiente de 24°C aproximadamente, con frascos de vidrio vacíos tomados de la línea de envase y preparándolos de la siguiente manera:

Ensayo 1. Frascos de vidrio de línea de envase sin guarnición.

Ensayo 2. Sobre la superficie de cierre se colocó una guarnición de aluminio, tomado también de la línea de envase. Se lo ajustó con una pesa para que se mantuviera cerrado el frasco.

Ensayo 3. Una guarnición tomada de la línea de envase se pegó sobre la boca de sendos frascos con mayonesa, empleando los dos adhesivos que se estaban usando en fábrica.

Ensayo 4. De una hoja de papel blanco que no presentaba olor ni sabor, se recortaron círculos del tamaño de la superficie de cierre del frasco, pegándose a estos con sendos adhesivos en investigación en frascos con mayonesa.

Ensayo 5. Los ensayos E3 y E4 se repitieron con un adhesivo sin olor alguno.

Resultados

• Ensayos 1 y 2 no presentaron ningún tipo de olor.

• Ensayo 3 y 4, presentaron el olor del reclamo.

• Ensayo 5, solo presentaron el olor típico de la mayonesa.

Conclusiones

El extraño sabor en la mayonesa fue debido al empleo de adhesivo al que el fabricante le había agregado un antifúngico para evitar su conta-minación. Luego de efectuados los ensayos, el E3 en el que se pegaba la guarnición y el E4 en el que se pegaba el papel blanco, se producía el fraguado del adhesivo. Durante el tiempo en el que ocurría, los vapores del agua arrastraban al aditivo antifúngico hacia el interior del espacio de cabeza del frasco. El movimiento de estas moléculas, se mezclaban con las de ácido acético y agua que formaba la presión de vapor de la mayonesa y en esa dinámica, buena parte de las moléculas del aditivo ingresaban a la superficie de la mayonesa. Así, dependiendo del tiempo de exposición a esos vapores, la superficialidad de la mayonesa se im-pregnaba del olor a aditivo.

Por otro lado, pero conectado con el incidente, tanto el área de abas-tecimiento, desarrollo y calidad no realizaron las pruebas de certifica-ción para la aprobación de proveedores. Esto condujo a establecer un procedimiento que ningún proveedor o producto nuevo podrían ser aprobados sin una certificación que el área de aseguramiento de calidad determinara.

Acciones correctivas

• Se procedió a retirar producto del mercado indicando los lotes que correspondían al problema. Con excepción de varias muestras tomadas al azar para estudios posteriores, se destruyó el resto.

• Se citó a los proveedores para discutir las consecuencias de calidad y económicas del uso de sus adhesivos, sus responsabilidades y se dispuso la devolución de los cuñetes, tanto usados como sin usar.

• Se solicitó que los proveedores informaran de manera formal si el aditivo estaba aprobado por las autoridades oficiales.

Acciones preventivas

• Se encomendó al área de Desarrollo estudiar con urgencia en el mercado adhesivos que utilicen aditivos inocuos, inodoros e insípidos.

• Se urgió al laboratorio a realizar las pruebas que correspondan al recibo de los adhesivos. Para ello los ensayos que constaron en el informe debían ser la base para esos ensayos.

• Se solicitó al área de desarrollo cambiar el sistema de empleo de adhesivo por modernos métodos de cierre hermético de los frascos.

(A8) CALDO EN PASTA: OLOR EXTRAÑO EN LAS ESTIBAS DEL DEPÓSITO

(Defecto crítico)

El responsable del depósito de producto terminado informó que estaba notando un olor extraño en la zona de estibado de caldos. Solicité a un analista concurriera a verificar la situación y me informó que no podía identificar el olor, aunque era extraño e intenso, por lo que sacó muestras para el laboratorio. Ante esta situación concurrí y comprobé el hecho en el lugar, además de sentir como un extraño olor a "huevo descompuesto".

Investigación en laboratorio

Varias unidades del alimento problema se colocaron en distintas ollas de agua hirviente, y compararon con una muestra de un producto normal como patrón. El resultado de la degustación comparativa no presentó diferencia significativa entre todas las muestras.

El hecho me recordó a unas muestras que el área de desarrollo nos había enviado tiempo atrás. Cuando pregunté de qué se trataba me dijeron que a la fórmula le habían agregado cisteína y que en general era usado para darle más sabor de carne a ciertos alimentos, además de necesitar menos la carne lo que abarataría al producto. Les comenté que por tratarse de un aminoácido que contenía azufre podía llegar a desprender mal olor. Me dijeron que la cisteína estaba estabilizada, por lo que no se habló más del tema por tratarse simplemente de un desarrollo.

Al producirse el problema que nos ocupaba recordé que en microbiología se realizaba un ensayo por el cual se determinaba la producción de sulfuro de hidrógeno (SH_2) como resultado del metabolismo bacteriano en el "agar Kligler hierro". Este medio servía para la identificación primaria y rápida de enterobacteriáceas basado en la fermentación de dos azúcares, además de la producción de anhídrido sulfhídrico.

De allí es que directamente embebí varios papeles de filtro con una solución de acetato de plomo y luego de secarlos los utilicé para envolver varios estuches de caldo y luego colocarlos unos a temperatura ambiente y los otros en estufa de 35°C respectivamente. En un corto período el papel de filtro se ennegrecía marcando las zonas no encoladas de los estuches. Los que correspondían a los que presentaban fuerte olor eran más intensos que los normales. El producto quedó intervenido hasta completar los estudios.

Investigación en planta

En la planta elaboradora, el envase del producto se había realizado un sábado. La responsable de una de las líneas de envase me dijo que ese día se sentía un fuerte olor que no lo podía definir. Esto me confirmó que la masa del producto en el carro para envasar era la que producía ese olor.

Resultado: El producto fue rechazado

Comentarios

El jefe de producción me llamó para decirme que él había recibido la orden de elaborar y envasar un caldo de acuerdo con una nueva fórmula y que todo estaría supervisado por el área de desarrollo. Le aclaré que entendía que, si se trataba de una partida pequeña almacenada bajo la responsabilidad de desarrollo solo sería responsabilidad de ellos. Lo que no justificaba era elaborar la cantidad de lotes que habían producido y envasado, ya que eso significaría que la intención era colocarla en el mercado.

Al ser informado del rechazo, el encargado de desarrollo vino al laboratorio a preguntar las causas por las que control de calidad había tomado esa decisión. Le fueron explicadas y el método utilizado para identificar el problema. Sin embargo, me dijo que no encontraba justificación para el rechazo. Mi respuesta fue que entonces él no tendría problema en aprobarlo. Me dijo que a control de calidad le correspondía aprobarlo y le contesté que en ese caso mi área ya había rechazado la partida por dos razones, la primera era porque existía un problema de calidad sensorial, y la segunda que no poseía la aprobación de desarrollo para la formulación en cuestión ni antecedentes que justificaran su envase. Al poco tiempo me visitó el Gerente General preguntándome qué decisión había tomado ya que desarrollo opinaba que no veía motivo para rechazar el producto, y mi respuesta fue que para mí estaba rechazado.

Pasaron algunas semanas y un día concurrió al laboratorio el responsable de desarrollo y me dijo que hicieron estudios sensoriales de campo, además de realizar ensayos con acetato de plomo, confirmando el resultado que el laboratorio de calidad había demostrado. Al preguntar sobre la decisión final sobre lo elaborado contesté que se requería un reprocesado del producto, pero perdiendo el material de empaque y los tiempos que demandó el envasado. Esto se realizó con la supervisión de aseguramiento de la calidad.

Aportes adicionales

El aminoácido cisteína es un «enantiómero» usado en la producción y exaltación de sabores. La reacción de cisteína con azúcares en la reacción de Maillard produce sabores de la carne. Los estereoisómeros son enantiómeros si la imagen especular de uno no puede ser superpuesta con la del otro. Un enantiómero es una imagen especular no superponible de sí mismo. Tienen las mismas propiedades físicas y químicas, excepto por la interacción con el plano de la luz polarizada o con otras moléculas quirales.

Nota: En Química, la palabra que corresponde a moléculas no superponibles es quiral. Lo opuesto de quiral es aquiral y así una molécula que es superponible con su imagen especular es aquiral.

(A9) SOPA DESHIDRATADA DE PREPARACIÓN INSTANTÁNEA

(Defecto mayor. Microbiología, aspectos legales)

Se había desarrollado una nueva variedad de una sopa instantánea de tomate. La última etapa del desarrollo de una fórmula se completaba con la elaboración de una partida piloto para estudiar qué condiciones se ajustaban mejor a sus características.

Para cumplir con estos objetivos se incluyó un estudio microbiológico que cumpliera con los estándares del Código Alimentario Argentino (CAA - Art. 442/1988). Nuestra sorpresa fue que el recuento de bacterias aeróbicas mesófilas superaba el número máximo exigido por el CAA que era de cincuenta mil por gramo.

En vista de ello estudiamos la formulación y vimos que uno de los ingredientes era pimentón molido. Esto no hubiera sido sorpresa porque este ingrediente era normal en varios productos, pero el porcentaje que se le agregaba en la nueva variedad era de diez veces más respecto de lo normal que para las otras variedades. Hasta aquí pareciera un problema de tipo sensorial si no se supiera que el pimentón rojo molido sin tratar tenía entre dos y siete millones de aerobios mesófilos por gramo lo que significaba tener solamente con este ingrediente una buena parte de la contaminación admitida por la legislación.

Al investigar la causa por la que se agregaba esa cantidad de pimentón nos fue explicado que el tomate deshidratado sufre un rápido proceso de decoloración una vez que se ha reducido a polvo por molienda, lo que ofrece mayor superficie a la oxidación del carotenoide licopeno degradando el color a amarillo. Al agregar pimentón se mantenía el color rojo de la sopa.

Acciones preventivas

• Se estudió la posibilidad de seleccionar pimentón de bajo contenido de microorganismos aerobios mesófilos, pero ello significaba un mayor costo por el tratamiento que implicaba.

- Se modificó la formulación al reducir el nivel de pimentón y empleando otro tipo de aditivo.

- Se pidió al área de Aseguramiento de la Calidad que solicite a la comisión del CAA aprobar la elevación del número de recuentos sea de un máximo de 100.000/g. Ello se justificó debido a que se trata de recuento de bacterias banales lo que solo marca un nivel de calidad general del producto, sin modificar para nada los límites de bacterias patógenas.

(A10) QUESO AZUL*: ENROJECIMIENTO
* Entonces identificado como Roquefort Argentino

(DEFECTO CRÍTICO)

La horma de ese queso se producía y sellaba en atmósfera controlada para ralentizar la alteración o la excesiva maduración durante el tiempo en que se lo almacenaba en frío y comercializaba. Las hormas se las vendía en supermercados y fiambrerías que a su vez lo fraccionaban y nuevamente envasaban, mientras que en los comercios minoristas lo fraccionaban a cuchilla delante del consumidor de acuerdo con su necesidad, vendiéndoselo al peso.

No se hacía al vacío total para evitar que exude dentro del envoltorio. En el almacén o fiambrería era costumbre que el queso se colocara en campana de vidrio una vez que se abría el plástico y fraccionaba con la chuchilla a pedido del cliente. Esto durante el día, y cuando cerraban el negocio lo colocaban en la refrigeradora. Este tipo de envase buscaba que los materiales fuesen impermeables a los gases, pero al fraccionar los quesos, permitía que los microorganismos aerobios existentes en la superficie del producto o las que aportaba el comerciante u operario con la cuchilla, al ser expuestos a una atmosfera con oxígeno, permitieran su multiplicación.

Los alimentos que pueden ser alterados por bacterias Gram positivas aerobias, pueden envasarse en una atmósfera enriquecida de CO_2, así los microorganismos que pueden alterarlos tienden a verse parcialmente inhibidos por la presencia de este gas. Sin embargo, en alimentos en los que el problema es la presencia de mohos o la oxidación química de las grasas, se prefiere la anaerobiosis pues sin oxígeno no es posible su crecimiento. De allí es que resulta importante que para cada tipo de producto se hagan los estudios preliminares correspondientes para ver cuál es la combinación que más se adapte al mismo.

Reclamo de comerciantes

En una visita de presentación a la planta elaboradora de quesos de un nuevo director de Aseguramiento de la Calidad y Desarrollo, le fue informado de un problema con la variedad queso azul, entonces llamado Roquefort Argentino. Esta variedad se vendía para ser fraccionado en el minorista para la venta directa a consumidores. Esto implicaba que el envase debía abrirse y dejarse expuesta la superficie al oxígeno ambiental. A las 48 horas de expuesto al ambiente y aún en frío, el queso se enrojecía. El nuevo director del área intimó al gerente de calidad a investigar la causa para encontrar una solución al problema.

El gerente concurrió a la planta de quesos y regresó con una idea formada que se trataba de carotenoides. Luego de dedicarse personalmente a resolverlo en el laboratorio no llegó a conclusión alguna, pero aferrado a su primera aseveración me trasladó su idea y la necesidad de encontrar una solución plausible y que se aproximara a la que había expresado como base indiscutible.

Ensayos

Lo primero que hice fue un estudio microscópico visual y por cultivo de la flora del queso. Esto no presentó respuesta a lo que estábamos buscando. Como el gerente insistía en el tema de los carotenos, decidí extraer el colorante con un solvente orgánico como el éter. El color no era extraído por lo que intenté con acetona sin resultado alguno. Finalmente empleé alcohol etílico y se extrajo buena parte del color. Decidí hacerlo con agua y todo el color era extraído y el queso quedaba con el color de base normal.

Posteriormente, en una reunión en la dirección, presenté este resultado antes de continuar con los estudios, aclarando que por ello no podría tratarse de carotenos. A esto el gerente me respondió que algunos carotenoides tenían características polares. Le recordé que los carotenoides son pigmentos liposolubles naturales sintetizados por organismos como bacterias entre otros. Además, por su insaturación son sensibles al oxígeno, calor, luz y lipooxigenasas. Finalmente, el director aprobó la prosecución de la investigación dentro de esta línea de trabajo de la polaridad del pigmento.

Para aislar y purificar el pigmento preparé un colector de fracciones "tipo casero" y haciendo una lectura con distintas longitudes de onda de un cromatógrafo pude estudiar las absorciones. Mientras tanto, considerando que el color debía provenir de la acción de algún microorganismo, investigué la bibliografía existente por entonces (comienzos de la década de 1980).

En el libro YEAST —1ª Ed. Wiley Online Library— encontré que en estudios de lisados crudos de cepas de levadura que llevan mutaciones en los genes ADE1 o ADE2, en presencia de oxígeno se acumula un pigmento rojo, como resultado de la polimerización de aminoimidazole-ribotida o 5'-Phosphoribosyl-5-aminoimidazole, y en cepas isogénicas blancas, ya sea protótrofos de adenina o portando mutaciones en las primeras etapas de la biosíntesis de purina.

Los resultados indicaron que era muy probable que un contaminante como una levadura podía ser la responsable del problema. Si bien establecí contacto personal con compañeros de la Facultad de Ciencias Exactas y Naturales para conversar sobre la posibilidad de profundizar los estudios, la empresa decidió que se aplicaran métodos correctivos y preventivos en la elaboración de ese queso, y dado la intensidad de trabajo era conveniente que si el problema se solucionara no debía realizar estudios posteriores.

A pesar de ello continué un poco tiempo más, y conversando con el jefe de control de calidad de la planta de lácteos averigüé acerca de los productos que eran empleados en el proceso. Este tipo de queso incluía una salazón rutinaria hecha a mano por un operario especializado. Este trabajo se realizaba periódicamente con cada una de las hormas de queso. Para esta tarea solía ser común que se empleara una combinación de sal común o cloruro de sodio gruesa y nitritos o nitratos de sodio o de potasio. La sal de curado más común parece ser la compuesta por un 94% de sal de mesa y un 6% de nitrito de sodio. Estudiando este proceso mucho tiempo antes, unos químicos alemanes habían descubierto que durante la "curación", ciertas bacterias transformaban el nitrato en nitrito y que era este el verdadero ingrediente activo que mejoraba la curación.

El óxido nítrico (NO) tiene una destacada acción en la actividad antimicrobiana llamada citostasis, interrumpiendo la división celular bacteriana. La respiración de bacterias como *Escherichia coli*, *Salmonella* y *Bacillus subtilis*, es detenida por el NO en el primer paso en la división, que es la estructuración molecular de guanosín trifostato (GTP), homólogo bacteriano de tubulina FtsZ (filamenting temperature-sensitive mutant Z) que hace referencia a la hipótesis de que los mutantes de *Escherichia coli* que carecen de este gen crecerían como filamentos por la incapacidad de las células hijas de separarse unas de otras durante la división celular.

Al fallar esta estructuración de FtsZ por el efecto del NO, inactiva la inosina 5'-monofosfato deshidrogenasa en la biosíntesis de nucleótidos purina desde el principio y las quinol oxidasas en la cadena de transporte de electrones, lo que lleva a un agotamiento drástico de los nucleósidos trifosfatos, incluido el GTP necesario para la polimerización de FtsZ. El metabolismo de la purina dicta la susceptibilidad de los primeros pasos morfogénicos en la citocinesis a la toxicidad por NO.

El 5'-fosforribosil-5-aminoimidazol es un intermediario en la formación de purinas. Por lo tanto, es un intermediario en la ruta de adenina, y se sintetiza a partir de 5'-fosforribosilformilglicinamidina por AIR sintetasa.

(F34) Intermediario en la formación de purinas

formilglicinamida-ribonucleótido, FGAM   5-aminoimidazol ribonucleótido, AIR

Esta reacción cierra sobre sí misma la cadena de FGAM para producir un anillo imidazol de cinco miembros, que luego formará el núcleo de las purinas. La AIR sintetasa cataliza la transferencia del oxígeno del grupo formilo hacia el fosfato inorgánico.

El mecanismo es secuencial, el ATP se une a la enzima en primer lugar y el ADP es el último en liberarse. La hidrólisis de ATP se utiliza para activar el oxígeno del grupo amida con el objeto de que el nitrógeno le efectúe un ataque nucleofílico.

Una vez inhibida la formación final de las purinas y en presencia de oxígeno se forman polímeros de color rojo. Como conclusión quedó la duda si el problema era causa de la presencia de nitritos en la salazón, la presencia de microorganismos con las mutaciones indicadas o ambas posibilidades. Sin embargo, la decisión de discontinuar los estudios impidió un estudio más profundo en la universidad.

Acciones correctivas

Se realizó un trabajo muy detallado de limpieza y desinfección, incluyendo instrumentos, equipos, utensilios, estanterías, manos, materias primas, junto con estudios microbiológicos identificatorios de la presencia de levaduras y bacterias.

Respecto al producto en los comercios no se obtuvo información sobre estadísticas de comercios que habían sufrido este problema.

Acciones preventivas

Todo esto quedó incompleto al no presentarse más casos posteriores. Sin embargo, realicé un seguimiento teórico de las novedades que se producían en publicaciones sobre este tema. Concluí que esto ha sido estudiado de manera continua y en todos los casos el color rojo apareció por lo que se informó al personal de la planta que se debían realizar periódicamente estudios y acciones sanitarias en la planta.

(A11) HUEVOS ENTEROS: PRESENCIA DE ÁCAROS

(Defecto crítico)

Hasta el segundo lustro de la década de 1980, en la empresa en la que trabajaba el huevo líquido para la mayonesa se obtenía del cascado manual de los huevos enteros lavados (Luego se realizó mecánicamente en terceros). Se separaba la clara de la yema y luego se mezclaba de manera que el nivel de sólidos medidos por refractómetro tuviera la concentración acorde con lo requerido para obtener una emulsión estable a partir del aporte de fosfolípidos necesarios para ello (ver Fig. 1, 2), que luego se estabilizaba físicamente por la acción del molino coloidal. De esa manera siempre sobraba clara que solo tiene un 10% de sólidos para luego venderse para otras actividades.

Repasando la importancia del huevo por su contenido en fosfolípidos de la yema en la fabricación de mayonesa y distintos aderezos, lo primero que se debe tener en cuenta es su composición como promedio general estimado de yema y clara.

(F35)	%	HUEVO COMPOSICIÓN
CÁSCARA	11	94% $CaCO_3$, 1% $MgCO_3$, 4% MATERIA ORGÁNICA, principalmente proteína y pigmento.
CLARA	51	*GEL:* OVOMUCINA, OVOALBÚMINA, CONALBÚMINA, OVOGLUCINA Y OVOMUCOIDE, CON TODOS LOS AMINOÁCIDOS ESENCIALES Y VITAMINAS DEL COMPLEJO «B» (PPAL. RIBOFLAVINA). *SOL:* SIN OVOMUCINA.
YEMA	28	*PROTEÍNAS:* OVOVITELINA (3/4) Y LIVETINA. *GRASAS:* GLICÉRIDOS, LECITINA Y COLESTEROL. *PIGMENTOS:* XANTOFILAS. *VITAMINAS:* TODAS EXCEPTO «C». *OLIGOELEMENTOS:* Fe, P, S, Cu, K, Na, Mg, Ca, Cl, Mg.

Además, se debe tener en cuenta que en la recepción de huevos enteros se consideran aspectos internos y externos de su calidad.

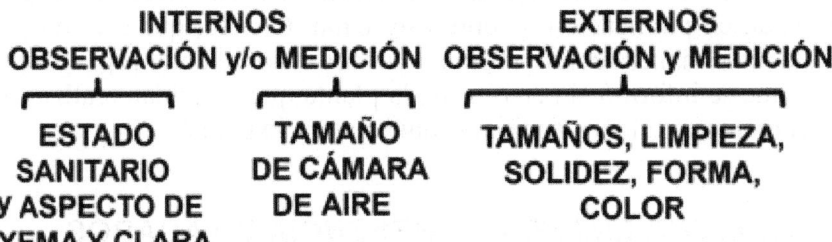

Antes de la descarga del camión se verificaban los aspectos externos, que incluyen la sanidad e integridad del camión (Ver: control de camiones y contenedores. Registro 15). Además, los maples que portaban los huevos debían ser revisados para determinar si estaban limpios y sin infestación. De allí es que se exigía que los maples fueran de primer uso. En general lo que se buscaba era que estén lo más limpios posibles, sin costras de materia fecal de la gallina. Esto resulta difícil eliminar y no conviene que el lavado se realice mucho antes de su uso porque elimina la protección natural del huevo o al lavarlo los microorganismos superficiales pueden ingresar a través de la porosidad del huevo. De allí es que para la elaboración industrial el lavado significa tiempo y acciones no recomendadas por su costo, por lo que los huevos sucios finalmente son descartados.

Por la limpieza los huevos se clasificaban en cuatro niveles de calidad:

• Calidad AA y A: Limpio, libre de materiales extraños o con pocas y pequeñas manchas o decoloraciones, visibles.

• Calidad B: Levemente manchada, libre de suciedad adherida, que no alteran el aspecto del huevo.

• Calidad C: Moderadamente manchada, libre de suciedad adherida, pero muy manchada cubriendo no más de un cuarto de la superficie de la cáscara.

• Calidad D: Cáscara completamente sucia con adherencia o materias extrañas, manchas evidentes cubriendo más de un cuarto de la superficie.

(F36) **Factores de calidad exterior**

FACTORES DE CALIDAD EXTERIOR

•FORMA INUSUAL O ANORMAL, RUGOSA, AGRIETADA, "REPARADA NATURALMENTE" DA UN INDICIO DE NUTRICIÓN IMPROPIA, ENFERMEDAD O CONDICIÓN FÍSICA DE LA GALLINA

•A PARTIR DE LO ANTERIOR SE ESTABLECE UNA CLASIFICACIÓN PARA CONSUMO EN:

PRÁCTICAMENTE NORMAL: "AA" y "A"

LEVEMENTE ANORMAL: "B"

ANORMAL: "C"

A la recepción para cascado manual, y también en línea de cascado automático, otro de los aspectos que se tiene en cuenta es la observación de la profundidad de la cámara de aire dada por una luz desde incidencia inferior. El tiempo de almacenamiento y la acción de la temperatura a la que ha sido sometido un huevo produce una caída en su calidad, hecho que puede medirse por el aumento de esa cámara de aire y cuya medida aproximada es:

Calidad AA: aprox. 3 mm
Calidad A: aprox. 5 mm
Calidad B: aprox. 9 mm

(F37) **Caída de la calidad de los huevos**

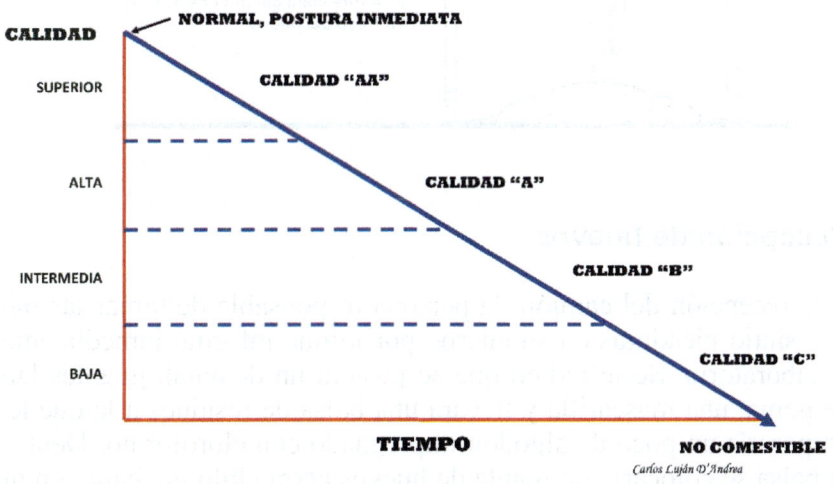

Carlos Luján D'Andrea

El "ojo avezado" de una persona entrenada puede establecer el nivel de calidad de un huevo cascado sobre una superficie lisa y blanca. En caso de duda respecto a huevos en donde su estado es intermedio sin definir su calidad ciertamente, es la utilización de un dispositivo que mida la altura de la yema y la fase gel de la clara no chalazífera (índice de yerma). Si se requiere mayor precisión (índice de Haugh) se establece una relación con el peso del huevo. Como patrón se tomará aquel que reúna las características de medición que la empresa determine. En todo caso deberán tomarse varias unidades para establecer un promedio. La operatoria de proceso de huevos significaba que la tarea comenzara a realizarse el día previo, guardándola en cámara hasta la preparación de la mayonesa. La cantidad de operarias y el tiempo que tomaba esta operación eran muy importantes pues además involucraba un riesgo crítico en la contaminación bacteriana del producto.

(F38) Medida del índice de calidad

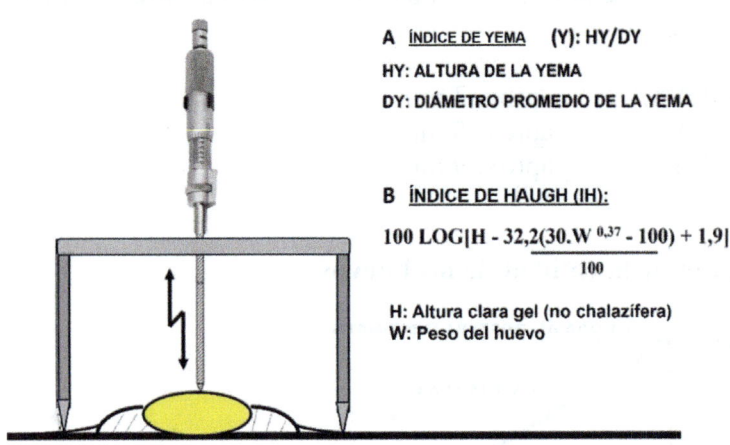

A ÍNDICE DE YEMA   (Y): HY/DY

HY: ALTURA DE LA YEMA

DY: DIÁMETRO PROMEDIO DE LA YEMA

B ÍNDICE DE HAUGH (IH):

$$100 \, LOG|H - 32,2\frac{(30.W^{0,37} - 100) + 1,9|}{100}$$

H: Altura clara gel (no chalazífera)

W: Peso del huevo

Recepción de huevos

A la recepción del camión, la persona responsable de tomar las muestras sintió picaduras en su cuerpo por lo que informó inmediatamente al laboratorio. Se le indicó que se pusiera un delantal, guantes largos de goma, una mascarilla y llevara una bolsa de residuos a la que le incorporaría un poco de algodón impregnado con cloroformo. Dentro de la bolsa se colocaría un maple de huevos cerrándolo mediante un nudo realizado con el borde de la propia bolsa.

En el laboratorio se lo dejó durante media hora al término del cual se abrió la bolsa y mediante una lupa estereoscópica se observó detenidamente. De esa manera se observaron numerosos ácaros sobre el maple, algunos mostrando señales de vida.

Si bien los maples eran de primer uso, su permanencia en el depósito de origen no guardó las normas de higiene aceptables ni la rotación en el uso de acuerdo con el PEPS, o "primero que entra primero que sale", produciendo la acumulación de polvo e infestación por ácaros.

Acciones correctivas

Se rechazó la partida por lo que se cerró la caja del camión y en la playa de maniobras se limpió externamente.

Acciones preventivas

A la empresa distribuidora de huevos se le solicitó una higiene de sus depósitos y la posterior admisión de nuestros auditores de calidad, previamente a autorizar nuevas entregas.

Todo eso fue cumplido y luego de inspecciones exhaustivas en las entregas, continuaron trabajando como proveedores normales.

Acciones posteriores

En la segunda mitad de la década de 1980, en la vecindad de la planta de mayonesa se instaló una nueva empresa que elaboraba huevo líquido pasteurizado, sin riesgo de coagulación de albúminas, de manera totalmente mecanizada, que cubría todas las condiciones de aseguramiento de la calidad. Lo entregaba refrigerado con la concentración de solidos deseada.

(A12) POLLOS CONGELADOS: OLOR EXTRAÑO AL HERVIR

Antecedentes

1988: Por una llamada telefónica desde la gerencia me informaron que iban a recibir varios cajones con pollos congelados para un estudio preliminar provenientes de cámaras de congelación y cuyo origen era de Europa. Solicitaron prioridad ya que se trataba de una buena oportunidad económica.

Recepción

Se recibieron seis cajones de madera rústica sin lijar con pollos congelados contenidos en bolsas plásticas transparentes de polietileno. Esta
forma de empaque era similar a la que normalmente se recibía en el
país.

Inspección

Normalmente se desarrollaba en tres etapas, aunque al rechazo en alguna de ellas se interrumpía inmediatamente sin seguir con la etapa siguiente y rechazándose. Estas tres etapas eran:

1. Inspección externa de las unidades: Estudio en sala anexa a recepción
   Para estudio en el lugar debía tomarse un pollo por cajón. Estos se
   inspeccionaban sensorialmente (olor y color), su estado sanitario, pelado, sin canutos remanentes, con la piel limpia, libre de marcas de
   vacunaciones ni de micosis, sin huesos rotos, sin resto de cogote ni
   de patas.

2. Inspección interior de las unidades: Aprobado lo anterior y con una
   sierra eléctrica cada unidad se cortaba longitudinalmente por la mitad
   para revisarla. Se evaluaba el aspecto general, si se percibía olor extraño, la evisceración era completa y sin vísceras empaquetadas. Esto
   último era importante ya que los pollos solían venderse a consumo
   con un paquete con las vísceras.

3. Sensorial por cocción, laboratorio sector de degustación: Las muestras se llevaban al laboratorio y en una olla de dimensiones apropiadas se colocaban los pollos enteros y agregaba agua de manera que al
   hervirlos se mantuviera durante 30 minutos. Luego se procedía a la
   inspección sensorial del caldo producido.

Resultado

Etapa 1: Los pollos mostraron un buen estado y preparación por lo que
se aprobó.

Etapa 2: En el interior de cada una se encontraron menudencias dentro
de bolsitas de plástico, por lo que luego se rechazó la muestra.

Cabe aclarar que como rutina no se admitían las menudencias y menos envueltas en bolsas plásticas. Esto era así porque en el proceso industrial, a los pollos sin las bolsas de polietileno y sin descongelar se los incorporaban a las ollas industriales de platos y cocinaban. En este proceso, la presencia de las bolsas plásticas de menudencias presentaba varios problemas, ya sea por el costo laboral para quitar los paquetes de menudos, como el riesgo de modificar el sabor del caldo por las menudencias que pudieran quedar.

Resultado primario

Por motivos físicos de manipulación de los pollos, las muestras recibidas no cumplían con las exigencias de calidad de la empresa y se las rechazó.

Acciones posteriores

Al día siguiente me comunicaron que haciendo los cálculos de costos se podía realizar el trabajo de quitar los menudos manualmente.

Sin que todavía no se hubiesen devuelto las muestras tomé la decisión de realizar la tercera etapa de control, esto era cocinar dos pollos en una olla. Cuando se completó el proceso de cocción me llamaron para participar de la degustación. Al destapar la olla se sintió un fuerte olor que recordaba a pescado. La partida tuvo su segundo rechazo.

Al día siguiente me llamaron desde las oficinas centrales porque no entendían las razones del rechazo, particularmente porque la persona que hablaba me dijo que él había comido un pollo luego de asarlo a la parrilla y su sabor era normal. Le expliqué que en una parrilla la carne de pollo se desgrasa y así lo que va quedando de sabor es la carne (mayormente proteína) que, sin la grasa, su sabor es neutro e incorpora sabores propios del proceso de cocción al fuego. Además, en la rutina de fábrica al hervirse la grasa es separada y luego deshidratada para ser formulada e incorporada al producto final. En nuestro caso todos los olores quedarían incorporados al caldo ya que a los pollos se los agregaba en las ollas de manera íntegra, incluso en un block congelado de varias unidades para luego cocinarlo en agua. A pesar de la explicación, lamentó haber perdido esta oportunidad de obtener una rentabilidad importante dado el precio al que se lo habían ofrecido.

Comentarios posteriores

Al año siguiente con el apoderado de la empresa, partimos hacia el litoral para visitar supermercados y direcciones de bromatología e interiorizarme de la situación de nuestros productos en el mercado. Al llegar a la de Santa Fe me informaron que desde Buenos Aires solicitaban me comunicara urgentemente con el Gerente General. Al hacerlo me dijo imperiosamente que no comentara con nadie lo ocurrido con la partida indicada más arriba. Le dije que no lo hacìa.

Cuando llegamos a Posadas, a su pedido nuevamente me comuniqué con él y me reiteró lo anterior. Como habían pasado algunos meses del rechazo no entendía las causas de tanta necesidad de información negada. A mi regreso a Buenos Aires me explicaron que se había producido un escándalo por la importación de pollos que las autoridades nacionales habían realizado. Además, un periodista había lanzado sospechas sobre su uso en productos de consumo.

Esto había generado un revuelo por lo que la empresa había tomado la decisión de darle al área legal las herramientas técnicas para aclarar que en ningún momento se habían incorporado los citados pollos al producto que se comercializaban.

Conclusiones

Cualquier responsable de aseguramiento y control de calidad debe tener en cuenta que tomar una decisión tiene muchísima importancia, porque en una empresa debe existir un equilibrio en sus actividades. Ese equilibrio no debe salir más allá de los delicados niveles de tolerancia. Es por ello por lo que se requiere un compromiso de la alta gerencia y de un profesional capacitado para definir las "zonas grises", transformándolos en "blanco" o "negro". Ejercer presiones sobre el área de calidad es correr un riesgo que puede llevar a la empresa a situaciones que excedan sus responsabilidades ante el consumidor, el público en general, las autoridades respectivas y finalmente la total pérdida de imagen por la divulgación en los medios de información.

(A13) JARABE DE MAÍZ DE ALTA FRUCTOSA (JMAF)

(Rechazos por no cumplimiento microbiológico)

Poder edulcorante de los azúcares naturales y artificiales (Según Wiki-Elika)

El poder edulcorante de un producto está medido con un valor relativo que determina la capacidad de una sustancia de provocar sabor dulce al relacionarlo con un patrón de referencia de dulzor, establecido por una solución de sacarosa en condiciones normalizadas, a la que se le atribuye un valor de 100.

La siguiente es la que se acepta como comparación de poder edulcorante, a las que puede incorporarse otros edulcorantes artificiales:

Edulcorante	Poder edulcorante
Sacarosa	100
Fructosa	173
Glucosa	73
Ciclamato (*)	25-40
Aspartamo (*)	100-200
Sacarina (*)	200-500

(*) artificiales

Se ha incorporado como edulcorante de las bebidas y otros alimentos, la Stevia (*Stevia rebaudiana* Bertoni), cuyo principio básico es el esteviósido (13-O-beta-soforosil-19-O-beta-glucosil-steviol). El poder edulcorante de su hoja es 20 a 30 veces el de la sacarosa. Además, aporta muchas menos calorías que la sacarosa (0,2 kcal *vs.* 4 kcal). Al efecto del esteviósido se agregan los rebaudiósidos que son glucósidos del esteviol, 200 veces más edulcorante que la sacarosa.

Edulcorantes de las bebidas gaseosas y otros alimentos

A fines de la década de 1970 comenzaron a incorporarse nuevos productos como nuevas tecnologías y métodos de elaboración. La industria de bebidas sin alcohol estaba dejando de emplear sacarosa para endulzar sus productos, ya que representaba un trabajo algo complicado desde el manejo de bolsas de azúcar y su almacenamiento, como su deficiente higiene, hasta la disolución en agua que finalmente debía agregar el filtrado y pasteurización. De allí fue que al aparecer en el mercado el jarabe de maíz de alta fructosa (JMAF), de mayor capacidad edulcorante y mucho más fácil manejo en la incorporación a las bebidas, se requirió su elaboración en la empresa que me desempeñada y que disponía la infraestructura, tecnología, capacidad de producción y sistema de distribución comercial para abastecer a las embotelladoras.

Este proceso partía de la semilla de maíz, su molienda húmeda y el proceso extractivo de almidón convertido en suspensión del almidón, seguida por la conversión por hidrólisis en un conjunto de oligosacáridos de poco peso molecular llamados dextrinas. Posteriormente ese jarabe enzimático isomerizaba enzimáticamente la glucosa a fructosa a través de columnas de intercambio logrando el JMAF. Dada su baja viscosidad, no requiere calentarlo para su carga, transporte ni descarga como ocurría cuando se debía enviar el jarabe de glucosa industrial con otros propósitos.

Para el empleo como edulcorante en las gaseosas se debía tener mucho cuidado de los contaminantes, particularmente levaduras y lactobacilos ya que al llevarlos a la concentración de consumo se hacía riesgoso su mantenimiento inalterable por la posibilidad de la fermentación del producto final.

Laboratorio de microbiología

Al concurrir en el laboratorio de la planta industrial por primera vez, no encontré un sitio para análisis microbiológicos. Esto era debido a que todos los estudios se realizaban en el laboratorio central de la empresa ubicado a muchos kilómetros de distancia y al que se enviaban diariamente muestras para analizar lo que habían hecho en el día, pero nunca de inmediato o preventivamente. Todas las actividades estaban destinadas a trabajos físicos y químicos, por lo que lo higiénico y sanitario no se seguía de manera de encarar soluciones rápidas, tanto correctivas como preventivas.

Por las necesidades para apoyo al desarrollo del proceso y control rápido del producto y teniendo en cuenta los estándares del cliente, hube de establecer el lugar, equipos, materiales, elementos necesarios para realizar las tareas microbiológicas y me aboqué a la búsqueda de un analista con alguna experiencia. Cuando el laboratorio fue montado se preparó un manual de operaciones y capacitó al encargado.

Desde el punto de vista microbiológico se introdujeron estándares que exigían los clientes a los que debía ajustarse el jarabe. En general los valores eran los siguiente:

Bacterias aerobias mesofílicas   <200/g
Levaduras   <10/g
Hongos   <10/g

Ensayos microbiológicos

La carga de los camiones con JMAF requiere un estudio rápido para que la salida hacia los clientes no se vea demorada. De allí es que, además de los estudios microbiológicos completos y establecidos que demandan hasta 48 horas, se estableció un procedimiento colorimétrico rápido para el recuento de levaduras.

Esto busca evitar que su número no supere lo establecido como límite de estándar en cuyo caso llegue a producir rechazo en la descarga del cliente con los problemas y costos que representa tanto para este como para su proveedor. Esto lo pude comprobar cuando recibí un reclamo de otro cliente junto a una botella de gaseosa deformada por la generación de gas que recordaba a una pelota de rugby, producto de la fermentación de levaduras.

De allí es que el empleo de eritrosina, como colorante vital en el recuento en membrana en lugar de azul de metileno que se utiliza convencionalmente, ofrece ventajas adicionales tales como que su preparación es más fácil y rápida y no mancha materiales y permite observar microscópicamente mejores contrastes entre células vivas y muertas.

Método

Técnica basada en hacer pasar la muestra de solución de jarabe en agua a través de un filtro de membrana microporosa (0,45 μ tamaño de poro y 47 mm de diámetro) en cuya superficie quedan retenidas las levaduras.

Procedimiento para levadura y hongos

• Pesar 10 g de JMAF en un Erlenmeyer estéril graduado de 250 cc llevándolo a volumen 100 cc de agua destilada estéril.

• Se filtra a través de dispositivo con membranas de 0,8 μ y medios de cultivo para hongos y levaduras M-Green.

• Se incubará a 28 ± 2°C durante cuatro horas.

- Mientras tanto a una almohadilla se la embeberá gota a gota con la solución de eritrosina y dejará en placa de Petri tapada.

- La membrana incubada será tomada con pinza de extremos plano y colocada sobre la almohadilla con eritrosina, evitando dejar burbujas de aire entre ella y la membrana.

- Dejar una hora en estufa a $28 \pm 2°C$ esta placa de Petri con la tapa hacia arriba.

- Sacar de la estufa y observar con un microscopio estereoscópico contando las colonias que se presenten coloreadas. Cada grupo se considera una levadura.

Jarabe de maíz de alta fructosa (JMAF). Etapas en el proceso de producción

1. Ingreso de maíz en grano: Inspección y almacenamiento con doble limpieza para eliminar las mazorcas, el polvo, la paja y los materiales extraños.

(F39) **Grano de maíz**

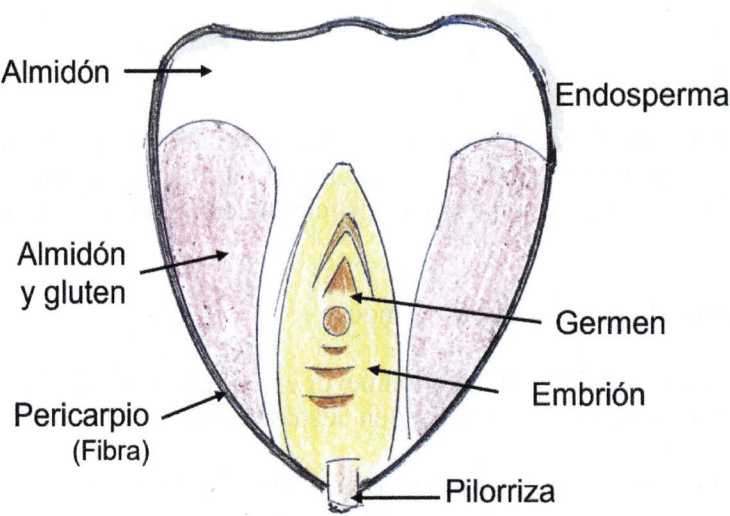

2. Remojo del grano

• En agua a 50°C, por más de 24 horas. La cáscara absorbe agua, llevando su humedad a 15-45% y duplicando su tamaño.

• Se le adiciona 0,1% de dióxido de sulfuro* para prevenir el excesivo crecimiento de microorganismos. Sin ello el "licor" se convertiría en caldo de cultivo.

• A medida que el maíz se hincha y se ablanda, la leve acidez del agua de maceración comienza a aflojar los enlaces de gluten dentro del maíz y a liberar el almidón.

* Importante: El almacenamiento de este gas significa un riesgo debido a su peligrosidad para la salud. De allí que su uso exigirá personal entrenado y extremas medidas de seguridad. Desgraciadamente la empresa adquirió de otra empresa una segunda planta de producción de jarabe de fructosa de maíz, pero poco tiempo después se produjo un accidente en ella debido a la no detección del deterioro del tanque que la contenía produciendo consecuencias fatales para algunas personas.

3. Molienda gruesa: Consiste en separar el germen de otros componentes. El agua de maceración se condensa para capturar nutrientes en el agua para su uso en alimentos para animales, antiguamente se enviaba a la industria farmacéutica como caldo de cultivo para la producción de antibióticos. Cuando trabajé en la industria farmacéutica recibíamos los camiones con aquel caldo que luego se incorporaba como nutriente para la producción de antibióticos.

   El maíz molido en una suspensión de agua llamada "lechada", fluye hacia los separadores de gérmenes.

4. Molienda fina: La lechada de maíz y agua sale del separador de gérmenes para una segunda molienda más completa en un molino de impacto o de desgaste para liberar el almidón y el gluten de la fibra en el grano.

• La suspensión de almidón gluten y fibra fluye para retener la fibra y permitir pasar al almidón y al gluten.

• La fibra que se obtiene sufre una segunda tamización para recuperar almidón o proteína residual.

- La suspensión de almidón-gluten se canaliza a los separadores de almidón.

5. Separación de almidón: Se realiza por centrifugación y debido a la baja densidad del gluten respecto al almidón se separa fácilmente y se comercializa en diversos alimentos. El almidón de baja proteína remanente se diluye y lava varias veces para quitar las últimas trazas de proteína y producir almidón de alta calidad, de más de 99,5% de pureza. Parte del almidón se seca y se comercializa como almidón de maíz sin modificar, parte se modifica en almidones especiales y la mayoría se convierte en dextrosa y jarabes de maíz.

6. Conversión de jarabes: El almidón suspendido en agua con la presencia de ácido y/o enzimas es convertido en una solución de baja dextrosa. Luego se trata con otra enzima y continúa el proceso de conversión. El proceso se puede detener en puntos clave para producir la mezcla correcta de azúcares como la dextrosa y la maltosa para jarabes que satisfagan diferentes necesidades. El jarabe es refinado en filtros, centrifugado y pasa por columnas de intercambio de iones, y el excedente de agua se evapora. Los jarabes se venden directamente, cristalizado como pura dextrosa o procesado posteriormente para crear jarabe de maíz de alta fructosa.

7. Jarabe de Maíz de Alta Fructosa (JMAF)

El jarabe enzimático de dextrosa es isomerizado con enzimas para convertir parte en fructosa llevado a una concentración de 42% de fructosa. Esta fue la primera en producirse. Posteriormente se trabajó en la obtención de un jarabe de alta fructosa.

El 42-JMAF se pasa a través de una columna que retiene fructosa llevando al jarabe a 90% para vender o mezclar con 42% en un tercero de 55%. La dextrosa que sale de la columna se isomeriza nuevamente para tener más del 42%.

Problemas encontrados en mi estadía (aprox. 6 meses)

Se estaba en la fase preliminar de ventas para constituirse en el proveedor de JMAF de una importante elaboradora de gaseosas. Previamente había visitado la planta solo una vez por lo que mi experiencia en el tema era escasa. Sin embargo, el director de marketing industrial solicitó al director de producción y calidad que yo concurriera a la planta para resolver el problema que impedía dar cumplimiento microbiológico exigido por el posible cliente. De hecho, el gerente de calidad del posible cliente solicitaba que por lo menos tres muestreos de diferentes entregas a otros clientes debían ser satisfactorias para incluirnos como proveedores. Las muestras fueron extraídas en una de nuestras plantas por un técnico de calidad del posible proveedor. Los resultados no fueron satisfactorios. De resultas de estos hechos, a partir de ese momento el posible cliente requirió que diez camiones deberían ser aprobados para que fuésemos considerados clientes confiables.

Producción, transporte y control de calidad del JMAG

Auditoría de producción del jarabe

Mientras tanto, dada la urgencia de encontrar solución al problema, de manera paralela a la primera fase del trabajo en planta, decidí hacer una auditoría de instalaciones y procesos pues era necesario saber en qué situación general y particularmente sanitaria se encontraba el proceso.

Se trataba de una planta industrial de más de cincuenta años de existencia. La elaboración de jarabe de fructosa de maíz era algo nuevo para ellos y se había destinado un sector en la planta para desarrollar el producto, renovando la infraestructura del edificio. Todo el proceso se realizaba sin exponer el producto en las distintas etapas de su proceso, aunque alguno de los detalles externos carecía de diseño sanitario adecuado. Sin embargo, los principales problemas estaban en el proceso mismo del grano de maíz, de tanques antiguos y construidos con materiales no sanitarios, como madera de difícil limpieza. A esto debía agregársele una incorrecta limpieza no estandarizada. Al ingresar a la planta noté que los estaban limpiando, lo que me sorprendió, aunque el jefe del laboratorio me advirtió que era porque se habían enterado de que vendría alguien del laboratorio central.

Como conclusión entendí que no podía tener la esperanza que alcanzásemos los niveles de contaminación aceptables por los estándares. Como ejemplo de la situación bacteriológica me mostraron un problema que presentaban las columnas de isomerización por una sustancia que se acumulaba y tenía aspecto de algodón. Esta producía la pérdida de esferas de resina por flotación y arrastre. Mediante una coloración por Gram y observación al microscopio se veían bacilos Gram positivo de tamaño compatible con *Bacillus megaterium*. Por tratarse de un problema sanitario, técnico y también de pérdida económica, hice la recomendación de estudiar el proceso en la etapa previa al paso por columna. Si bien esto confirmaba lo que se observaba como falta de higiene, no era el problema principal que afectaba a los envíos, ya que el jarabe final no presentaba alteración de los estándares microbiológicos exigido para las entregas del cliente.

Los camiones que originalmente se destinaron al transporte de JMHF eran los mismos con los que se distribuían el jarabe de glucosa bastante viscoso, con detalles no sanitarios, como la tubuladura de descarga con bridas atornilladas, y burletes de goma que hacía muy difícil de higienizar ya que no se podían desarmar. Las bombas eran lobulares de metal fundido, abulonadas que no permitían el desarmado para una correcta higiene. El interior de acero presentaba muchas sopladuras que dejaban anfractuosidades en el metal, permitiendo la multiplicación de microorganismos pues el lavado dejaba agua remanente que diluía los restos de jarabe, difíciles de limpiar.

Mientras se realizaban modificaciones en el proceso de fábrica, llamé a una reunión con los dueños de camiones tanque para explicarles las características del nuevo producto, los procedimientos que debían seguir y las refacciones que debían realizarse a los camiones. En esa misma reunión solicité un voluntario que pudiera poner un solo camión tanque de bajo volumen de capacidad como un chasis, para ser reconstruido basándose en diseños sanitarios. A la salida de la reunión un ingeniero de la compañía me solicitó que dirigiera las tareas e hiciera una lista de las modificaciones.

Modificaciones en taller de mantenimiento de terceros:

• Ingreso al interior del tanque para revisar su estado general, ausencia de sopladuras en el metal, y estado de las soldaduras de acceso superior, salidas de descarga y respiradores.

• Eliminación de los burletes porosos de goma esponja de las aberturas superiores reemplazándolos por material no poroso.

• Reparación o cambio de tapas de cierre superior como bocas hombre y filtros.

• Eliminación de todas las bridas en los caños de descarga, reduciendo el número de uniones y reemplazándolas por juntas o-ring desmontables y de fácil higienización.

• Colocación de un grifo de muestreo sobre el extremo final de la tubería de descarga con cobertura roscable para evitar polvo durante carga, transporte y descarga de producto.

- Reemplazo de la bomba lobular de descarga por bombas como las usadas para la industria láctea en camiones, que presenten un diseño sanitario en la superficie metálica interna.

- Reemplazo de los porta-mangueras de descarga por tubos sanitarios provistos de cierre hermético en los extremos.

Todo el camión debía presentar una limpieza y desinfección establecida por protocolo, incluyendo la cabina. Además, se le proveería de uniforme sanitario al conductor. A ese camión terminado se lo cargó con el JMAF y envió al posible cliente para su muestreo, aunque su producto tenía otro destino. Es así como diez envíos a diversos clientes se los hizo pasar para muestreo dando como resultado su aprobación.

A pesar de que el cliente había comunicado que los acoples a las bombas de las embotelladoras eran del mismo tipo, en varias auditorías en las que se acompañó a los camiones a cada embotelladora del cliente, demostramos que no era así, de manera que el cliente debió uniformarlos dada la imposibilidad de que un camión portara todas las variantes de acoples existentes.

Finalmente, nuestra empresa acondicionó sanitariamente a todos los camiones que serían empleados en transportar el JMAF.

Comentario adicional

Posteriormente y no relacionado con lo anterior, aunque sí con el diseño de camiones, me llamaron para que concurriera con un ingeniero de diseño a una localidad de la provincia de Santa Fe para revisar un tanque de camión. El motivo era que revisara la chapa adquirida para un nuevo camión tanque que iban a usarse.

Cuando comenzaron a armar el tanque encontraron sopladuras internas de la chapa y al pulirlas querían que las revisara para ver si quedaban sanitariamente aptas. Esto lo corroboré y solo pregunté si la chapa resistiría la presión del jarabe sobre las zonas de rebajado por pulido. Esto lo confirmaron los ingenieros. Luego me mostraron la "cuna" sobre la que montarían el tanque. Me pareció muy elevada por lo que pregunté si esa estructura de camión podía doblar en las esquinas internas de la planta. No tuve respuestas. Tiempo después, en las oficinas centrales me crucé con el ingeniero al que le pregunté cómo había terminado todo. Me contestó en tono risueño, "ahora me conocen como el que construyó al monstruo".

(A14) ALMIDÓN DE MAÍZ: NIVELES MICROBIOLÓGICOS NO ACEPTABLES

Un cliente de la industria farmacéutica presentó un reclamo por el nivel elevado de bacterias aerobias en el almidón LBC* formulado para comprimidos.

*Low Bacterial Count (LBC) o Recuento bacteriano Bajo

Del área industrial se informó que varias entregas fueron rechazadas y al no poderse resolver el problema, el laboratorio farmacéutico internacional envió una carta solicitando le fuera comunicado por escrito que nuestra empresa no se encontraba en situación de cumplir con los estándares microbiológicos. La razón de esto era que estaban restringidas las importaciones de productos que se elaboraban en el país. Además, las empresas internacionales de un país extranjero en general buscaban proveerse a su vez, de productos elaborados por empresas cuya base estuviera en su país de origen. Esto era así pues se suponía que sus productos estarían bajo los mismos estándares de calidad que en sus casas matrices. No hay que olvidar que entonces todavía no estaban bien desarrollados en nuestro país los sistemas de calidad con los certificados internacionales que luego se otorgaron. Como consecuencia de este reclamo que venía del nivel más alto del cliente, es que tuve que establecerme en la planta industrial para que el problema se resolviera.

Lo primero que hice fue contactarme con el laboratorio farmacéutico para confirmar los estándares microbiológicos que requerían para el almidón. Como la jefa del laboratorio había sido compañera de trabajo en otro laboratorio farmacéutico cuando yo era un estudiante, convinimos que le llevase distintas muestras para su aprobación, lo que fue aceptado.

Diagnóstico

Como relatara en la elaboración de JMAF la fábrica en general presentaba muchas deficiencias por tratarse de una planta antigua con mantenimiento deficiente en varios aspectos, especialmente relacionados con el diseño sanitario que incluían estructuras de madera y precarias buenas prácticas de manufactura.

Con el objeto de identificar los lugares en los que las contaminaciones estaban fuera de los estándares aceptables, se realizaron estudios microbiológicos de LBC, hongos y levaduras. Los resultados fueron desalentadores por lo que a pesar de que se intentaron limpiezas en distintas etapas, su estado no permitió alterar los resultados. Esto nos llevó a un nuevo estudio de planta tanto en los planos como *in situ* para una modificación integral del proceso. Las conclusiones llevaron a cambiar la mayoría de los pasos del proceso hacia la esterilización térmica del almidón mediante sistema de rotación y posterior secado. Este último equipo hubo de ser limpiado físicamente pues en su techo acumulaba mucha contaminación fúngica de anteriores usos. Este proceso modificado redujo notablemente los niveles de contaminación y luego de un acuerdo con el cliente se enviaron muestras que fueron aprobadas.

Sin embargo, desde la dirección de nuestra empresa me dijeron que este proceso agregaba más costo al producto, reduciendo la rentabilidad y obligaba a aumentar el precio. Mi respuesta fue que se me había pedido llevar la contaminación a los niveles establecidos en el estándar del cliente y eso era lo que se logró con la estructura que existía. Esto fue empleado por nuestra empresa como justificación para que el cliente se sintiera liberado de realizar la compra aceptando el nuevo precio o de importar o comprar a otro proveedor.

(A15) AZÚCAR: MATERIA FECAL DE RATA

(Defecto crítico)

Del área de elaboración me informaron de que en el azúcar se habían encontrado grandes partículas oscuras. Por tratarse de una muy grave situación es que inmediatamente se detuvo la producción. Las bolsas con azúcar fueron retiradas y reemplazadas por otra partida. El gerente sospechaba de que el origen del problema fuese del proveedor. El procedimiento habitual del agregado de azúcar era que previamente a su incorporación al proceso, cada bolsa debía descargarse en un carro tolva para su inspección y uso, si todo estuviera bien. Las muestras extraídas de la partida demostraron que se trataba de materia fecal de rata, aunque las sospechas de su origen podían recaer tanto en el proveedor como en el depósito de la empresa.

Investigación

Investigamos el itinerario que cumplen las bolsas desde su arribo a la empresa. Todos los insumos ingresaban a un depósito cercano a la fábrica y luego de la aprobación de las muestras eran enviadas a la producción.

1- Depósito de materias primas

• Las bolsas de azúcar se almacenaban estibadas en un galpón aparte del resto de los insumos.

• Ese depósito estaba desordenado y repleto de materiales de todo tipo, particularmente de propaganda en desuso.

• Según me informaron, las habían colocado allí pues era costumbre que el personal abriera bolsas para sacar azúcar para el comedor. De esa manera las bolsas quedaban abiertas y el azúcar se derramaba.

• Sin corregir ese problema ni capacitar al personal, periódicamente se barría para juntar el azúcar del suelo pues se había comprobado que había ratas y se podían ver sus deyecciones.

• Para juntar los barridos se usaban bolsas nuevas, extraídas sin autorización del depósito del área de empaques cuyo destino era el área industrial para su uso con otros productos, como por ejemplo fécula de maíz, e identificadas por su propia impresión.

• En el momento que hacíamos la auditoría una de ellas estaba sin cerrar, apoyada contra una pared vecina a la estiba de azúcar y con barrido en su interior. Sin leer la impresión era fácil identificar esas bolsas ya que su cierre consistía en un grueso hilo que al completar el llenado se anudaba en la parte superior. En cambio, el cierre de las bolsas de azúcar proveniente del proveedor era engomado en origen por el proveedor.

2- Depósito de fábrica
La estiba de azúcar estaba correctamente estibada sin nada que indicara anormalidades. Aunque como dijera, se veía azúcar derramado en el suelo.

3- Elaboración. Área de dosificación
En esa área un operario abría la bolsa de azúcar y volcaba su contenido a un carro tolva y verificaba que el contenido no presentara anormalidades. En el caso que nos ocupa ese operario fue el que vio las partículas extrañas al azúcar.

• Consultó al supervisor quien inmediatamente suspendió la operación e informó a la gerencia de operaciones y a control de calidad.

• El supervisor había guardado la bolsa para la inspección. Esta era una bolsa de las que se usaba para el área industrial, por lo que corroboraba la idea de que la bolsa de los barridos fue incorporada a la estiba y enviada a producción.

Conclusión

La falta de descripción de tareas y de capacitación en BPM en todos los niveles fueron los responsables de este problema.

Acciones correctivas

Se destruyó todo el contenido del carro de azúcar. Unos 250 kg en total.

• Se inspeccionaron todas las bolsas de azúcar existente en fábrica y depósito de producción.

• En el depósito en que se hallaba el azúcar se reestibaron las bolsas mientras se efectuaba una detallada limpieza e identificación de las partidas existentes.

• El total del azúcar fue trasladado al depósito de materias primas autorizado para su almacenamiento.

• Se solicitó la presencia de un representante de mercadeo para proceder al descarte de todo el material amontonado en el depósito en el que se había producido el problema, además de su ordenamiento e identificación de lo rescatable.

Acciones preventivas

Aseguramiento de la calidad, almacenamiento y producción:

• Se incorporó un sistema de registro que acompañarán a todas las materias primas desde su ingreso hasta su uso en producto final.

• Aquel registro sería incorporado al archivo de documento de cada lote de producto.

• Se capacitó al personal de todas áreas involucradas en gestión y BPM.

(A16) CAMIÓN INFESTADO CON CUCARACHAS

(Defecto crítico)

Problema

De la recepción del depósito de materias primas me informaron que había ingresado un camión con una partida de cajas con insumos y al abrirlo se observaron cucarachas por lo que no lo descargaron e inmediatamente lo cerraron. Les pedí que llevaran el camión sin abrirse al lugar más apartado de la playa de maniobras y esperaran a que yo llegara. Además, pedí que el área en donde había estado el camión estacionado al abrirse fuese lavado y desinsectado cuidadosamente. Mientras tanto se reportó al área de abastecimiento para que se comunicaran con el proveedor y/o empresa de transporte para que enviaran a alguien a discutir el problema. Además, llamaran de urgencia al control de plagas que la empresa tenía contratada, pero que no hiciera nada hasta mi llegada.

Investigación

Con todo cuidado y en presencia del personal de control de plagas, se abrieron los portones de descargas del camión. En un instante se observó un desbande de cucarachas, desapareciendo de la vista entre las cajas. Fue inconfundible que se trataba de *Periplaneta americana*, insecto alado, de unos 40 mm de longitud media, color pardo rojizo, aplanado y de gran movilidad, que en la apertura del camión inmediatamente buscó la penumbra de las cajas.

(F40) *Periplaneta americana*

No se necesitó buscar mucho para ver que los paragolpes internos de la pared de la caja del camión, que evitan que se dañen sus paredes, estaban muy sucios con un polvo que parecía harina agrumada y que por su aspecto indicaba que no se habían limpiado en mucho tiempo. Esto fue lo que había producido el asentamiento y multiplicación de las cucarachas que posiblemente provenían de una infestación en origen.

(F41) **Transporte: Esquema posterior de caja. Infestación**

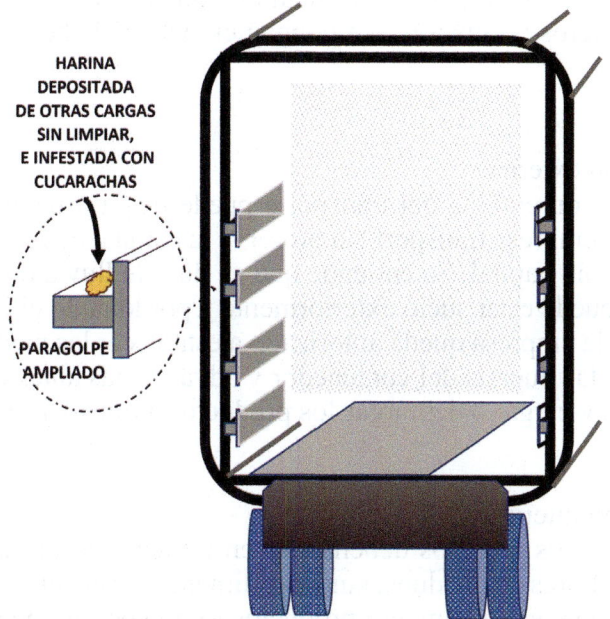

Acciones correctivas

Con todas estas evidencias se rechazó la partida y de la discusión con el representante del proveedor se acordó que hiciéramos una auditoría de sus depósitos y la de los camiones que en cada entrega habían hecho.

Acciones preventivas

Se elaboró una planilla para el control de transporte. Con ella se realizaron capacitaciones a los encargados de inspeccionarlos y hacer el seguimiento de las tareas correspondientes. Además, se le proveyó a la empresa de camiones, para que una vez que la completen al cargar, la acompañen con el remito respectivo.

(A17) PLANILLA CONTROL DE CAMIONES Y CONTENEDORES

Previamente al cargar/descargar se debe verificar las condiciones externas e internas, de acuerdo con la planilla que se adjunta.

1) La integridad de la caja del vehículo o contenedor debe ser perfecta y sin agujeros o faltantes que pongan en peligro la hermeticidad del sistema.

2) Condición externa
   La condición externa del transporte puede llegar a indicar la forma en que la empresa transportista preserva la carga a través del cuidado de su propio capital. Se entiende que en días de lluvia o tormenta un camión puede estar sucio exteriormente y por lo tanto el inspector de carga de la empresa queda autorizado a establecer las medidas de hacer lavar las puertas del contenedor y adyacencias antes de proceder a abrirlo, y cargar o descargar los productos a transportar.

3) Condición interna
   Paredes, pisos y techos deben estar en perfecto estado de mantenimiento y libres de residuos, tanto de alimentos como de materiales no alimenticios, especialmente productos químicos que pueden causar contaminación.

4) La planilla indica cuáles son los requisitos que pueden ser solucionables antes de cargar y aquellos que invalidan al equipo para su carga y rechazo con devolución a su lugar de origen.

(F42) **Registro de control de camiones y contenedores**

TRANSPORTE DE MERCADERÍAS – Informe de Inspección

Producto a enviar/recibir _____ Fecha: ___/___/___

Tipo de transporte: _____ Nombre del inspector: _____

Patente transporte: _____ Nombre transportista: _____

Empresa transportadora: _____

	ACEPTABLE/REMEDIABLE	INACEPTABLE
1. Exterior del transporte:	Limpio; Sucio; Embarrado	
2. Cierre de la puerta:	Correcto	Cierra mal No cierra
3. Al abrir la puerta:	Huele bien	Huele extraño o anormal Huele mal
4. Hay evidencia de actividad de:	**No**	Insectos; Roedores; Aves
5. Hay evidencia de residuos de pesticidas	**No**	☐
6. Suciedad interna	**No**	☐

7. Comentarios: _____

_____

8. Lote producto: _____

RECOMENDACIÓN DEL INSPECTOR:

ACEPTADO ☐   **RECHAZADO** ☐

(A18) MARGARINA CONTAMINADA

(Defecto crítico)

Legislación Código Alimentario Argentino (CAA): Art. 551

En su capítulo de Alimentos Grasos, se define a la margarina como el alimento constituido por una fase acuosa íntimamente mezclada con una fase grasa alimenticia formando una emulsión plástica.

La fase lipídica podrá estar constituida por diferentes aceites vegetales, como soja, maíz, girasol, o canola entre otros, pasados por un proceso de hidrogenación en el que se saturan las insaturaciones de los ácidos grasos de manera artificial. Las cantidades de las dos fases dependen del tipo de producto de que se trate, como untable o para cocción en diferentes alimentos.

Las proporciones generales de los dos componentes en la mayoría de las distintas margarinas son:

a) Fase lipídica

Aceite vegetal y ácidos grasos saturados en general presentan niveles no inferiores al 80% en peso. Esta fase incluye otros componentes cuyos objetivos son los de emulsificación como la lecitina (0,20%), actuar como antioxidante (0,10%), darle un color similar a la manteca como es el caso del anato (0,03%), saborizar como mezcla de mantequilla con sabor natural (0,50%) y monoglicéridos destilados y triestearato de sorbitán (0,50%). Además, el contenido de grasa de leche incorporada a esta fase no deberá superar el 5,0% en peso.

b) Fase acuosa

Según el CAA, la cantidad de agua no deberá ser mayor de 16% en peso. En esta fase se pueden agregar entre otros, un máximo de sal de 3,0%, leche entera, parcial o totalmente descremada y/o crema de leche pasteurizada, aromatizantes.

Otras exigencias

• El punto de fusión no será mayor de 42°C (margarinas para untar) y 48°C (uso culinario), pero a 20°C será sólida, de textura lisa y homogénea.

• Al microscopio la emulsión mostrará uniformidad de los glóbulos de agua. De esta manera se asegurará la estabilidad.

• Presentará color amarillento uniforme y no evidenciará sabores y olores extraños.

• Cumplirá con las exigencias químicas y microbiológicas que indica el CAA.

Elaboración

La margarina se elabora a través de tres etapas básicas:

1. Refinado del aceite vegetal extraído de las semillas.

2. Aumento de la consistencia mediante la hidrogenación de los ácidos grasos del aceite.

3. Fabricación de la margarina propiamente dicha de acuerdo con la formulación determinada.

La viscosidad que caracteriza a la margarina se obtiene aumentando el punto de fusión del aceite de manera de obtener una curva de sólidos determinada. Esto se logra por hidrogenación, interesterificación o fraccionamiento. De estos procesos el más común es el de hidrogenación mediante la saturación del hidrógeno en autoclave a alta temperatura y presión, incluyendo un catalizador. De esta manera el punto final lo determina la medición de un índice de yodo, además de una curva de sólidos.

Anteriormente se llegaba hasta una hidrogenación parcial, pero luego se determinó que se generaban en importantes niveles de ácidos grasos trans. Esto constituía un serio problema por no tener el organismo humano enzimas que pudieran reconocerlo, pues su metabolismo está preparado para los ácidos grasos de dobles ligaduras "cis". De los ácidos grasos trans que se obtiene en la hidrogenación del ácido oleico, el ácido elaídico es el más común. Su fórmula es CH_3-$(CH_2)_7$-$CH=CH$-$(CH_2)_7$-CO_2H.

ÁCIDO ELAÍDICO (trans)

ÁCIDO OLEICO (cis)

Si bien en la naturaleza se produce en pequeñas cantidades en la leche caprina y bovina, con aproximadamente el 0,1% de los ácidos grasos, en algunas carnes y en algún fruto (*Durio graveolens*), resulta un riesgo ya que tiene relación con las enfermedades cardíacas pues aumenta la actividad de la proteína de transferencia de colesteriléster (CETP) que reduce el nivel de lipoproteínas de alta densidad colesterol o HDL (High Density Level). Se lo suele mencionar como colesterol "bueno" porque transporta el colesterol de otras partes de su cuerpo a su hígado que luego elimina el colesterol de su cuerpo.

El HDL es de importancia fundamental en el equilibrio con el otro 'carrier' portador de colesterol, el de lipoproteínas de baja densidad o LDL (*Low Density Level*), que conjuntamente desempeñan una función vital en el organismo ya que transportan el colesterol a las células a través de la sangre.

Como consecuencia de la pérdida de imagen de algo saludable, la industria reaccionó e investigó alternativas para reducir la cantidad de ácidos grasos trans. De allí fue que los procesos productivos llevaron a una hidrogenación total, interesterificación y/o fraccionamiento logrando disminuir la presencia de esos ácidos grasos trans por debajo del 1%.

Los expertos determinaron que las grasas trans eran peores que las saturadas. Sin embargo, recomendaron evitar lo máximo posible y sustituyéndolas por aceites y margarinas blandas, margarinas no hidrogenadas como por ejemplo aceite de canola, aceite obtenido de una variedad de semillas modificadas de colza variante de la colza derivada en Canadá a partir de las especies *Brassica-napus* y *Brassica-rapa*. Esta derivación surgió como consecuencia de la alta toxicidad del ácido erúcico, en las concentraciones de su aceite que produce lesiones en el miocardio y finalmente fibrosis del miocardio, y modificaciones en las glándulas suprarrenales. De allí es que se recomienda que los aceites para consumo humano no deban superar el 5% de este ácido.

Pero, como la colza es una oleaginosa de alto rendimiento, los fitogenetistas canadienses desarrollaron por métodos tradicionales y no transgénicos de reproducción vegetal, una variedad de colza, cuyas semillas se caracterizan por su baja concentración de ácido erúcico (< 2% en el aceite) y glucosinolatos (<30 μmoles/g de harina).

Hidrogenación

En general los aceites naturales se hidrogenan pasando hidrógeno gaseoso a través del aceite en presencia de un catalizador de níquel en condiciones controladas. Esta adición de hidrógeno satura los C-C para aumentar punto de fusión del aceite (endurecimiento por aumento de las fuerzas de van der Waals entre las moléculas saturadas en comparación con las insaturadas).

Como existen posibles beneficios para la salud al limitar la cantidad de grasas saturadas en la dieta humana, el proceso se controla de modo que solo se hidrogenen lo suficiente a los doble enlaces para dar la textura requerida. Se dice que las margarinas elaboradas de esta manera contienen grasas hidrogenadas. Este método se utiliza hoy en día para algunas margarinas y en ocasiones, se utilizan otros catalizadores metálicos como el paladio.

Si la hidrogenación es incompleta —endurecimiento parcial—, las temperaturas relativamente altas utilizadas en el proceso de hidrogenación tienden a cambiar algunos de los dobles enlaces carbono-carbono a la forma "trans". Si estos enlaces particulares no se hidrogenan durante el proceso, permanecen presentes en la margarina final en moléculas de grasas trans, cuyo consumo ha demostrado ser un factor de riesgo de enfermedad cardiovascular. Por esta razón, las grasas parcialmente endurecidas se utilizan cada vez menos en la industria de la margarina. Algunos aceites tropicales, como el aceite de palma y el aceite de coco, son naturalmente semisólidos y no requieren hidrogenación.

Caso de contaminación de la margarina

En la etapa final de la elaboración y antes de ser envasado para su venta, el producto es tratado térmicamente en un pasteurizador que permite eliminar los microorganismos patógenos (ver CCA Art. 551) y otros indicadores de proceso, mediante la aplicación de alta temperatura durante un corto período de tiempo.

El producto formulado y completado en su proceso llega a un tanque de balance donde una bomba lo envía a un intercambiador de placas que lo calienta hasta una temperatura de pasteurización la cual depende del producto y/o requerimientos del proceso. Posteriormente el producto pasa al retenedor donde se mantiene esta temperatura durante un tiempo para asegurar una correcta pasteurización. En el caso de que el intercambiador tenga la etapa de recuperación, el producto pasteurizado intercambia energía con el producto a pasteurizar y así necesitará menos energía tanto para enfriar el producto pasteurizado como para calentar el producto a pasteurizar.

Finalmente, el producto pasaba por una etapa de enfriamiento para bajar a una temperatura que permitiera su envasado. En el caso que nos ocupa, recibí la información de que una partida de margarina envasada tenía una contaminación considerable por lo que me dirigí a la planta industrial ubicada a unos cien kilómetros de distancia.

Decidí realizar un estudio consistente en pasar agua por el sistema aplicando las mismas temperaturas que en las condiciones normales y controlarlo microbiológicamente en distintas etapas de ese proceso. Es así como se tomaron muestras de las etapas correspondientes al producto terminado antes de pasteurizar, encontrándose que estaba de acuerdo con lo requerido para un agua potable. A la salida del pasteurizador esa contaminación ya era muy elevada. Esto demostró que en el proceso de pasteurización se presentaba una incorporación de contaminantes microbiológicos en algún punto de ese proceso. Además, en la etapa de calentamiento se demostró que el tiempo y temperatura eran los correctos para obtener una adecuada pasteurización.

Solicité los informes de limpieza del pasteurizador, en especial el desarmado de placas. Se me informó que la rutina era cumplida de acuerdo con lo que indicaba el manual. Solo quedaba realizar una limpieza observando los detalles de manera de poder sacar conclusiones que dieran con las causas del problema.

Desarmado el sistema, comencé a observar cada placa a contraluz en ambiente oscuro, de manera de detectar perforaciones. Inmediatamente se vio que existían algunas de ellas. La conclusión fue que el agua de enfriamiento debía estar contaminando a la margarina. Esto se producía por un efecto Venturi que hacía que el agua de enfriamiento pasara al producto.

Así es que, al tomar muestra del agua de enfriamiento para control microbiológico en el laboratorio, se encontró una elevada contaminación bacteriana. Estos resultados nos condujeron a recomendar las siguientes medidas:

- Establecer una rutina en tiempo y forma para la limpieza del sistema.

- Verificar que todos los productos de limpieza usados en el sistema de "limpieza en lugar" CIP (*Cleaning in Place*) sean adecuados para el acero inoxidable de las placas.

- Si la solución requiriera recirculación, se debería seleccionar un flujo que sea tan alto como sea posible, y preferentemente no menor que los flujos de servicio o del producto. Para métodos de limpieza de recirculación el flujo deberá ser enviado a través de un intercambiador por no menos de 30 min.

- La eliminación de incrustaciones del producto se realizará por retrolavados mediante la inversión periódica de flujo.

- Enjuagar con agua por al menos 10 min.

- Fijar la periodicidad para desarmado y una intensa búsqueda de perforaciones.

- Cada vez que se desarme se verificará el estado de las juntas de caucho de nitrilo.

- Cada vez que se realice el desarmado se controlará microbiológicamente el agua y el origen de la contaminación.

Mantenimiento preventivo

Consistió en llevar el mantenimiento programado un paso más adelante, tratando de asegurar el funcionamiento continuo de los equipos y procesos de producción, previendo los problemas que pudieran presentarse y brindando una posible solución antes de que la falla se presente.

Para ello se estudiaron los procedimientos de mantenimiento y limpieza de todo el sistema. La capacitación del personal fue el conocimiento del sistema de calidad y de las tareas para lograr ese objetivo.

(A19) "LECHE DE SOJA" O "BEBIDA ANALCOHÓLICA A BASE DE SOJA"

Consideraciones generales

La soja es fuente de proteínas de buena calidad comparable con otros alimentos proteicos y por ser de origen vegetal no contiene colesterol. A esto último se puede agregar que por ser una oleaginosa constituye una fuente natural rica en fitoesteroles (353 mg/100 g) que son compuestos presentes en las plantas con propiedades hipocolesterolémicas, que pueden contribuir a prevenir las enfermedades cardiovasculares. Además, también es una buena fuente de calcio, hierro, cinc, fosfato, magnesio, vitaminas B, folatos y un aminoácido esencial, lisina.

La llamada "leche de soja" constituye uno de los principales exponentes de esta línea. Este producto se emplea para definir a una bebida que contiene un 3% de proteínas hidrosolubles extraídas de la semilla de soja. Además, contiene la mitad de los lípidos y muy bajo contenido de ácidos grasos saturados respecto de la leche de vaca (0,2 g frente a más de 2 g en la leche) y al no poseer lactosa le da una ventaja importante respecto a su intolerancia.

El término de "Leche de Soja Frutada" o "Bebida de Leche de Soja" se emplea para aquella que contiene un 1,8% de proteínas hidrosolubles extraídas de la semilla de soja. La leche de soja fortificada con vitaminas y minerales puede ser usada en lugar de la leche regular para tomar con cereal y para diferentes recetas, mientras que la frutada es un producto refrescante pero no tan nutritivo. Esto se debe a que los jugos de frutas de acidez considerable llevan su pH a valores cercanos al punto isoeléctrico de las proteínas solubles de la soja, que está en pH 4, y parte de las proteínas precipitan. De esta manera el nivel final de proteínas de soja llega a ser entre un 25 a 40% del de la leche de soja propiamente dicha.

Elaboradas correctamente, son alimentos funcionales por sus componentes únicos, más allá de los nutrientes alimentarios por sus fitonutrientes conocidos como isoflavonas, que reducen el colesterol LDL, que puede mejorar la circulación y la salud del corazón. Además, estas isoflavonas reducen la pérdida ósea (osteoporosis) en mujeres premenopáusicas. Sin embargo, existen algunas dudas en cuanto a todo lo beneficioso que puede resultar su consumo intensivo por la cantidad de isoflavonas que incluiría al organismo. Su condición de alimento de origen vegetal es ideal para consumidores veganos.

El CAA en su Art. 996 lo incluye bajo la categoría "bebida analcohólica a base de soja", que puede contener jugos concentrados de frutas u hortalizas, e incluso otros agregados autorizados. Al utilizar estos términos se evita la confusión que genera en los consumidores la denominación "leche de...". En esta presentación y para simplificar emplearemos el término "leche de soja" de manera ilustrativa.

Antecedentes

La compañía en la que me desempeñaba incorporó la línea de leche de soja con dos tipos de variedades, las neutras y las frutales o ácidas. Las ácidas se presentaban formuladas en dos sabores diferentes, mientras que las neutras eran la natural y la chocolatada.

La leche de soja base, tradicionalmente se obtiene de la molienda húmeda y maceración de la soja y una posterior separación del subproducto insoluble llamado Okara (pulpa de soja), rico en proteínas, baja en grasa y de alto contenido en fibra, calcio, hierro y riboflavina. Se usa habitualmente como pienso para cerdos y vacas, pues suele exceder la demanda para consumo humano. Para producir diez mil litros de bebida final es necesario humectar y moler 0,8 Ton de poroto de soja y aproximadamente producirá 1,1 Ton de Okara. A continuación, se describen las distintas etapas de un proceso típico de elaboración de bebida de soja.

Trabajo sobre semilla y obtención de base de "leche de soja"

1. Selección de semilla de soja

La calidad de la semilla de soja no modificada requiere una adecuada selección para producir una bebida de buen sabor, color y óptimo rendimiento.

Rendimiento: es la recuperación de la proteína soluble y de los sólidos de la soja en la bebida final. La proteína en la bebida final es de aproximadamente del 70 al 80% y el porcentaje de sólidos de un 55 a 65 %, dependiendo de la variedad de soja utilizada. En general hablamos de semillas no modificadas genéticamente

2. Recepción de granos de soja a granel

Control de recepción que garantice el máximo porcentaje de semilla pura, y uniformidad con ausencia visible de semillas partidas, limpieza natural, y detalles de un contenido de humedad seguro para su almacenamiento. Sin vestigios de contaminantes, plagas ni enfermedades.

3. Almacenamiento en silos

Seguridad de control de temperatura y humedad.

4. Limpieza y selección de granos enteros de soja

Todos los materiales extraños, deben ser eliminados, así como toda semilla de otros cultivos, particularmente las nocivas. Para minimizar la oxidación de los lípidos por la lipooxigenasa (reacción de sabor a poroto) se quitarán las semillas de soja inmaduras y dañadas.

5. Descascarillado y humectación

Hay dos formas.

a) En seco. Realizado en tres pasos:

Desprendimiento de la cascarilla de los cotiledones por tratamiento térmico (93° 15 minutos) para descascarar el poroto de soja, y separar la cascarilla de los cotiledones mediante aspersión.

b) En húmedo

La cascarilla se desprende por medio de un remojo adecuado y una corriente de agua que retire la cascarilla por flotación.

Ventajas del proceso "b":

• Mayor recuperación de proteína.

• Menor tiempo de remojo, haciendo al molido más fácil con mucho menos calentamiento.

• Producto final tiene color más claro y sin gustos anormales como a poroto o amargo. Conteo microbiano es más bajo otorgando mayor vida útil.

6. Remojo de la semilla

• Al remojarla contiene aproximadamente varias veces (de 2 a 3) su peso en agua.

• En agua fría hay menor perdida de sólidos, pero llevará mayor tiempo al bajar la temperatura del agua.

• En agua caliente se inactivan las enzimas, aunque exceso de tiempo puede producir reacciones de pardeos y mayor pérdida de sólidos y de carbohidratos.

7. Blanqueo

El poroto de soja crudo contiene un gran número de factores anti-nutritivos y de los más importantes como los factores antitrípsicos y lectinas, son termolábiles, reduciéndose por un correcto proceso con vapor y solución con bicarbonato de sodio a altas temperaturas. Esto reduce el sabor extraño del producto final por inactivación de la lipooxigenasa, acortando el tiempo de cocción y facilitando la ho-mogeneización. Además, se eliminan los azúcares responsables de la flatulencia e inactiva a los inhibidores de tripsina.

8. Molienda húmeda continua para extracción de proteína hidrosoluble

Se realiza con trituradores a gran velocidad para obtener una solución coloidal muy fina. En caliente, más de 80°C, se inactiva la lipooxige-nasa, constrictores potentes de la musculatura lisa resultando asma y rinitis por metabolismo de estas moléculas.

En ausencia de aire y agua fría se mantiene a esta enzima inactiva durante la fase de molienda y extraen la mayoría de los sólidos de soja en el agua. Así la enzima es inactivada junto con los inhibidores de tripsina al cocinarla. Este proceso evita la desnaturalización de la proteína de soja y otros sólidos.

9. Separación de okara mediante centrifugación de la base de soja y otros componentes

El subproducto insoluble u okara se centrifuga y decanta mejorando el sabor y la palatabilidad, al eliminar los azúcares responsables de la flatulencia. El okara se guarda deshidratado para evitar su fermen-tación.

10. Calentamiento a 90°C

Objetivo: destruir microorganismos, mejorar su sabor, aumentar sus cualidades nutricionales por medio de la inactivación de los inhibidores de tripsina, reducir su viscosidad, facilitar su extracción y obtener ma-yor cantidad de proteínas y más sólidos.

Por medio del calentamiento a 100°C, por espacio de 8 a 22 minutos, se pueden obtener valores nutritivos óptimos o índice de eficiencia pro-teica, con máximo sabor. De esta forma se elimina del 80 a 90% de la actividad de los inhibidores de tripsina.

11. Desodorización

Es una técnica que elimina componentes volátiles de mal sabor realizada bajo vacío y a altas temperaturas (0,526 mm hg a 115 a 130°C).

Producto final. Obtención

Este contiene aproximadamente un 10% de sólidos.

1. Formulación

Para mejorar la palatabilidad se agregan edulcorantes y saborizantes como vainilla y chocolate. El agregado de jugo de manzana, naranja y otras frutas con cierta acidez lleva a las proteínas a valores cercanos al punto isoeléctrico reduciendo su solubilidad a valores cercanos al 1%. Si se agrega lecitina de soja u otro emulsionante a la base, aumenta su cremosidad y palatabilidad. Además, también puede ser adicionada con vitaminas y minerales. Como edulcorante en general y teniendo en cuenta el consumo por los niños solo se usa azúcar y no edulcorantes no calóricos.

2. Homogeneización

Para hacerla más cremosa y uniforme se la homogeneiza. El objetivo es dispersar los sólidos y convertirlos en partículas más finas, especialmente con el agregado de algún componente citado, particularmente el cacao.

3. Tratamiento térmico

Para la conservación y extensión de la vida útil se aplican algunos de los tipos de tratamientos térmicos como la pasteurización, esterilización y tratamiento a ultra alta temperatura (UAT).

4. Envasado aséptico

Con los laminados compuestos de cuatro componentes de cartón flexible y plástico, el proceso final es el envasado aséptico que incluye luz UV sobre el lado interno del laminado en el justo momento antes del formado del sobre. Esto tiene la ventaja que el producto tiene una larga vida, de buen sabor y conservando su valor nutricional. Existen distintos tipos de empaque, incluidas botellas plásticas.

Esterilización industrial de alimentos

Ultra Alta Temperatura (UAT) o (UHT) Ultra High Temperature

La ultrapasteurización o uperización es un proceso térmico que se utiliza para reducir en gran medida el número de microorganismos presentes en alimentos como la leche o los zumos. A diferencia de la pasteurización tradicional, en este método se aplica al alimento más calor, aunque durante un tiempo menor.

Con este método no se consigue una completa esterilización o ausencia total de microorganismos y de sus formas de resistencia, ya que la esterilidad absoluta podría degradar innecesariamente las cualidades sensoriales del alimento. Se llega a la denominada esterilización industrial, en la que se somete al alimento al calor suficiente para destruir las formas clostridiales de resistencia térmica. La característica principal es la de exponer los fluidos como la leche durante un lapso de pocos segundos a una temperatura muy superior al regular para la esterilización absoluta por autoclave (vapor a 121 °C durante 15 minutos o de 3 minutos en el °C 134), seguido de un rápido enfriamiento, no superior a 4°C.

La UAT reduce el tiempo del proceso, y reduciendo a su vez la pérdida de nutrientes. El producto UAT más común es la leche, pero el proceso también puede ser aplicado a zumos de frutas, cremas, sopas y guisos. Además, el producto así tratado y envasado tiene una vida de seis a nueve meses sin ser abierta.

Almacenamiento del producto terminado

Este producto requiere una cuarentena de partida a través del almacenamiento en pallets para verificar que no existe contaminación alguna. Esto se completa mediante la observación del producto al no registrar anormalidades en el envase por alteración de forma o volumen por inflado.

Problemas con estos productos

Contaminaciones reiteradas en sabor chocolatada.

Se produjeron varios problemas que conducían a la pérdida de lotes que debían ser destruidos íntegramente, cuestionándose su continuidad por gran pérdida de rentabilidad.

Periódicamente se detectaban envases de producto que durante la incubación se veían hinchados por la generación de gas.

• Consideraciones técnicas

La "leche de soja" natural y la chocolatada tenían pH neutro por lo que eran propicios a no ofrecer la protección que ofrecían las que contenían jugos de naranja o manzana, que normalmente no sufrían rechazos debido a su bajo nivel de acidez. Pero también se notaba que la leche de soja natural tenía muy bajo nivel de rechazos a pesar de que su pH era cercano al neutro.

La única diferencia en la formulación era el uso de cacao en polvo en la chocolatada. De esa base de razonamiento iniciamos una serie de estudios microbiológicos del cacao en polvo semi desgrasado, con un 22-24% de grasa residual y una granulometría de menos de 75 μm (99%). Su microbiología cumplía con el estándar que aseguraba el proveedor. Estos eran:

Aerobios mesófilos: < 5.000 unidades formadoras de colonias (ufc)/g

Hongos y levaduras: < 50 ufc/g

Salmonella: Ausencia/25 g

Escherichia coli: Ausencia/g

Enterobacterias: Ausencia/g

Esto último, si bien era un nivel aceptable de contaminación para el cacao en polvo, pensamos que la contaminación del producto final podría provenir de este insumo. Lo que llamó la atención fue que el proceso de esterilización industrial UAT era el mismo para todas las variedades. Esto lucía como una especie de facilismo técnico.

Investigación

Se idearon tres esquemas de tratamiento térmico. El objetivo era el de lograr una esterilización industrial sin modificar los aspectos sensoriales de la leche de soja:

1. Aumentando la temperatura de tratamiento sin modificar el tiempo de exposición.

2. Aumentando el tiempo de exposición sin aumentar la temperatura.

3. Modificando ambos parámetros.

Resultados

Opción 1: aumentando solo la temperatura presentó un comportamiento sensorial satisfactorio.

Opción 2: al aumentar solo el tiempo de exposición, los aspectos sensoriales se modificaban haciéndolos no deseados.

Opción 3: modificando las dos variables el producto no era aceptable.

Acciones

• Se modificó el instructivo de tratamiento solo para esta variedad.

• Se capacitó al personal.

• Las primeras cinco partidas deberían aumentar su tiempo de cuarentena en un 50%. Luego se trabajó en una cuarentena similar a las otras variedades.

(A20) MAYONESA: ELEVADA RANCIDEZ

(Defecto crítico)

Sabor rancio en una partida de mayonesa aprobada, aunque no envasada.
En un momento de la producción, en las muestras que traían al laboratorio se detectó intenso sabor rancio. Se solicitaron nuevas muestras y fue así como se suspendió la producción, reteniendo lo elaborado. Entonces, la producción se identificaba por lote ya que se disponía de dos tanques de mezcla y producción antes de pasarlo por el molino coloidal.

Investigación

Para comprobar si el problema correspondía a ese lote solamente o si pudiera encontrarse en el lote anterior se buscó nuevas muestras del lote del último día anterior para confirmar que estuviera bien. Esto se realizó indicando "in situ" que estaba retenida hasta aprobación del laboratorio ya que por cuarentena el producto no debía salir automáticamente hasta haberla cumplido en tiempo y forma. Como la detección de rancidez en el producto lo puede realizar fácilmente una persona entrenada, además de otros estudios físicos y químicos, cada lote solo se degustada para detectar alguna anormalidad. Por períodos determinados de degustación se enviaban al laboratorio muestras para ser chequeado su índice de rancidez.

Para que una cantidad muy grande de mayonesa tuviera sabor a rancio había que investigar las características sensoriales del aceite, componente principal por su volumen en fórmula. Esto era extraño ya que se trataba de un tanque de grandes dimensiones -25 a 30 toneladas- y cada lote de mayonesa ocupaba un porcentaje elevado de aceite. Se investigó "in situ" el aceite que se estaba usando y las características del tanque del que se estaban enviando a la producción en los últimos días.

Como consecuencia de que la empresa había decidido construir una nueva planta de mayonesa para encarar un programa de crecimiento y un nuevo y más importante posicionamiento en el mercado, se dejó en la planta vieja el proceso de elaboración de otros aderezos de mucho menor volumen de ventas lo que no justificaba su producción en la nueva planta por ese momento. En planta vieja, los dos tanques de aceite, de los que uno solo estaba en uso estaban conectados por un caño, separados por una válvula que interrumpía el paso. El día anterior había arribado un camión tanque con 25 ton de aceite. Un operario se encargaba de recibir y descargar el aceite, siempre en el mismo tanque, pues el otro estaba desafectado del circuito de producción. El problema fue que el titular de la operación no había concurrido por razones de salud. Por el convenio colectivo de trabajo existía un operario que lo suplía, pero este era nuevo y nunca había ocupado interinamente ese lugar y evidentemente nadie le explicó que solo un tanque estaba en uso, ni la causa porqué el otro tanque depósito no debía usarse. La carga del camión tanque era suficiente para llenar el tanque de planta en uso, pero este ya se había completado y todavía quedaba un resto de la carga del camión, el operario lo descargó en el tanque en desuso y no informó nada de lo que había hecho. Había contaminado el tanque en uso con restos de aceite altamente enranciado y así todo el aceite para producción se había contaminado.

Todo esto fue empeorado por la decisión del jefe de planta a quien se le ocurrió utilizar nuevo aceite para "lavar" el tanque de uso. Cuando me lo comentó no lo podía creer, aunque su respuesta fue "vos hubieras hecho lo mismo". Sin comentarios.

Laboratorio

Se consultó al personal del laboratorio sensorial por la no detección de la rancidez. La respuesta fue que no notaron nada extraño. Separadamente les pedí a cada laboratorista que me hicieran una demostración de cómo probaban la mayonesa de manera rutinaria. Las personas que estaban en esos turnos con una cucharita de mayonesa la pasaban por la punta de la lengua. Al ver esto, les pedí que llevaran la mayonesa hasta el fondo de la lengua. Allí se dieron cuenta que lo estaban haciendo mal, por lo que les expliqué que el producto debía recorrer toda la superficie de la lengua ya que los sabores amargos se detectaban en el fondo de la lengua (ver más abajo "Gusto y olfato").

También se demostró lo que se había explicado se preparó una práctica de estos sentidos utilizando sustancias dulces como azúcar, ácidas como zumo de limón, saladas probando sal y amargas como ácido acetilsalicílico o aloe.

Resultado y acciones correctivas y preventivas

• Se determinó que una vez que se retiene una materia prima, etapa de proceso, envase o producto terminado, solamente el área de aseguramiento de la calidad deberá investigar las causas, realizar las actividades en vías de encontrarlas y realizar bajo su dirección todos los trabajos conducentes a solucionar el problema (equipo de trabajo).

• Declarar no apta a toda la partida.

• Identificar partida como «rechazada» y destruir.

• Anular el puente —*by pass*— entre tanques incorporando señales bien claras de no-uso de uno de ellos.

• Realizar higiene total del tanque en uso para eliminar restos del aceite enranciado.

• Capacitar sector degustación con una práctica sobre la anatomo-fisiología de la boca, particularmente la lengua.

• Capacitar al personal de recepción, en todos los rangos, sobre la operatoria de descarga.

• Solicitar a logística de planta que ajuste sus tareas de transporte y necesidades.

Gusto y olfato

Las sensaciones gustativas y olfativas resultan de la estimulacion por sustancias quimicas específicas de células qimiorreceptoras de la lengua y nariz. El olfato y el gusto están estrechamente relacionados. Las papilas gustativas de la lengua identifican el sabor y las terminaciones nerviosas de la nariz identifican el olor. Ambas sensaciones se comunican al cerebro, el cual integra la información para que los sabores puedan ser reconocidos y apreciados. Algunos sabores, tales como lo salado, lo amargo, lo dulce y lo ácido se pueden reconocer sin el sentido del olfato. Sin embargo, para identificar sabores más complejos (como el de una fruta del bosque) se requiere la intervención tanto del sentido del gusto como del olfato.

Dado que diferenciar un sabor de otro se basa sobre todo en el olfato, el sujeto a menudo nota en primer lugar que disminuye su capacidad para oler cuando la comida le parece insípida.

Para distinguir la mayoría de los sabores, el cerebro necesita información proporcionada por el olfato y el gusto. Estas sensaciones se transmiten al cerebro desde la nariz y la boca. Distintas áreas del cerebro integran la información, permitiendo que el sujeto reconozca y aprecie los sabores. El cerebro interpreta el impulso como un olor distinto. Además, se estimula el área del cerebro donde se almacena la memoria de los olores (el centro del olor y del gusto en la parte media del lóbulo temporal). Los recuerdos permiten a la persona distinguir e identificar muchos olores diferentes percibidos a lo largo de la vida.

Miles de pequeñas papilas gustativas cubren la mayor parte de la superficie de la lengua. Una papila gustativa contiene varios tipos de receptores del gusto provistos de cilios. Cada tipo detecta uno de los cinco sabores básicos: dulce, salado, ácido, amargo o sápido (también llamado umami, el sabor del glutamato monosódico). Estos sabores pueden ser detectados en toda la lengua, pero existen algunas zonas más sensibles para cada sabor. El dulzor es más fácilmente identificado en la punta de la lengua, mientras que el sabor salado se aprecia mejor en las partes laterales de la lengua. La acidez se percibe mejor en los lados de la lengua y las sensaciones amargas son fácilmente detectadas en el tercio posterior de la lengua (F43).

(F43) **Lengua: esquema de sabores básicos y lugares identificables**

Detección de un sabor

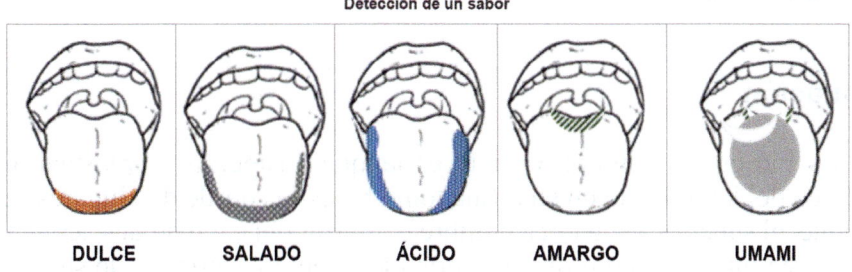

| DULCE | SALADO | ÁCIDO | AMARGO | UMAMI |

Los alimentos introducidos en la boca estimulan los cilios, desencadenando un impulso nervioso en las fibras nerviosas cercanas que están conectadas a los nervios craneales del gusto (nervios facial y glosofaríngeo). El impulso viaja a lo largo de estos nervios craneales hasta el cerebro, que interpreta como un sabor diferente la combinación de impulsos de los diversos tipos de receptores del gusto.

El olfato tiene dos vías para expresarse:

• Orto nasal: la que nos llega directamente de la nariz cuando respiramos.

• Retronasal: nos llega a través de la boca al exhalar.

El olor que llega por la boca puede confundirse con un sabor. Los olores que llegan por vía retronasal crean la ilusión de que están localizados en la boca.

Conclusión: el sabor está dado por el 80% de olfato.

La capacidad para oler se altera si los conductos nasales están obstruidos por un resfriado común, reduciendo la capacidad para oler puesto que se impide a los olores alcanzar los receptores del olfato. Debido a que la capacidad para oler afecta al gusto, las personas resfriadas no aprecian claramente el sabor de los alimentos. Al llegar a edad media de vida, por ej., 50 años, disminuye lentamente la capacidad sutil de sabor y olor.

Por lo expuesto es importante que antes de incorporar a una persona al laboratorio sensorial se deberá someterlo a ensayos de identificación de sabores y umbral de detección. De ello dependerá el éxito en su trabajo. El laboratorio deberá establecer una rutina de sensibilidad. Esto será individual, sin contacto con otros analistas.

(A21) VINAGRE: OLOR Y SABOR EXTRAÑO

(Defecto crítico)

Situación

Se recibió un camión con vinagre en tanque y cañerías de plástico. El técnico del laboratorio en su rutina tomó muestras desde dos lugares del tanque, el superior de la boca hombre e inferior del caño de descarga. Al abrir esta última se notó que al fuerte olor a ácido acético se le sumaba un extraño olor no identificable.

En el laboratorio se informó inmediatamente esta anormalidad. Sin embargo, igualmente se realizaron los estudios de rutina tales como contenido de ácido acético y aspectos sensoriales, color, trasparencia y aroma. El resultado demostró la existencia de un sabor extraño por lo que la partida de vinagre fue rechazada.

El proveedor solicitó detener el retorno de la partida hasta que un representante de calidad de la empresa nos visitara para interiorizarse del problema. Esto ocurrió y finalmente consideraron que nuestro reclamo era valedero.

Varios días después nos llamaron para agradecer todo lo que habíamos descubierto pues el problema se debió a que de no haber efectuado el rechazo ellos no hubieran detectado deficiencias en la estructura del tanque del camión creadas por la acción del ácido acético sobre el plástico, y se hubieran perdido otros embarques.

Solo consideramos el hecho de que los polímeros pueden disolverse, mantenerse inalterados o hincharse formando un gel. A pesar de que la corrosión de los plásticos es frecuente, en general es algo que hay que tenerlo en cuenta cuando este se encuentra permanentemente en contacto con ácidos que, si bien no son fuertes, pueden alterarse con el tiempo y el muy frecuente uso. Lo cierto es que para el aroma que despedía, esa partida de vinagre denotaba una contaminación química no determinada.

Vinagre, legislación y características

Los estándares determinados por el CCA para el vinagre de alcohol en su Art. 1.335, son los siguientes:

Producido por la fermentación acética de disoluciones de alcohol rectificado o neutro, de cualquier origen agrícola, y por ser no vínico deberá circular bajo las denominaciones que corresponden a su origen.

Características sensoriales

Incoloro, límpido, transparente, sin sedimento, con sabor picante agradable y olor característico del ácido acético puro, sin ninguna connotación extraña.

No podrá colorearse ni aromatizarse, ni aun cuando estas operaciones se declaren.

Características físicas y químicas

• Deberá tener una densidad a 15 a 1,006 a 1,017.

• Residuo seco a 100-105 no mayor a 0,45%.

• Trazas de cenizas determinadas a 500-550 (no más de 0,02%) cuali y cuantitativamente equivalentes a sales del agua utilizada en la elaboración.

• Acidez total, expresada en ácido acético, no menor de 5,0% (9 a 9,5% para mayonesa).

• Acidez volátil, expresada en el mismo ácido, no menor de 96,0% de la acidez total.

• Podrá mantener cloruros y sulfatos en cantidad no mayor a la que corresponda a los contenidos en el agua utilizada para la dilución del alcohol.

• No podrá contener alcohol etílico en cantidad superior a la décima parte de la acidez expresada en volumen.

• Libre de sedimentos.

• Partículas extrañas no visibles a simple vista.

• El vinagre de alcohol, destilado después de la fermentación acética, deberá dar al análisis residuo seco y cenizas cero (0) o a lo sumo equivalentes a las sales del agua con la que el vinagre se rebajará.

A la recepción del camión y por razones de logística se realizaban los siguientes estudios del producto: 1.a, 1.b, 2.a, 2.d, 2.e. Para los restantes estudios se fijó una rutina cumplible que actuarían como determinación de calidad el proveedor. Esa frecuencia no superaría la de diez entregas. Los estudios microbiológicos en el caso de este tipo de vinagre no significan más que una orientación dado que cumplido lo anterior los microorganismos no podrían resistirlo. Sin embargo, se puede fijar una rutina de meses.

Sin embargo, para otros tipos de vinagre como el de sidra, que no era el caso, es importante realizar estudios porque el nivel de ácido acético obtenido en el proceso no supera el 5%. De allí es que, en los toneles, particularmente los de madera e incluso en el vinagre no filtrado, pueden encontrarse anguílulas microscópicas, conocida como "gusano del vinagre" (*Turbatrix aceti* Fig. 44), o "nematodo del vinagre", de 2 mm de largo que se alimenta de cultivos microbiológicos o madre del vinagre. Son inofensivos y no parasitarios, aunque no aceptables en el vinagre de consumo humano. De allí es que el producto se filtra y pasteuriza.

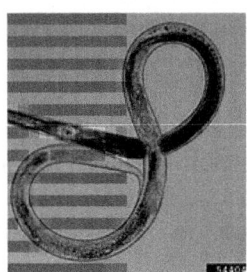

(F44) Gusano del vinagre

(A22) MARGARINA: POTES SE CUARTEAN

(Defecto crítico)

En una de las cámaras de frío correspondiente al depósito de distribución de margarina untable, se produjo un grave problema de ruptura de los envases plásticos por quiebre lateral de los envases. Esto afectaba a mil kilogramos de margarina envasada. Desgraciadamente, y ante la necesidad urgente de resolver el destino de la partida ya sea por la destrucción o por el reproceso, no recuerdo el tipo de plástico de que se trataba.

La ruptura parecía haberse debido a las tensiones por fatiga o vibración del material y al ser sometido al frío generó el quiebre de los laterales del envase desde la base de curvatura. Esta pérdida de hermeticidad del producto y la seguridad que se esperaba de él resultaba inadecuada. Era evidente que se expuso al pote a condiciones que no eran esperadas para el material y la cámara no tenía registro fidedigno de la temperatura a la que fue sometido el producto.

En el desarrollo del envase no se habrían cumplido algunos pasos y utilizadas algunas herramientas para predecir este tipo de rotura. Sin embargo, ante el reclamo al que se le hizo al proveedor de los potes, su justificación fue que no eran apto para ser utilizado en frío, y esto se

lo habían informado al encargado de desarrollo de envases. Esto nos
sorprendió pues solo por la impresión del producto que iba a contener,
quedaba evidente que cumpliría con una cadena de frío.

Los materiales plásticos son obtenidos mediante procesos de polimerización o multiplicación de los átomos de carbono en largas cadenas moleculares de compuestos orgánicos derivados del petróleo y otras
sustancias naturales. La movilidad de esas largas cadenas depende básicamente de la temperatura del entorno y, por supuesto, afecta directamente a las propiedades de los plásticos.

Los ensayos están normalizados bajo documentación que describe
minuciosamente ciclos de frío, calor, ciclos de calor húmedo o ciclos
compuestos de temperatura o humedad. Todo estudio de vida útil en
el desarrollo se conoce como "envejecimiento acelerado", por lo que
se adapta la duración del ensayo en temperaturas extremas en función
de los requisitos de durabilidad y de las exigencias requeridas para el
transporte y almacenamiento del producto final. Durante esos ensayos,
el movimiento de esas cadenas moleculares o la ruptura de estas afecta a
las propiedades del plástico, generalmente para empeorarlas.

Las bajas temperaturas, por debajo de la temperatura de transición
vítrea del material, inmovilizan las cadenas, volviendo el material frágil
y quebradizo. Esto es así porque las cadenas no pueden deformarse para
absorber esfuerzos. Al no haber dispuesto de medidores de temperatura
durante la cadena de frio no supimos si esta bajó a niveles de temperatura tan baja que generó el problema.

Otra alternativa de frío calor, asociados a humedad pudieron generar
tensiones en el material que favorecieron la aparición de grietas, roturas,
cambios dimensionales, etc. Hubiera sido interesante saber del proveedor
si su área de calidad determinó si el brillo, color, dureza, resistencia a la
flexión o al impacto, estado de la adhesión de barnices y pinturas o a nivel superficial, pudieron ser alterados en sus estudios para determinar la
aparición de defectos como ampollas, delaminaciones, grietas o fracturas.

Conclusión

Se le dio de baja a todo el producto ya que la margarina había tomado
contacto con la cartulina o el cartón corrugado que contenía los potes
y ello significó un riesgo muy elevado de contaminación. Como empaques secundarios y reprocesados, los cartones corrugados y en muchos
casos las cartulinas, pueden tener como aditivos en su estructura de procesos químicos fenolados u otros que pueden transmitirse por contacto
o a través del ambiente inmediato al producto.

(A23) ADEREZO A BASE DE MAYONESA DE CALORÍAS REDUCIDAS. CONTAMINACIÓN

(Defecto crítico)

Introducción

De acuerdo con el Código Alimentario Argentino en su Art. 1280, se denomina Mayonesa, a la salsa constituida por una emulsión de aceite vegetal comestible en no menos de 5,0% de huevo entero o líquido o su equivalente en huevo entero, desecado/en polvo o en no menos de 2,5% de yema de huevo fresca o líquida o su equivalente en yema de huevo desecada/en polvo; sazonada con vinagre y/o jugo de limón, con o sin: condimentos, cloruro de sodio, edulcorantes nutritivos (azúcar blanco o común, dextrosa, azúcar invertido, jarabe de glucosa o sus mezclas), envasada en un recipiente bromatológicamente apto. Además, podrá contener los aditivos permitidos según el Reglamento Técnico Específico de Aditivos para Mayonesa y cumplir condiciones particulares descritas en el mismo código.

Con el advenimiento de los alimentos de bajas calorías y ante la competencia que había ganado espacio en los mercados, es que la empresa decidió encarar el desarrollo de un producto de esas características.

Una mayonesa industrial se elabora con una emulsión equilibrada tanto física como químicamente lo que permite asegurar que los riesgos de intoxicación sean mínimos. Sin embargo, cuando se formulan nuevos productos con un contenido de aceite inferior, pero a partir del concepto base de mayonesa, aunque oficialmente se considere aderezo, se debe tener en cuenta cómo minimizar la posibilidad de que existan deterioros o daños para la salud. Para ello se deberá estudiar la aplicación de estudios adicionales que aseguren su estabilidad microbiológica. Este es el caso de la denominada mayonesa de calorías reducidas.

Se parte de los nutrientes principales que deberán modificarse en la fórmula del nuevo producto. Estos son aceite, hidratos de carbono y proteínas. De allí es que se deben reducir en total las kilocalorías hasta casi la mitad. Los hidratos de carbono y las proteínas aportan en kilocalorías o kcal, 4 kcal por gramo, mientras que los lípidos aportan 9 kcal por gramo. De allí es que es muy importante en la fórmula anterior reducir el porcentaje de aceite vegetal de la siguiente manera.

	% Aceite	% Fase acuosa
Mayonesa	75 a 80	15 a 20
Mayonesa baja en calorías	30 a 50	45 a 50

Al reducir el contenido de aceite, la fase acuosa incrementa su contenido y por lo tanto se debe aumentar el número de conservantes que establezcan interacción sinérgica para la preservación y estos son ácido acético, sal, azúcar, jugo de limón, ácido láctico, pH y derivados de la mostaza como el isotiocianato de alilo en aceite. De manera razonable estos modificarán no solo el sabor sino la resistencia a "levaduras resistentes a conservantes ácidos" LRCA (en inglés APRY, "Acid preservative resistant yeasts") como *Saccharomyces bailli* y lactobacilos heterofermentativos, como el *Lactobacillus frutivorans*, entre otros microorganismos no patógenos. De allí es que se considera que el producto terminado debería tener un pH de 4,5 o menos. Esto equivaldría a un contenido de ácido acético de 0,25%.

Para darle una consistencia propia o similar de una mayonesa es que se debe agregar algún producto como almidón. Por lógica este se incorporará a la fase acuosa del producto efectuando su cocción y luego formando la emulsión en la que el aceite se distribuirá como microgotas, dándole la consistencia similar a la mayonesa real. Basados en estas premisas siempre se deben realizar estudios preliminares para identificar los riesgos que representan estos microorganismos y la resistencia de la mayonesa a las mismas.

(F45) Mayonesa de calorías reducidas. Diagrama del proceso de producción

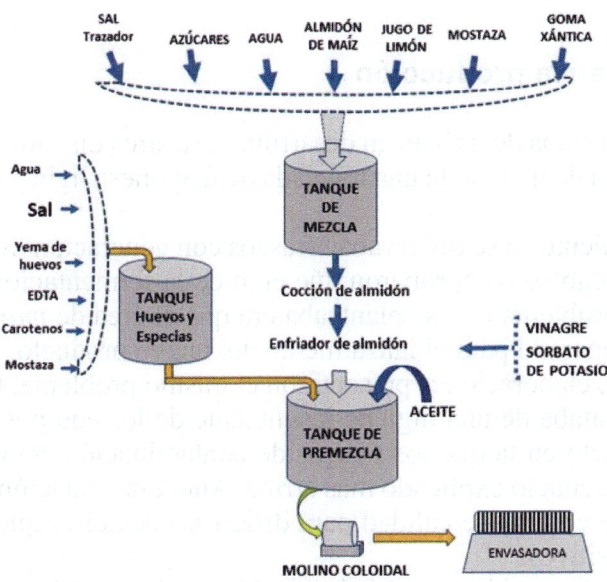

(F46) *Lactobacillus*: Proceso fermentativo. Resumen

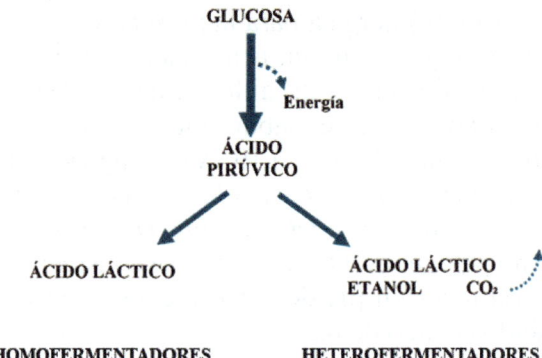

La mayonesa light o de calorías reducidas presenta un alto riesgo al deterioro por lactobacilli. En estos, el proceso fermentativo puede seguir dos líneas que obedecen a la variedad o especie de que se trate. El esquema anterior explica cómo se desarrollan estas líneas fermentativas. Como dijéramos anteriormente los lactobacillus en general no son enteropatógenos y de hecho se integran en muchos alimentos. En el caso de la mayonesa el problema es de calidad pues si se trata de uno heterofermentativo, su multiplicación generará el gas que se visualizará de manera muy evidente con cierto aroma extraño, mientras que las cepas lácticas homofermentativas aumentarán la acidez con el tiempo.

Problemas en la producción

Al terminar la etapa de trabajo en desarrollo, esta área dirigió la elaboración en fábrica de un lote de una tonelada de mayonesa light y su envase en frascos.

Al día siguiente ya se observaban frascos con generación de burbujas de gas que luego se comprobaron que eran de la fermentación por lactobacilli. El problema que se planteaba era que el área de *marketing* ya tenía todo preparado para el lanzamiento del nuevo producto.

Las nuevas elaboraciones presentaron el mismo problema. Como era evidente se trataba de una higiene insuficiente de los equipos para este tipo de producto en la que los riesgos de contaminación eran elevados teniendo en cuenta lo explicado más arriba. Ante esta situación recurrieron al área de control de calidad para dirigir las acciones que lograran resultados positivos.

Sin entrar en consideración de los problemas burocráticos y de intereses personales que demoraron la terminación de los estudios, decidí conversar con los operarios ya que eran ellos los que conocían perfectamente los más pequeños detalles de los equipos de la línea, así como la higienización y sus rutinas del sistema.

Las etapas de estudios microbiológicos y sus resultados fueron las siguientes:

• Muestrear el producto terminado antes de su ingreso al molino coloidal, a su salida y luego de envasado.

• Análisis microbiológico en la búsqueda de lactobacilos y levaduras.

• Los resultados mostraron la incorporación significativa de contaminación con lactobacilos a la salida del molino coloidal.

Acciones de higiene sobre el sistema

De la conversación con el encargado del molino coloidal solicité presenciar el desarmado y limpieza del equipo. Así pude comprobar, que, si bien la complejidad no era muy grande, existían piezas que no eran desarmadas y la limpieza estándar no las alcanzaba. De allí tomé la decisión de que cada vez que terminaba un día de trabajo también se desarmaran esas piezas, lavaran y luego se enviaran al laboratorio para su esterilización. De esa manera se mantendría la higiene y desinfección de todo el sistema a lo que se agregaría la esterilización de aquellas piezas. El resultado fue un éxito y pudo producirse lo suficiente para realizar el lanzamiento del producto.

Conclusión

El trabajo de llevar el producto del laboratorio de desarrollo a las pruebas de planta piloto no contó con el aporte del área de calidad, conduciendo a un callejón sin salida demorando críticamente el lanzamiento del producto. Esta situación llevó a la utilización de distintos sectores, aun de la casa matriz en el extranjero. Se sugirieron y aun ordenaron, distintas posibilidades de solución. La más crítica fue la de utilizar hipoclorito de sodio como desinfectante al final de la limpieza de todo el sistema, aunque sin un enjuague. Esto me recuerda que el responsable de haber dado la orden vino al laboratorio a preguntarme por los resultados microbiológicos del lote elaborado. Mi respuesta fue que no había contaminación alguna. Vi una sonrisa de satisfacción en el rostro de aquel gerente, pero terminé diciéndole, "pero no resultará aceptado sensorialmente ni digerible por el extraño sabor a cloro".

Reflexión

Se debe tener cuidado con los desinfectantes cuando se opera con los alimentos, especialmente si su contenido de lípidos es elevado y, además en lo técnico las ideas pueden partir desde un escritorio, pero se comprueban en el campo. El trabajo en equipo debe conducir al éxito en la medida que el aporte de ideas sea consensuado y no producto de iluminados sin experiencia práctica.

(A24) MAYONESA: COLOR VERDE GRISÁCEO EN LA SUPERFICIE

(Defecto critico)

Desde Mar del Plata me informaron que había un problema en el aspecto de la mayonesa y el encargado de bromatología requería mi presencia. Me conocía de una visita a nuestra planta, considerándola del mejor nivel de calidad por lo que le sorprendía que se presentara ese problema. Fue así como fui a conversar con él. La mayonesa presentaba un color verde suave en la superficie hasta un centímetro de profundidad aproximadamente.

El jefe del laboratorio inmediatamente dedujo que por la rapidez con la que se generó el color era debido a la ausencia de antioxidante que se le debía agregar a la mayonesa. Esto fue lo que le expliqué al representante de bromatología, pidiéndole que interviniera aquel lote hasta que hiciéramos los estudios y llegáramos a confirmar lo que suponíamos.

Las conclusiones fueron las siguientes:

• El producto fue elaborado poco tiempo antes como para que de manera tan rápida ese color apareciera.

• El proceso era consecuencia del remanente de oxígeno en el espacio de cabeza del frasco, afectando solo la superficie y en una degradación de color hasta no más profundo de un centímetro de profundidad.

• La presencia de oxígeno activaba los fenómenos de oxidación generando la producción de radicales libres que da rancidez al aceite. Además, la presencia de metales interviene dando el color a la reacción.

• El ácido etilendiaminotetraacético comúnmente conocido por su acrónimo EDTA, es un agente quelante que crea complejos con metales de estructura octaédrica. Coordina a los metales pesados de forma reversible por cuatro posiciones acetato y dos de amino.

Esta estructura química permite acomplejar iones de metales pesados, formando quelatos los que evitan acelerar los procesos de rancidez.

De la investigación de lo ocurrido surgió una conclusión preocupante. El operario no había interpretado correctamente el uso del registro de aporte al tanque de premezcla de cada uno de los ingredientes de fórmula. Señalaba a cada uno de todos los ingredientes en el registro de producción de una sola vez sin haberlos dosificado. Es decir, de esa manera no aseguraba los pasos de agregados y en el caso que nos ocupa no lo hizo con el EDTA.

Acciones

• Se retiró la partida de mayonesa del mercado.

• La partida fue destruida.

• Se realizó una nueva capacitación sobre el uso de la documentación y los recursos, alcanzando a todos los involucrados en producción, especialmente a los encargados.

(A25) FIDEOS CABELLOS DE ÁNGEL: CONTAMINACIÓN BACTERIOLÓGICA

(Defecto crítico)

En el análisis microbiológico de muestras de una partida recibida de fideos cabellos de ángel, se encontró una contaminación con *Staphylococcus aureus* coagulasa positiva. Como se trataba de una segunda partida contaminada con dicha bacteria es que se decidió realizar una "visita" a la planta elaboradora. En esa época no era común realizar auditorías a los proveedores por lo que solicitamos ser acompañados por un empleado del área de abastecimiento de nuestra compañía, quien preparaba todos los detalles y antecedentes que generaban nuestras inquietudes sobre el producto elaborado por el tercero.

Exteriormente, el edificio se notaba muy antiguo, con paredes de ladrillos expuestos sin pintar y falto de mantenimiento. Según nos explicó el empleado de abastecimiento esa era la única empresa que pudo proveernos de ese modelo correspondiente a fideos de cabellos de ángel conocidos en el mercado y que seguían los requerimientos físicos del área de desarrollo. Como el volumen de venta no resultaba de interés del resto de los fabricantes es que resultaba imprescindible recurrir a este.

Una rápida recorrida por las instalaciones demostró que iba a ser muy difícil que cumplieran nuestros requerimientos de calidad. El ámbito en el que estaban instaladas las maquinarias, era un galpón de techo metálico con aberturas para ventilación y sin protección para insectos ni polvo, sostenido por cabriadas y partes de la pared con ladrillos a la vista, resultaba a primera vista inadecuados para producir alimentos. Pero, preocupante aún era el túnel de secado realizado en madera que denotaba una antigüedad de varias décadas y muy falto de mantenimiento e higiene.

Las técnicas de producción no cumplían con normas de higiene alguna, por lo que acordamos poner una técnica de nuestro staff para mejorar los procedimientos, las condiciones de trabajo, así como la sanidad del ambiente. De esa manera se les dio la posibilidad de recuperar la aprobación de su producto. Sin embargo, el informe fue lapidario ya que las instalaciones y el equipamiento no permitían adecuación posible a una planta alimentaria. Respecto a los métodos se introdujeron modificaciones sanitarias, pero no bastaban para eliminar las contaminaciones.

Las condiciones eran tan malas que finalmente las áreas de desarrollo y de abastecimiento decidieron modificar la forma de aquel tipo de fideo de acuerdo con uno que existía en el mercado y que reunía una morfología algo parecida a la primariamente requerida, pero con las condiciones sanitarias de acuerdo con BPM.

(A26) ÁREA GUARDERÍA: QUEROSENO EN AGUA CALIENTE

Este ejemplo muestra cómo la falta de mantenimiento y su seguimiento pudo haber producido daño irreparable a los niños y al personal que los atendía. Si bien no hablamos de producto estas deficiencias pueden ser extendidas al resto de la planta elaboradora.

Más adelante doy dos ejemplos de los extremos a los que se puede llegar si no se tiene cuidado en el manejo de combustibles y productos químicos.

Problema de falta de mantenimiento y de gestión

La planta de elaboración disponía de un sector separado para la atención de los hijos e hijas del personal en el tiempo en que trabajaban.

En una oportunidad me llamaron desde la guardería que funcionaba en la planta. El motivo era que de los grifos salía agua con olor extraño y no se animaban a bañar a los niños.

Un técnico del laboratorio fue a retirar una muestra de los distintos grifos del sector. Todas las muestras de agua calentada tenían olor a queroseno por lo que se informó a la guardería que ese día no debía bañar a los niños y que se informara a los padres de ello. Además, se envió un analista a tomar muestras de todos los grifos de la guardería. El resultado fue que efectivamente toda el agua estaba contaminada con queroseno.

Del área de mantenimiento me informaron que esa agua provenía de la red general potable y era enviada al tanque ubicado en la terraza del sector de la guardería, provisto de un serpentín de vapor proveniente de la caldera del área de mantenimiento para calentar el agua empleada en los baños de la guardería.

Se acordó que una persona de mantenimiento debía dar apoyo a una laboratorista para extraer una muestra de agua de un grifo ubicado al ingreso del tanque (muestra 1) y proveniente de la red pública y una segunda muestra de agua (muestra 2) de un grifo de salida del tanque.

Los resultados fueron los siguientes:

- Muestra 1: su olor era normal.
- Muestra 2: con olor a queroseno.

Por lo que efectivamente el problema se suscitaba en el tanque de calentamiento de agua.

Se realizó una reunión con el encargado de mantenimiento para que explicara las posibles causas de esta deficiencia y además se presentara algún plano de la circulación de agua en el sector de guardería. Se concluyó que las acciones debían seguir los siguientes pasos:

Acciones

• Informar al área de Recursos Humanos que dispusiera que no deberían bañar a los niños hasta que no se resolviese el problema. Además, debía informar a los padres de este hecho.

• El área de mantenimiento debía vaciar el tanque para revisar el serpentín de calefacción y ver su estado y reparación o mantenimiento.

- El laboratorio de control de calidad investigaría las causas de la presencia de queroseno en el agua de baño de la guardería.

- Una vez concluidos todos estos estudios y analizados los resultados, a la brevedad se realizaría una reunión para tomar las medidas correctivas y preventivas.

Concurrí a mantenimiento para averiguar cómo era el trabajo en calderería. Me informaron que al agua de caldera se le agregaba con cierta regularidad un antiincrustante. Solicité que me mostraran cuáles eran los envases para identificar su marca, contenido, lote, fechas, etc.

Grande fue mi sorpresa cuando abrí un bidón y su contenido era queroseno. Esto explicaba porqué el agua de caldera tenía ese olor, pero no explicaba cómo había ocurrido semejante cruce. A mi pegunta de este hecho me informaron que los bidones de antiincrustante eran enviados desde el depósito general de insumos de mantenimiento. Pregunté cómo era que no se dieron cuenta por el olor y color de lo que estaban agregando. La respuesta fue un silencio por lo que no pregunté más.

En el depósito de mantenimiento me explicaron que el queroseno se recibía de un camión tanque y que en la playa de maniobra se fraccionaba en bidones de acuerdo con el pedido requerido. Le expliqué que si bien no debía hacerse esa maniobra dentro del establecimiento lo grave era que emplearan bidones vacíos de antiincrustante, no solo sin sacarle la etiqueta sino sin identificarlo adecuadamente para evitar confusiones. La respuesta fue simplista y mostró ignorancia y displicencia al suponer que el encargado de caldera debía haberse dado cuenta que era queroseno.

A todo esto, la inspección del tanque de calentamiento del agua de servicio de la guardería presentó perforaciones en el serpentín provocados por la corrosión. Esto demostró que el vapor que provenía de la caldera contaminaba el agua de servicio.

Acciones correctivas

- Aseguramiento de la calidad
  Depósito de mantenimiento. Realizar un inventario de productos que se incorporan al agua. Revisar documentación y codificación de los bidones.

- Mantenimiento
  Proveer de agua caliente al sector de guardería de alguna otra manera segura hasta que se repare el tanque.

Cambiar el serpentín del tanque de calentamiento de la guardería. Hacer las pruebas de funcionamiento correcto y habilitar definitivamente.

• Pañol de mantenimiento

Como responsable de la recepción peligroso para toda la planta y sus actividades, deberá establecer un lugar determinado en la playa de maniobras y alejado de los demás servicios. Proveerse de elementos de seguridad y envases adecuados para la descarga de productos peligrosos.

Acciones preventivas

• Recursos Humanos y Aseguramiento de la Calidad

Capacitar a todos los involucrados en los procedimientos mencionados, particularmente personal de mantenimiento, respecto a BPM. Establecer tiempos de auditorías.

• Control de Calidad y Aseguramiento de la Calidad

Establecer un programa de control sanitario de la Guardería, particularmente la provisión de agua.

Recepción, depósito y remito de queroseno. Aseguramiento de la Calidad.

• Determinar lugar y procedimiento de operatoria

Provisión de bidones sin etiquetas.
Etiquetado específico de bidones para queroseno.
Ubicación de bidones con queroseno en lugar específico y aislado.
Establecer registro y gestión de queroseno y envase.

• Caldera. Aseguramiento de la Calidad

Establecer documentación de recepción y uso de productos químicos, particularmente antiincrustante y queroseno.

Establecer un programa de inspección y auditoría por Aseguramiento de la Calidad.

Peligro de trabajar con hidrocarburos

La necesidad del uso de hidrocarburos implica una serie de riesgos para los cuales se debe tener en cuenta muchos cuidados. No es algo superficial, sino que la experiencia diaria ha demostrado que puede llevar a la muerte su uso, especialmente si hay niños involucrados en ello.

Un caso análogo fue de conocimiento público por la falta de cuidado y mantenimiento que una estación de combustibles tuvo un deterioro subterráneo de tanque que filtró gasolina hacia un hogar produciendo la muerte de una mujer.

En otro caso una botella con queroseno estuvo al alcance de un bebé de un año le produjo la muerte tras haberlo ingerido.

(A27) RATAS EN LA PLANTA ALIMENTARIA

(Defecto crítico)

En las primeras recorridas de reconocimiento de las distintas actividades de la planta encontré indicios de la existencia de ratas, particularmente en las dependencias de la terraza en donde se ubicaban los silos, salas de máquinas y equipos de servicio. Además, algunos vidrios que separaban sectores estaban rotos y daban el aspecto de facilitar la circulación de los roedores.

Se verificó que los tubos utilizados como cebaderos contenían trapos rejillas utilizados en las rutinas de trabajo, pero indebidamente escondidos con restos de alimentos que evidenciaban que algunos operarios comían en el sector a pesar de tener en planta un salón comedor.

Acciones

• Con el objeto de investigar la dimensión de infestación debido a ratas se realizó una primera evaluación consistente en la búsqueda de materia fecal, signos de rozamiento en las paredes de la piel de roedores y daños producidos por la acción de sus dientes incisivos.

• Para determinar las características de la infestación en cuanto a su circulación, se utilizó el sistema de impresión de patas en harina en sitios cerrados y tinta de secado lento (*Ink Drying Slow*) sobre baldosas vinílicas que se ubicaron en los rincones externos. Se estableció una renovación de estos indicadores en una rutina diaria al atardecer, cuando el trabajo mengua o la planta de producción no trabaja. Esto produjo una estimación bastante aproximada de la intensidad de infestación.

• Empresa externa de control de plagas
Se realizó una reunión con la empresa encargada de los trabajos de control, solicitando su plan de trabajo, la documentación producto del relevamiento periódico, plano de ubicación de los cebaderos y tramperas si las hubiera.

• Se requirió información y vademécum de los cebos y venenos utilizados, para verificar la aprobación por organismos oficiales, además de la documentación de la empresa que los provee, rutina y registros de resultados.

• Mantenimiento de instalaciones
Se encontró que los roedores circulaban entre sectores de la terraza empleando las roturas de vidrio de los ventanales y los espacios que quedaban en los pasos entre las paredes y caños por donde las ratas podían pasar.

Gerencia de planta

Con los resultados y haciendo un estudio de situación general se preparó un informe detallando la criticidad de la presencia de los roedores en una planta de alimentos y recomendando lo siguiente:

En lo inmediato:

Mantenimiento realizaría la reparación de mampostería y cambio de vidrios por placas de policarbonato o similares.

En lo mediato a no más de un mes:

• Aseguramiento de calidad. Establecerá una rutina de auditorías de la gestión del control de plagas.

• Control de calidad. Cumplirá con las auditorías de acuerdo con el plan de gestión.

• Recursos humanos realizará:
- Capacitación del personal y recomendaciones para directivos sobre el cumplimiento de las normas de calidad para las áreas críticas, particularmente las productivas en donde el alimento en sus distintas etapas de proceso se encuentre expuesto.
- Realizará reuniones con los operarios para que entiendan los riesgos que implica para su salud comer fuera del salón del comedor y las implicancias de dejar restos de comida en los lugares poco frecuentados, higiene y control de plagas.
- Estudiará la calidad nutritiva de las viandas, desayunos y meriendas.

La respuesta de la gerencia fue un rechazo al plan de trabajo. Los términos fueron que "en la ciudad había ratas desde siempre".

Consecuencias

Era tan evidente la existencia de ratas que luego de pasado un par de meses la inspección de SENASA encontró en el predio una rata muerta. Esto quedó registrado en su libro de novedades enviando a la gerencia la información con la advertencia de aplicar correcciones en tiempo perentorio para no ejecutar la suspensión de las actividades.

Esto produjo la inmediata reacción del gerente que recuperó de su archivo el informe que control de calidad había elaborado, llamando a una urgente reunión con el informe en mano.

Se ordenó la ejecución del plan presentado anteriormente bajo mi responsabilidad y siguiendo las instrucciones del informe.

En aproximadamente dos meses el problema estaba bajo control.

(A28) QUESO PATEGRÁS: FALTA DE MADURACIÓN

(Defecto crítico)

Problema

De la planta elaboradora de quesos me informaron que la Dirección de Bromatología de la ciudad de Rosario había recibido una denuncia relacionada con la inconsistencia entre la fecha de elaboración y la fecha de comercialización por lo que el producto se encontraba provisionalmente impedida de comercializarse.

Normativa del Código Alimentario Argentino (CAA)

En su artículo 630 bis - (Res Conj. SPyRS y SAGPA N° 33/2006 y N° 563/2006), con el nombre de "Queso Pategrás Sandwich" se entiende el queso madurado que se obtiene por coagulación de la leche por medio del cuajo y/u otras enzimas coagulantes apropiadas, complementada o no por la acción de bacterias lácticas específicas. Además, de acuerdo con lo establecido en el artículo 605 inciso 2, el CAA menciona que es un queso de mediana humedad y semigraso.

Esto determina que su maduración cumple un rol importante no solo desde el punto de vista de su sabor sino del aseguramiento de su calidad e inocuidad de consumo, siempre y cuando la leche a ser utilizada deberá ser higienizada por medios mecánicos adecuados y sometida a pasteurización, o tratamiento térmico, equivalente para asegurar la reacción de fosfatasa residual negativa, dándole estabilización al dejarlo madurar el tiempo necesario como para lograr sus características específicas (**por lo menos 25 días**).

Fosfatasa alcalina (ALP): enzima normalmente presente en la leche cruda y se inactiva en condiciones de tratamiento térmico. La temperatura de inactivación de ALP es ligeramente más alta que la requerida para la destrucción de bacterias patógenas. Por lo tanto, la prueba ALP en leche pasteurizada se utiliza para verificar si el proceso de calentamiento de la pasteurización se realiza correctamente.

Acciones

• Bromatología

Dado el conocimiento de las condiciones y antecedentes excelentes que de la planta tenía, y luego de registrar el acta de infracción respectiva, el director de bromatología estableció que la partida debía ser retenida en los lugares en que se encontrara, ya sea comercios y fábrica, tomadas las muestras respectivas y analizadas con costas a la empresa y de presentar resultados de aceptabilidad, el área bromatológica autorizaría la comercialización, caso contrario se procedería a su decomiso.

• Empresa

Se realizó una auditoría de la gestión de la planta determinando las acciones que se deberían cumplir, particularmente la capacitación en el manejo de los registros que aseguren la trazabilidad de los productos.

Preventivas

Poner en conocimiento de los responsables de la planta de la necesidad de estudiar la trazabilidad del proceso de aprobación y seguimiento en la terminación para comercialización del producto.

(A29) EXTRACTO DE CARNE, PÉRDIDA ECONÓMICA

(Defecto mayor)

Pérdida económica por mala calificación del laboratorio.

En el capítulo de carne el Código Alimentario Argentino define y clasifica al extracto de carne de acuerdo con los siguientes artículos:

Artículo 446 – (Res 553, 12.3.80) Extracto de Carne

Es la conserva alimenticia elaborada por concentración hasta consistencia pastosa de un extracto acuoso de carne. El extracto de carne deberá expenderse con la indicación de su calidad, según lo establecido en los artículos 447 y 448 del presente Código. El contenido de sólidos totales oscilará entre 50 y 70

Artículo 447 – para el Extracto de Carne establece el nivel de primera calidad según lo siguiente:

a) Perfecta solubilidad en agua fría, debiendo contener sólo vestigios de materias insolubles.

b) (Res 305, 26.03.93) – "El agua no exceda de 20%".

c) El cloruro de sodio no exceda del 5%.

d) La creatina y creatinina valoradas en conjunto no sean inferiores al 7%.

e) El nitrógeno amoniacal no exceda del 0,5% y el nitrógeno total no sea inferior al 7%.

f) Podrá contener vestigios de gelatina, pero estará exento de dextrina, albúminas coagulables, caseína, extractos de levaduras o cualquier otro producto no autorizado.

Artículo 448 – Extracto de Carne de segunda calidad

Será considerado aquel extracto de carne que en el conjunto de creatina y creatinina sea inferior al 7%, aunque no menor del 5%, y además, el agua y el cloruro de sodio no excedan del 22% y el 10%, respectivamente. Sin embargo, deberán reunir las condiciones de los incisos a), e) y f) del artículo 447.

Problema encontrado

Todas las semanas se realizaba el balance de lo producido. Llamó la atención que el nivel de creatinina y creatina había caído por debajo del

7% y como consecuencia el resultado económico era igual o menor que el costo de producirlo.

Investigación

Se realizó un estudio exhaustivo del proceso de producción, el muestreo para el laboratorio y el método de control, resultando que todo parecía correcto. Sin embargo, decidí realizar una inspección profunda sobre todo lo atinente al control del laboratorio desde el muestreo hasta el cálculo de los resultados.

• Muestreo

Tanto la toma de las muestras, incluyendo envases y utensilios, como transporte y conservación eran normales y acordes con las prácticas recomendadas.

• Elementos de laboratorio

La higiene, elementos de medición y la calibración de estos resultaban adecuados.

• Método de análisis

En este punto fue donde se encontraron dificultades para discernir si el problema era una mala práctica del analista o una equivocada interpretación del método.

Tras una exhaustiva conversación sobre el método empleado llegamos a la conclusión que el analista, según su opinión, modificó el método por "uno que él consideraba mejor".

Esto lo hizo sin realizar una validación comparativa con el método estándar oficial. Esto fue muy evidente ya que la supuesta pérdida de concentración de la creatinina creatina, comenzaba desde el momento en que modificó la metodología. Sin embargo, todo era consecuencia de su falta de criterio en el seguimiento de las normas. Se le recordó que bajo ningún concepto se debía modificar un método sin realizar la consiguiente validación mediante la comparación con un estándar patrón.

Se realizó una capacitación sobre la gestión que debe acompañar la aplicación de métodos, incluso realizando una validación de reactivos, instrumentos, calibración y analistas completándolo con los registros de la trazabilidad de cada ítem.

(A30) QUESO FUNDIDO: ESTUDIOS SOBRE BOTULISMO

(Investigación)

En 1975, cuando trabajaba en el Instituto Nacional de Microbiología fui informado de un brote de botulismo que estaba ocasionando numerosas muertes afectando a una familia y sus amigos. De lo conversado con algunos de los familiares no afectados inferimos que de todos los alimentos que pudieron producir el brote, el responsable sería el queso fundido.

El equipo de epidemiología concurrió a realizar una investigación en el domicilio familiar. Al no encontrar en el departamento indicios del supuesto alimento responsable, concurrieron al lugar donde se encontraba el incinerador de residuos. En ese entonces las autoridades municipales todavía no habían prohibido su uso que tiempo después reemplazaron por compactadoras de basura. Afortunadamente, al no haberse incinerado todavía la basura los inspectores lograron obtener restos del empaque primario del queso fundido con cebollín, con algo de producto remanente que fue urgentemente remitido al laboratorio central del Instituto Malbrán.

De inmediato los estudios fueron procesados microbiológicamente y las evidencias, aún sin finalizar las pruebas, demostraron que se trataba de botulismo. Esto permitió iniciar un rápido tratamiento con antitoxina botulínica y a pesar de que varios miembros de la familia fallecieron, la antitoxina permitió salvar de muerte a otros afectados.

Antecedentes legales y de especialistas

Antes de marzo de 1988 el Código Alimentario Argentino indicaba un proceso de 85°C y permitía que aquel producto se comercializaba de la siguiente manera:

Artículo 641. Para el queso fundido la condición térmica de conservación era de menos de 10°C. Pero lo increíble era que en el verano aceptaba mantenerlo refrigerado hasta 13°C.

Anteriormente (1974) en un informe de los especialistas H. Schmidt y M. Sprenger, indicaban, *"una nueva reglamentación gubernamental Argentina requiere que el queso fundido sea transportado y mantenido en refrigeración a 10°C en cadena. Personalmente confesamos que esta reglamentación es tan innecesaria como ridícula"*. Se debe aclarar que estaban opinando sobre un queso fundido sin aditivos naturales.

Además, con fecha posterior al problema descrito más arriba se indicaba que en los Estados Unidos no existían regulaciones gubernamentales sobre almacenamiento y distribución de quesos, aunque los quesos procesados eran refrigerados a $40 \pm 2°F$ ($4 \pm 0,5°C$) durante su almacenamiento y distribución, solo por un problema físico y sensorial como es la posible separación de aceite y su decoloración. Aclaraban finalmente que no existían problemas microbiológicos porque el queso procesado era pasteurizado ($85°C$). Era evidente que no consideraban que analizar en la búsqueda de *Clostridium botulinum* no era justificable, considerando condiciones de higiene durante todo el proceso y la pasteurización final.

Posteriormente, se comenzó a aplicar el sistema de proceso térmico de Ultra Alta Temperatura (UAT o UHT en inglés). Así el CAA mediante el Artículo 641 (bis) no mencionó ninguna condición de conservación térmica. Además, otros especialistas basaban la calidad en las condiciones de proceso diciendo que *"si los quesos son procesados de acuerdo con las condiciones a los estándares de identidad (USA) y empacados correctamente, los productos son auto estables"*.

En 1986 Tanaka y colaboradores concluyeron que *"cuando los niveles de humedad alcanzan entre el 58 y el 60%, un pequeño cambio en la formulación puede generar condiciones inseguras"*. Esto fue confirmado por un panel de expertos en seguridad alimentaria y nutrición (1988) al decir, *"la refrigeración por encima de 38°F (3,3°C) puede no ser una protección completa contra el botulismo en alimentos que contienen cepas no proteolíticas de* Clostridium botulinum*"*.

A pesar de la aprobación en el CAA del empleo de UAT en la esterilización industrial, no se quitó de la etiqueta la leyenda de mantener en frio. Esto fue motivo posterior de la discusión sobre mantenerlo, teniendo en cuenta lo ocurrido con el botulismo, o quitarlo de acuerdo con la opinión de expertos y el CAA.

Al hablar de queso fundido no se mencionaba el agregado de otros ingredientes naturales o procesados para darle sabores especiales al producto y aumentar la diversidad de estos. De allí fue que en esa diversificación no se había tomado en cuenta esto último y sus implicancias técnicas y biológicas que pudieran alterar la seguridad del producto y que por falta de consideración de esto último en su momento había generado la fatal intoxicación botulínica anterior.

Es sabido que todo ingrediente proveniente del cultivo en suelo tiene el riesgo cierto de ser portador entre otras, de bacterias esporuladas, y de las muy resistentes a todo tipo de agresión las clostridiales, particularmente el *Clostridium botulinum* cuyo esporo muy resistente a la temperatura que al desarrollarse en condiciones de anaerobiosis, produce una potente enterotoxina de rápido efecto por su veneno que es uno de los más deletéreos de la naturaleza. De allí es que los procesos térmicos deben ser seguidos de manera segura y sus registros conservados en archivos de importancia legal. En el caso que mencionamos al comienzo de este ítem existió un detalle trágico ya que se había agregado cebollín que, por las características de cultivo, resultaba muy posible la existencia de bacterias esporuladas clostridiales, entre otros *Clostridium botulinum*. Hay que recordar que en ese entonces a este tipo de queso solo se lo pasteurizaba.

Situación al momento de considerar los estudios

Los terribles hechos de la muerte por brote de botulismo por el queso fundido citado anteriormente no correspondían a la empresa en la que luego trabajaría. Sin embargo, se tenía siempre presente el desafortunado brote de intoxicación botulínica.

Al queso en proceso en estado fundido se le agregaban ingredientes, otros que los lácteos, procesados previamente en autoclave. Finalmente, se los esterilizaba industrialmente por UHT antes de su envase.

En nuestro país representaba un buen negocio su comercialización y el área de mercadeo señalaba que en ensayos de mercado las ventas aumentaban sensiblemente si el producto ocupaba los extremos de góndola.

Es así como surgieron diferencias relacionados con aceptar lo que el CAA admitía respecto a exponer el producto a temperatura ambiente o tomar la decisión de mantener el frío tal cual figuraba en la etiqueta del envase. Es importante recordar que, si bien no deben superarse los límites legales impuestos por el CAA, las compañías deben ser igual o más estrictas que ello.

Así fue importante que se consideraran los antecedentes propios y ajenos para tomar una decisión basada en un estudio que definía una situación de resultados seguros para aquel producto, y que contemplara lo siguiente:

• Si el sistema garantizaba las mejores condiciones de elaboración.

• Si los controles intensivos y límites bacteriológicos exigentes marcaban un alto nivel de seguridad para el producto.

• Si el ajuste del límite de humedad indicaba una distribución en el número de lotes que superaran ese límite promedio más allá de lo esperado.

• Si la cadena de frío a la salida del establecimiento lácteo presentaba buenas condiciones o deficiencias en la conservación.

• Si la cadena de frio en los comercios y su distribución no presentaba alguna deficiencia.

Forster E. M.,1989, enunciaba una "Ley Para Evitar un Desastre" y que consistía en:

√ Mantener el número de bacterias patogénicas en el producto tan cerca de cero como sea posible.

√ Mantener la temperatura tan bajo como el producto pueda tolerarlo.

√ Mantener el tiempo tan corto como se pueda.

Inhibición por nisina (extraído y resumido de Wikipedia)

La nisina es un antibiótico peptídico policíclico usado como conservante biológico. Es sintetizada de forma natural por la bacteria *Lactococcus lactis*. La molécula contiene diversos aminoácidos como la lantionina y el B-metil lantionina. En la industria alimentaria es empleada y codificada como E 234, principalmente en la elaboración de quesos. Es un antibiótico (lantibiótico) muy efectivo contra las bacterias Gram positivas y su efecto es el de bloquear sus membranas. Se emplea igualmente para combatir las bacterias *Clostridium botulinum* y *Bacillus cereus*. Es un producto bastante resistente a los tratamientos térmicos, especialmente los realizados en medio ácido, generalmente pH menor de 3,5.

Varios aditivos y factores que incluyen NaCl, fosfato disódico, pH y humedad contribuyen a incrementar las propiedades anti botulínicas en los quesos procesados pasteurizados. No obstante, la seguridad que ofrecía el queso fundido "per se", sin el agregado de ingredientes naturales como lo que se explicó anteriormente, no convencía a las autoridades de la empresa sobre la inocuidad de consumo.

Sin embargo, dada la gravedad de los riesgos y antecedentes que ofrecía este tipo de queso, se buscaron los mejores métodos y productos para aumentar las condiciones inhibitorias que impidieran esa intoxicación y de allí la nisina parecía una solución. Esta proveería una medida adicional de protección anti botulínica al permitir una flexibilidad en la formulación al reducir el sodio y permitir niveles de humedad ligeramente más altos. La formulación de tales productos aportaría un sustancial margen de seguridad. (Sommers E.B. & Taylor S.L. 1987).

Con todos los antecedentes, estudios y necesidad, fue necesario conocer la situación microbiológica de un queso fundido expuesto a un desafío extremo para:

• Verificar la resistencia del queso procesado por UAT ante la eventual presencia de esporas botulínicas.

• Comprobar el efecto inhibidor de la nisina a la germinación de esporas, crecimiento vegetativo y formación de toxina botulínica.

• Determinar los límites de humedad a la germinación de esporas.

• Posicionar mejor al producto en los supermercados.

La supresión de toxicidad de *Clostridium botulinum* en queso fundido con una humedad superior al 55%, aun a niveles elevados de nisina, dependerá del número inicial de esporas. De allí es que la nisina por sí misma, no puede ser el único componente responsable de la seguridad del producto, particularmente por la permanente caída en su potencia a través del tiempo, sin tener en cuenta que el agregado de nisina aumenta notablemente su costo.

La decisión final fue mantener por aquel momento "in statu quo".

Finalmente se concluye que los quesos fundidos ofrecerán seguridad en la medida que todo lo que se le agregue como aditivo natural o procesado, deberá ser esterilizados previamente y guardados los registros de esa acción.

(A31) SOPA DESHIDRATADA: VIDRIO

(Incidente crítico)

Durante la hiperinflación de 1989 las autoridades municipales solicitaron la colaboración de alimentos para las familias que estaban pasando necesidades básicas. La empresa ofreció el aporte de sopas deshidratadas por su alto valor nutricional y de rápida preparación, en bolsas de tamaño para restaurante.

Dos semanas después de haber entregado los productos la municipalidad informó que una persona había realizado un reclamo por presencia de un fragmento de vidrio en el producto. Se solicitó que una persona del área de relaciones públicas concurriera con un funcionario oficial al domicilio de la persona afectada, conversar sobre el tema, verificar el problema y encontrar sus causas y brindar una solución. Además, del área de aseguramiento de la calidad se solicitó el envío de lo que restaba del producto, juntamente con el vidrio.

Estudio

Luego de un trabajo de investigación se llegó a la conclusión de que se trataba de un trozo de vidrio curvado, de unos 15 mm aproximadamente de lado de una botella de alcohol de tono verde, de uso muy común en esa época y que era vendida en las farmacias y comercios en general.

Se investigó en toda la planta de elaboración de alimentos buscando una botella de ese tipo que pudiera haber estado durante el envase del alimento. Además, se investigó si por el tamaño de la boquilla de la máquina envasadora podría haber pasado el vidrio. Esto demostró que no era posible. La otra alternativa era la investigación del envase de vidrio de otros productos, pero todos eran de vidrio incoloro, incluso el de un frasco con sal en la zona de parrilla del que nadie había tomado en cuenta y que se mencionará al hablar de sal como accidente con vidrio.

Además, se habló con los servicios de medicina y guardería para verificar si se habían usado ese tipo de envase ya que era normal que utilizaran alcohol. Como era su responsabilidad, el sector de recursos humanos lo adquiría en botellas de vidrio del tipo que nos ocupaba. Además, nos informaron que no existía posibilidad de que esa botella fuese a fábrica ya que estaba prohibido introducir esos tipos de elementos en fábrica. El único lugar diferente al de fábrica en el que había alcohol era en el laboratorio, pero de 100% de concentración para análisis y en botella ámbar oscuro.

Conclusión

El informe final determinó que se conversara nuevamente con el consumidor y ante las evidencias presentadas reconoció que se le había roto la botella de alcohol cayendo un vidrio en la sopa. Como temía perder el producto ya que la necesitaba, dijo que la sopa ya tenía el vidrio. Se le explicó que se iba a reponer la sopa con una nueva bolsa y si en otra oportunidad tuviera otro problema no tenía más que contactarse con la empresa o la municipalidad.

(A32) SAL: INCIDENTE CON VIDRIO

(Crítico)

La sal fina usada en la planta debía tener un grado de pureza de acuerdo con el CAA. Ministerio de Agroindustria Secretaría de Agregado de Va-

lor Subsecretaría de Alimentos y Bebidas Protocolo de Calidad Código:
SAA014 Versión: 09 - 27.03.07

• Granulometría menor a 420 micrones y mayor de 125 micrones.

• Humedad: 0,25% como máximo o insolubles: 0,10% como máximo
(descontando el agente anti aglutinante).

• Sulfatos, como sulfato de calcio sobre base seca: 0,52% como máximo.

• Total, de calcio, magnesio y potasio, calculados como la suma de sus
cloruros: 0,25% como máximo, expresado sobre residuo seco.

• Anti aglutinantes: los permitidos por el CAA en cantidad no mayor de
2,0%. Los anti aglutinantes podrán ser reemplazados hasta no más del
2% con almidón.

Su uso requiere además que sus cristales se deslicen libremente para
permitir su dosificación. Pero durante el tiempo en el cual permanece
embolsada y sometida al ambiente puede aglomerarse por la humedad
lo que impide una correcta dosificación y uso. Es por ello por lo que al
desembolsar es necesario pasarlo por un molino martillo para reducirlo
a cristales libres y restarle humedad, evitando su nuevo aglomerado.

En general en los procesos de mezclados industriales como el de sal,
se requieren silos que en general se colocan en altura y por gravedad se
van dosificando hacia abajo. De allí es que el proceso comienza vacian-
do las bolsas y por transporte neumático se envía hacia arriba pasando
someramente por las etapas indicadas más arriba.

Caso

La planta tenía un comedor y anexo una parrilla, solo para el personal
que se quedaba en horas adicionales a las normales. Es así como se había destinado una persona para cocinar la carne que el personal le traje-
ra, estableciendo horarios para tal efecto. El "asador" salaba la carne de
acuerdo con el pedido de cada operario y nadie había tenido en cuenta
que la sal se mantenía en un frasco que lo había sacado de la línea de
envase de mayonesa. Esto estaba prohibido por el riesgo que significaba
para el producto final.

Un día se le terminó la sal y no tuvo mejor idea que ir a buscarla al envío neumático que abastecía al silo. Lo hizo de tal mal manera que al colocar directamente el frasco en la corriente de aire y sal, el frasco se soltó

de la mano y al romperse todos los fragmentos fueron enviados al silo. Por fortuna, el operario a cargo del envío se dio cuenta de la gravedad del problema e informó al supervisor. Este inmediatamente detuvo la operación de todo el sistema de sal y como consecuencia se detuvo la producción.

La confusión fue llevada al área de aseguramiento de la calidad para determinar qué hacer, no solo con la sal del silo con una capacidad si estuviera llena de unas 7 toneladas, sino con lo producido hasta el momento del incidente. En el momento en que se suspendió la producción no tendría más que dos toneladas.

Acciones

Fábrica

• Se mantuvo detenida la producción hasta terminar los trabajos de limpieza.

• Se vació el silo y se segregó la sal en bolsones de rafia "big-bag" y se los guardó hasta resolución de aseguramiento de calidad, separadamente e identificado en un área independiente de todo otro producto o insumo. Finalmente se envió a destrucción.

• Se limpió cuidadosamente la superficie del sistema desde el envío hasta la descarga del silo.

• Luego de una inspección detallada por aseguramiento de la calidad, se inició la carga del silo enviando sal para su deshumidificación, molienda y posteriormente a la producción.

RRHH

• Se realizó un reconocimiento de la honestidad del operario al informar al supervisor del problema que había generado. Sin embargo, le fue advertido que, que, no obstante, debería sufrir una suspensión que, aunque mínima, le correspondía por su imprudencia.

• Al supervisor y al operario del envío se los advirtió por escrito por permitir que ese equipo haya sido utilizado para otros fines distintos a los que correspondía.

• RRHH debía hacer un relevamiento de todo lo concerniente a su responsabilidad para mantener abastecido correctamente el comedor y las otras áreas de su competencia como ser el servicio médico, guardería, vestuarios, comedor y oficinas.

Aseguramiento de la calidad

• Debía realizar una capacitación de las normas de BPM, dando ese caso como ejemplo de violación por desconocimiento.

(A33) CALDO EN PASTA

(Sabotaje con vidrio. Crítico)

Estaba cenando en mi casa y tocaron el timbre. Era el jefe de producción que me pedía con urgencia que lo acompañara a la fábrica y para ello me esperaba con su auto. Se trataba de un incidente con un caldo que presentaba pequeños fragmentos de vidrio.

Los había detectado el operario que lo estaba descargando en la tolva de envase. El supervisor había detenido el proceso de producción y envase hasta descubrir qué es lo que había pasado y era por ello por lo que me necesitaban para hacer una investigación y resolver el problema antes del comienzo del día siguiente. En ese entonces a las diez de la noche se interrumpían las actividades productivas.

Investigación

Pedí una muestra del caldo en cuestión y al hacer una observación al microscopio estereoscópico detecté por las características del vidrio, que eran fragmentos muy pequeños de un espejo. Esto se deducía pues uno de los lados tenía adherido el convertidor de espejo rojo.

Consulté con el supervisor del sector de envase sobre la actitud del operario respecto al descubrimiento del vidrio en el caldo. Me informó que este vio algo extraño en la superficie de corte de la masa de producto y al tomar entre sus dedos un poco de pasta sintió pinchazos, además que se dio cuenta que se trataba de pequeños pedazos de vidrio.

Revisamos el lugar en el que el vidrio estaba y a simple vista no podíamos determinar cómo el operario había podido distinguir las minúsculas partículas de vidrio, aunque se veía una pequeña parte de la superficie de corte en el que parecía haber sido colocado un poco de pasta de caldo.

Decidimos tomar muestras en cada sector vecino al que se identificaba el vidrio además concurrimos al área de vidriería de mantenimiento para averiguar por restos de espejos. Los llevamos al laboratorio e hicimos una serie de estudios no encontrando vidrio más que en el reducido sector en donde el operario nos había indicado.

Conclusión

No se trataba de un accidente sino de algo más preocupante como lo que parecía un sabotaje. Se decidió apartar el lote e identificarlo como "retenido por control de calidad", esto para continuar con los estudios al día siguiente. Si bien no cabía duda alguna que el vidrio no estaba por casualidad en ese lugar, realizamos un informe en conjunto con producción, recopilando todos los estudios y elevamos a recursos humanos y seguridad de la planta para que terminaran la investigación.

El resultado de todas las averiguaciones de recursos humanos y seguridad fue que el operario de la tarea de cargar la tolva de envase había puesto el vidrio en el carro de caldo. La explicación fue que como en el anterior caso del vidrio en la sal, al operario se lo había felicitado por haber reconocido su error al buscar sal con un frasco de vidrio, el operario sintió que su trabajo también merecía un reconocimiento en su legajo por haber identificado el vidrio en el caldo. No llegó a razonar la diferencia entre error, o violación de las BPM por desconocimiento de una actitud de sabotaje. En este caso no hubo reconocimiento ni felicitación, sino despido.

Para los que leen este artículo debiera parecerles una exageración y disparatada la anécdota, pero así fue.

(A34) BALANZA PARA DETERMINACIÓN DE HUMEDAD

(Defecto mayor)

Me informaron que debía viajar a otro país debido a que tenían problemas para producir un alimento dentro de los límites establecidos de humedad. En la sucursal de la corporación internacional estaba trabajando un asesor para equiparar los estándares establecidos por la compañía para ese producto. El punto era que a pesar de las modificaciones que el asesor técnico para la producción iba modificando al producirlo, no tenía respuesta razonable en la humedad controlada por el laboratorio. El problema era tal que se sospechaba de la incompetencia del laboratorista. Por ese motivo viajé urgentemente y comencé auditando el laboratorio, sus equipos, métodos e interpretación de los resultados.

Acciones

Mi prioridad fue el estudio que se realizaba a la determinación de humedad. Se empleaba balanza de humedad IR (infra rojo), que determinaba el contenido de humedad con el método de pérdida por secado y constaba de una unidad de pesaje con una unidad de calefacción halógena.

Solicité a planta de elaboración de varias producciones con humedades diferentes, determinando como relación patrón el clásico método de secado por estufa a niveles de tiempo y temperatura variables. Parte de esas muestras fueron sometidas al análisis con el analizador halógeno. Todo este trabajo fue realizado por el analista del laboratorio. Me llamó la atención que antes que el equipo finalizara el análisis, desprendía un leve olor a quemado.

Resultados

Fueron muy variables y sin comparación con los del estudio estándar y se debía a que con la temperatura y tiempo a los que era sometido el producto, el componente lipídico se degradaba influenciando el resultado. Era evidente que cuando se comenzó a utilizar aquel equipo no se lo hizo con un estudio preliminar de la relación temperatura/tiempo para certificar *versus* un estándar comparable al clásico.

Recomendación

Realizar todos los estudios para llegar a la estandarización del método. Lo mismo debía ser realizado para cualquier equipo analítico que ingresase al laboratorio.

Otras acciones complementarias

Entre otros problemas detectados en la auditoría me llamó la atención aspectos de la deficiencia con la que en el laboratorio se trabajaba.

Hongos en harina de maíz

• Al estudiar los registros de recepción de una de las materias primas llamó mi atención ver que expresaban el recuento de hongos como "mayor" del nivel tolerable, y más aún lo habían aprobado. De allí que surgió inmediatamente la pregunta, "*¿cuánto es mayor?*" y su significado en cuanto a aprobación o rechazo.

La materia prima era harina de maíz importada. Debido a que uno de los objetivos de investigación de esta harina son los hongos y particularmente su influencia en la identificación de aflatoxinas, es que determinara nuevamente el número de hongos por gramo. El resultado fue el de muy elevado, de manera que pedí que se enviara muestra a un laboratorio externo oficial para investigar aflatoxina. El resultado fue positivo por lo que se procedió a la destrucción de la materia prima.

Hongos comestibles

En un tambor plástico con capacidad de 200 litros aproximadamente, se guardaban hongos comestibles que por su apariencia y olor estaban muy húmedos. En la superficie se veía una cobertura de micelio blanco en etapa de pre-fructificación. Se sugirió descartarlos y tomar como rutina secarlos a la recepción cuando se recibieran nuevas partidas.

(A35) TRANSPORTE CONTENEDOR: INFESTADO CON HORMIGAS

(Defecto crítico)

Fui informado del ingreso de un camión con un contenedor que traía glutamato monosódico en bolsas procedente del exterior del país. Esto era normal para ese tipo de producto, pero lo sorprendente era que al abrir el contenedor se encontró una infestación con hormigas. El encargado del depósito solicitó mi presencia con urgencia para tomar decisión sobre las acciones que se debían asumir.

Se envió el camión a un patio lindero con un área libre de construcciones mientras esperábamos que asistiera personal de control de plaga. Se realizó la apertura y se venteó el tiempo suficiente como para bajar las bolsas. Como las bolsas estaban estibadas en pallets, se decidió bajarlas con un auto elevador. Con el personal vestido adecuadamente se fue reestibando previo barrido superficial de cada unidad. Los barridos individuales de hormigas iban siendo tratados inmediatamente para un posterior tratamiento anti-hormiga. Cada bolsa fue revisada meticulosamente para verificar que no habían sido atacadas por las hormigas.

Del total, solo una bolsa con producto tenía su tela rota y en su interior para nuestra sorpresa, las hormigas habían formado un hormiguero.

Finalmente se limpió toda la caja del contenedor y de acuerdo con la empresa de transporte se remitió a origen.

De la investigación provista de origen y sin tener una trazabilidad que justificara la presencia de hormigas, se solicitó de la empresa de transporte documentos de materia prima para realizar una aprobación o rechazo de la partida. Finalmente, se decidió decomisar el producto contenido en la bolsa infestada. El resto de la partida no había sido afectada conservando su estanqueidad.

(A36) CALDO EN PASTA: RECLAMO DE CONSUMIDOR

(Defecto crítico)

En el sector de cocción existían ollas de enorme peso, montadas sobre ruedas que facilitaban su desplazamiento para el lavado del piso. La inclinación del piso conducía los líquidos, particularmente de los lavados, a una canaleta de acero inoxidable que abarcaba varios metros. Por el rutinario desplazamiento de las ollas sus ruedas pasaban por encima de la canaleta y luego de un tiempo se produjo una casi imperceptible separación de la canaleta del hormigón de manera que se filtraba el agua de lavado con líquido de la cocción por ella. Tiempo después comenzó a sentirse un fuerte olor a carne en descomposición. Este olor se sentía más fuertemente en el piso inferior en donde se realizaban las maniobras previas para el envase. En aquella zona ordené la colocación de placas de Petri con grasa sólida casi inodora para permitir que cualquier olor se fijara a ella.

El resultado fue que en 24 horas la grasa presentaba un desagradable olor ya que los lípidos capturan esos aromas. Se paró la producción para realizar los arreglos necesarios en la zona de cocina. Luego de una discusión con la gerencia de planta por las acciones tomadas, se realizaron los arreglos que consistieron en la clausura temporal del área previa a envase y su aislamiento físico con un encarpado plástico, así como la reparación del sector de cocina.

En septiembre de ese mismo año me llamaron de la gerencia para mostrarme un reclamo de un cliente que denunciaba que el caldo "asemejaba a olor de gallinero". Además, me dijeron que cuando ocurrió el problema y detuve el envase *"no creían que fuese tan grave mi protesta y acción"*.

(A37) AUDITORÍA DE PLANTA Y RESÚMENES DE PUNTUACIÓN

(Un ejemplo)

Cada empresa y particularmente cada proceso, presenta ciertas dificultades para realizar auditorías que podrían ser más o menos complejas. Lo que sigue es una de tantas posibilidades de auditoría.

Auditorías

Auditorías

CLASIFICACIÓN

INTERNAS: por la propia empresa en sectores específicos de su propia organización.
Objetivo: se cumplen requisitos del sistema y acciones correctivas.
EXTERNAS: por una organización fuera del ámbito de la empresa
Objetivo: verificar la capacidad de desarrollo, implementación y mantenimiento de un Sistema de Calidad.

REQUISITOS Y CARACTERÍSTICAS

INDEPENDENCIA: relación respecto a los auditados.
ALTA GERENCIA: comunicación directa para preservarlo de influencias.
CONTINUIDAD: mediante el seguimiento de las medidas correctivas recomendadas.
ECUANIMIDAD DEL AUDITOR: para que el auditado pueda solicitar opinión.
CORTESÍA hacia los auditado.

OBJETO

AUDITORÍAS DE SISTEMA: evalúan si un sistema de calidad opera satisfactoriamente.
AUDITORÍAS DE PROCESOS: con dos objetivos.
a) Verificar si se están cumpliendo los procedimientos.
b) Verificar si los operadores son calificados para su ejecución.

AUDITORÍAS DE PRODUCTOS:
a) Verificar la calidad de los productos terminados y del sistema de control.
b) Verificar la satisfacción del cliente.

REUNIÓN DE PRE AUDITORÍA

Con coordinadores de la empresa para tratar los siguientes puntos:
• Presentación formal de los auditores.
• Objetivos de la auditoría.
• Definición de los canales de comunicación.
• Programación de la audioría.

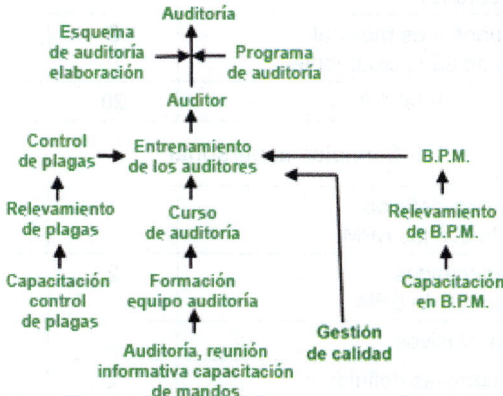

		Puntaje previsto	Puntaje obtenido	Comentario, Riesgos
1	**RECURSOS HUMANOS TOTAL**	**60**		
	1.1- Uniforme de trabajo			
01	Está definido y es compatible con el trabajo con alimentos.	5		
02	Se usan sin excepción.	5		
03	Están en buen estado y limpios.	5		
04	Se usan correctamente.	5		
	Total 1.1	**20**		
	1.2- Presentación personal			
01	El personal está afeitado. No usan barba larga o está cubierta con una mascarilla.	3		
02	Cabello, bigote y patillas cumple con las normativas.	2		
03	El personal no usa relojes, colgantes, cadenas, uñas largas, pintura en uñas, etc.	3		
04	Personal jerárquico y visitas cumplen con las mismas obligaciones de presentación personal.	2		
	Total 1.2	**10**		
	1.3- Comportamiento			
01	Está definida la política sobre fumadores.	5		
02	Las prácticas son sanitarias en cuanto al manejo de las materias primas, materiales, en proceso y terminado.	6		
03	Se observa la higiene de manos en lugares críticos y existen estaciones para lavado.	6		
04	El uso de guantes es racional y se higienizan adecuadamente.	3		
	Total 1.3	**20**		
	1.4- Servicios al personal			
01	Hay una política definida y relacionada con las BPM.	4		
02	Sanitarios adecuados y en condiciones de BPM.	2		
03	Vestuarios exclusivos.	2		
04	Lugar para comidas definido.	2		
	Total 1.4	**10**		

		Puntaje previsto	Puntaje obtenido	Comentario, Riesgos
2	**EDIFICIOS E INSTALACIONES TOTAL**	**40**		
	2.1- General			
01	Las áreas no ofrecen riesgos y el espacio es suficiente.	2		
02	Patios cuidados evitan embarrado y polvo.	2		
03	Vereda perimetral alrededor de edificio.	2		
04	No existen depósitos permanentes de materiales en desuso y chatarra.	2		
05	No existen instalaciones provisorias.	2		
	Total 2.1	**10**		
	2.2- Diseño sanitario estructural			
01	Paredes, techos, pisos acordes con BPM	2		
02	Desagües sanitarios	2		
03	Puertas, portones y ventanas acordes con BPM	2		
04	Cañerías racionalizadas permiten fácil limpieza.	2		
05	Sanitarios y vestuarios no comunican directo a proceso.	2		
	Total 2.2	**10**		
	2.3- Diseño sanitario protección al producto			
01	Montantes de luz cubiertas y fácil limpieza.	3		
02	Sobre los tanques no hay cañerías ni elementos peligrosos.	3		
04	Hay detectores de metales en la etapa final de proceso.	2		
05	Iluminación adecuada al proceso.	2		
	Total 2.3	**10**		
	2.4- Diseño sanitario proceso			
01	Área de envase protegida y hermetizada.	2		
02	No existen posibilidades de contaminación cruzada.	2		
03	Temperatura ambiental acondicionada.	2		
04	Perfiles estructurales sanitarios.	2		
05	No existen utensilios de materiales no sanitarios.	2		
	Total	**10**		

		Puntaje previsto	Puntaje obtenido	Comentario, Riesgos
3	**PRODUCCIÓN 2.4**	**50**		
3.1- General				
01	Tránsito de personas y materiales restringido.	5		
02	Las puertas y ventanas permanecen cerradas.	5		
03	No ingresan vehículos a los depósitos o plantas.	5		
04	Los auto elevadores no tienen motores a explosión.	5		
05	Los equipos guardan distancia de paredes y elevación del piso.	5		
	Total	**25**		
3.2- Agua Producción y Efluentes				
01	El agua para producción es potable.	8		
02	El agua para producción es suficiente.	8		
03	El vapor vivo no se emplea en contacto con producto o superficie en contacto con el proceso.	5		
04	Los efluentes y contaminantes sufren un tratamiento adecuado.	4		
	Total	**25**		
4	**EQUIPOS Y UTENSILIOS TOTAL**	**45**		
4.1- General				
01	Diseñados sanitariamente.	8		
02	Empleados con el fin propuesto.	6		
03	Son sistemas herméticos en zonas críticas.	8		
04	Los tanques tienen sistema anti rebalse.	3		
	Total 4.1	**25**		

		Puntaje previsto	Puntaje obtenido	Comentario, Riesgos
4.2- Operativo				
01	Las reparaciones guardan las condiciones de BPM.	4		
02	Los equipos guardan alzada y distancia para limpieza.	4		
03	Se encuentran en buenas condiciones.	4		
04	La lubricación es adecuada y no contamina.	4		
05	Los transportes no producen pérdidas de aceite.	4		
	Total 4.2	**20**		
5	**LIMPIEZA Y DESINFECCIÓN**	**60**		
5.1- General				
01	Los procedimientos se cumplen y registran.	5		
02	Los limpiadores y desinfectantes se aprueban y registran.	4		
03	Los limpiadores y desinfectantes son atóxicos e inodoros.	4		
04	Se identifican y guardan, registrándose el stock.	2		
	Total 5.1	**15**		
5.2- Procedimiento				
01	Elementos de limpieza se mantienen bien y en lugares *ad hoc*.	3		
02	La limpieza es adecuada.	3		
03	No se emplean elementos abrasivos o que suelten partículas.	3		
04	El agua contra incendio es otro del de producción y limpieza.	3		
05	Las mangueras están arrolladas.	3		
	Total 5.2	**15**		
5.3- Equipos y utensilios de producción				
01	Se mantienen, lavan y descontaminan de acuerdo con un plan.	5		
02	Antes de usarse se limpian y desinfectan.	5		
03	Las piezas no se colocan en el piso.	3		
04	Tampoco se las arrastra por el piso.	2		
	Total 5.3	**15**		

		Puntaje previsto	Puntaje obtenido	Comentario, Riesgos
5.4- Orden				
01	No se observan elementos tirados ni fuera de lugar.	3		
02	Recipientes de basura bien ubicados y limpios.	3		
03	La basura se retira diariamente.	3		
04	No se observa amontonamiento de materiales ni elementos.	3		
05	Los parques tienen el césped cortado.	3		
	Total 5.4	**15**		
6	**CODIFICACIÓN TOTAL**	**40**		
6.1- General				
01	Los insumos tienen códigos de identificación legibles.	10		
02	Los productos terminados tienen códigos de identificación	10		
03	Las cámaras tienen registradas la ubicación de los productos.	10		
04	Los bines tienen identificación del origen y fecha.	10		
	Total 6.1	**40**		
7	**ALMACENAMIENTO Y DISTRIBUCIÓN**	**45**		
7.1- General				
01	No hay incompatibilidades entre insumos materiales y productos.	5		
02	Se encuentran demarcados los lugares de estibamiento.	5		
03	Se puede circular entre las estibas y contra la pared.	5		
04	No hay tóxicos ni corrosivos con los insumos y empaque.	5		
05	No se realizan actividades incompatibles con alimentos.	5		
	Total 7.1	**25**		

		Puntaje previsto	Puntaje obtenido	Comentario, Riesgos
7.2- Operativo				
01	Los derrames son rápidamente eliminados.	5		
02	Se realiza sobre tarimas en buen estado.	4		
03	La temperatura de las cámaras se registra y controla.	4		
04	Los forzadores tienen un plan de limpieza y mantenimiento.	3		
05	Las puertas se mantienen cerradas.	4		
	Total 7.2	20		
8	**CONTROL DE PLAGAS**	**60**		
8.1- General				
01	Hay evidencia de plagas en las áreas productivas y de almacenamiento.	15		
02	No se observan animales domésticos.	15		
03	Las estaciones de cebado están de acuerdo con el plan y se revisan y contienen cebos.	5		
04	No existen materiales amontonados ni desordenados.	5		
	Total 8.1	40		
8.2- Operativo				
01	No existen aberturas que permitan el ingreso de plagas.	5		
02	No hay cebos tóxicos en zona de producción y almacenamiento.	5		
03	Los patios, equipos de proceso y estibas de contenedores son los adecuados para el control de plagas.	5		
04	No hay cebos sueltos en áreas de patios y parques.	5		
	Total 8.2	20		

Posibilidades de cumplimiento

Ítem	Descripción	Puntuación		
		Posible	Real	Total
1.	**RECURSOS HUMANOS**			**60**
1.1	Uniforme de trabajo			20
1.2	Presentación personal			10
1.3	Comportamiento			20
1.4	Servicios al personal			10
2.	**EDIFICIOS E INSTALACIONES**			**40**
2.1	General			10
2.2	Diseño sanitario estructural			10
2.3	Diseño sanitario protección al producto			10
2.4	Diseño sanitario proceso			10
3.	**PRODUCCIÓN**			**50**
3.1	General			25
3.2	Agua producción y efluentes			25
4.	**EQUIPOS Y UTENSILIOS**			**45**
4.1	General			25
4.2	Operativo			20
5.	**LIMPIEZA Y DESINFECCIÓN**			**60**
5.1	General			15
5.2	Procedimiento			15
5.3	Equipos y utensilios de producción			15
5.4	Orden			15
6.	**CODIFICACIÓN**			**40**
6.1	General			40
7.	**ALMACENAMIENTO Y DISTRIBUCIÓN**			**45**
7.1	General			25
7.2	Operativo			20
8.	**CONTROL DE PLAGAS**			**60**
8.1	General			40
8.2	Operativo			20
	TOTAL			**400**
	PORCENTUAL			**100**

Niveles de puntuación

Puntuación total: máximo alcanzable que cumple íntegramente
                        con las BPM.
Puntuación posible: máximo alcanzable dada la actual estructura
                        de diseño de la planta y que no puede ser
                        aumentada a menos que se introduzcan drásticas
                        modificaciones en el diseño.
Puntuación real: es la alcanzada durante la auditoría.

(A38) CABELLOS, PELOS, CONTAMINACIONES

Definiciones:

Cabello: pertenece solo a la cabeza humana.

Pelo: corresponde también a otras partes del cuerpo de personas o de animales.

El cabello y pelo de las manos tienden a recibir contaminantes presentes en el ambiente y en las superficies, como polvo, crasitud y partículas de humo, además de portar los microorganismos que conforman la microflora y microfauna de característica común.

En el caso de los pelos el UNICEF da importancia al lavado de manos, indicando recomendaciones sobre cómo lavar nuestras manos de manera efectiva y los beneficios que tiene esta práctica sobre nuestra salud.

Esto porque el contacto directo indebido favorece la transmisión de las enfermedades infecto contagiosos. Las manos son la parte del cuerpo que más utilizamos en las actividades relacionados con los alimentos. Un número importante de microorganismos, que incluyen virus, bacterias y hongos, nos acompañan permanentemente en nuestros pelos y cabellos. Pero esto no es más que una parte del problema. El contacto con áreas, objetos, otras personas, etc., pueden llegar a contaminarse con patógenos que actúan de manera oportunista.

Sin embargo, no son solo las manos y cabellos los que pueden ser intermediarios para darle esa oportunidad a los microbios. Los productos químicos tóxicos pueden también ser incorporados a los pelos y cabellos.

Un interesante estudio sobre el impacto de contaminantes orgánicos en cabellos de adultos se ha llevado a cabo en ciudades costeras de China.

El aumento de la urbanización, la industrialización y la producción agrícola han resultado en una contaminación cada vez mayor de contaminantes orgánicos En el estudio, se recolectaron muestras de cabello de residentes adultos en 10 y 17 capitales de provincia en la costa y el interior de China, investigándose las diferencias y perfiles de composición de los compuestos orgánicos típicos en cabellos.

Los resultados indicaron que los residentes de la costa mostraron en el cabello concentraciones significativamente más altas, de 8,8 veces mayor que los residentes del interior.

(A39) MATERIAS PRIMAS. EJEMPLO DE ESPECIFICACIONES

Las especificaciones deberán ser redactadas, avaladas y firmadas por quien cumpla las siguientes funciones:

• Desarrollo de producto, pues determina las cualidades físico y sensoriales que se busca para el producto terminado.

• Aseguramiento de la calidad, porque debe establecer mediante redacción, los riesgos de todo tipo que pueda sufrir, la vida útil, condiciones de almacenaje y los métodos para cumplir con ello.

• Control de calidad, por su función de receptor, control de acuerdo con la metodología de análisis y tiempo que demanda el control para asegurar el pago a proveedores en tiempo y forma.

• Abastecimiento: recibirá las solicitudes y hará llegar al proveedor las necesidades no solo en cantidad, tiempo, sino el apoyo que requerirá del área de control de calidad.

Materia prima, ejemplo de ítems a incorporar

Recepción y almacenamiento

• Materia prima: Describe sus características sensoriales y físicas.

• Transporte: De acuerdo con registro 15.

• Almacenaje: Condiciones de cierre ambiental, temperatura de mantenimiento, protección lumínica, tipo y límite de estibamiento. Identificación visible con fecha de arribo y de vencimiento.

Especificaciones sensoriales (Control de calidad)

• Aspecto particular para el tipo de materia prima

• Color

• Olor

• Sabor

Fisicoquímicas (ejemplos de estudios, aunque dependen del tipo de materia prima)

• Humedad

• Cloruros

• Cenizas

• Contenido graso, aceite, densidad, fibra, etc.

Microbiología (ver Comisión Internacional de Especificaciones de Microbiología para Alimentos (ICMSF)

Infestación
Primer nivel: simple vista.
Segundo nivel: microscópico o método específico.

Referencias bibliográficas:
Plazo para análisis:
Firmas, fecha, actualización:

(A40) MÉTODOS DE ANÁLISIS (EJEMPLO)

Los métodos deberán ser certificados y registrados de acuerdo con una descripción que cubra al menos con los siguientes ítems.

- Título

  Por ejemplo, "Índice de saponificación".

- Definición, principio del método y objetivo.

  Estudio de saponificación por acción de álcali y forma de expresión del resultado.

- Aplicación

  En el ejemplo, "grasas y aceites".

- Equipos y materiales

  Necesarios para realizar todas las operaciones que requiere el método.

- Reactivos

  Químicos y soluciones etiquetadas con concentraciones, fecha de elaboración y de vencimiento.

- Procedimiento

  Pasos y detalles que conducen a obtener el objetivo definido.

- Cálculos

  Aquellos que establecen el estudio matemático de los resultados.

- Referencias

  Bibliografía de donde se obtuvo el método.
  Aun obtenido de registros oficiales, los primeros estudios deberán ser certificados contra estándares oficiales o propios.

- Firmas de los responsables.

(A41) DIAGRAMA DE FLUJO DE ISHIKAWA

(F47) **Ejemplo**

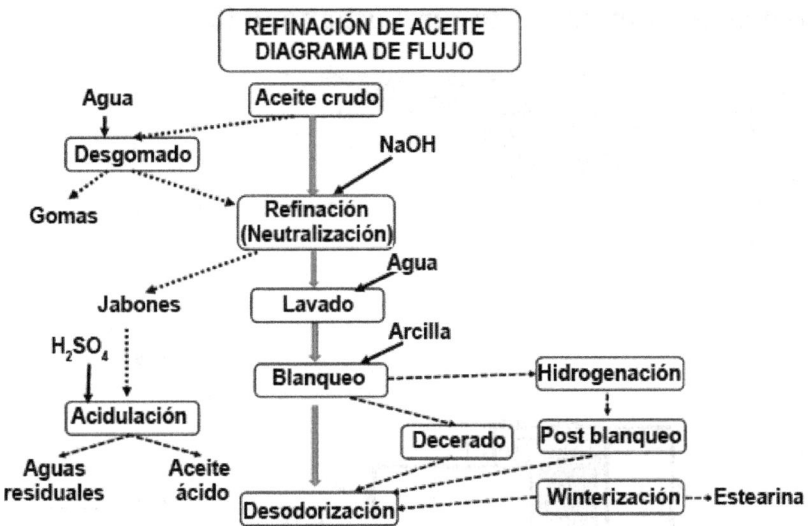

En general un proceso productivo tendrá un eje de trabajo principal de acuerdo con las normas de BPM y esquematizado en el diagrama de flujo o diagrama de Ishikawa. Los ingresos al proceso actuarán como asistencia, incorporación de materias primas, acciones o procesos secundarios, realizados *in situ* o en otros sectores, etc. Los egresos serán derivaciones a procesos accesorios, incorporación de adyuvantes, materias primas, eliminación hacia otros productos o descarte.

La disposición espacial o layout, es la representación en un plano de la distribución en espacios específicos determinados de las operaciones de proceso que conducirán a la obtención de productos.

Para cumplir con las correctas BPM los lugares de trabajo, los equipos, muebles y otros, deberán tener una distribución en el espacio acordes con el diagrama de flujo. Esto dependerá del espacio disponible y su estructura ya sea horizontal, vertical o de edificios más complejos.

Para procesos más simples y de espacios reducidos la forma en "U", evitará el cruce de crudos con cocidos. En procesos mayores seguirán pasos rectos de circulación de proceso o en "L" si así estuviera dispuesto el edificio anterior al proyecto. Para medianos y grandes procesos, pero dispuestos en niveles verticales el proceso iniciará en pisos superiores, descendiendo en función de la disponibilidad de espacio en los inferiores. Las materias primas de gran volumen pueden ubicarse en tanques o silos con carga superior, requiriendo ascensores o elevadores mecánicos o neumáticos.

(A42) CONTROL DE ROEDORES: CEBADEROS Y TRAMPERAS

Establecimiento en límite rural urbano (F48)

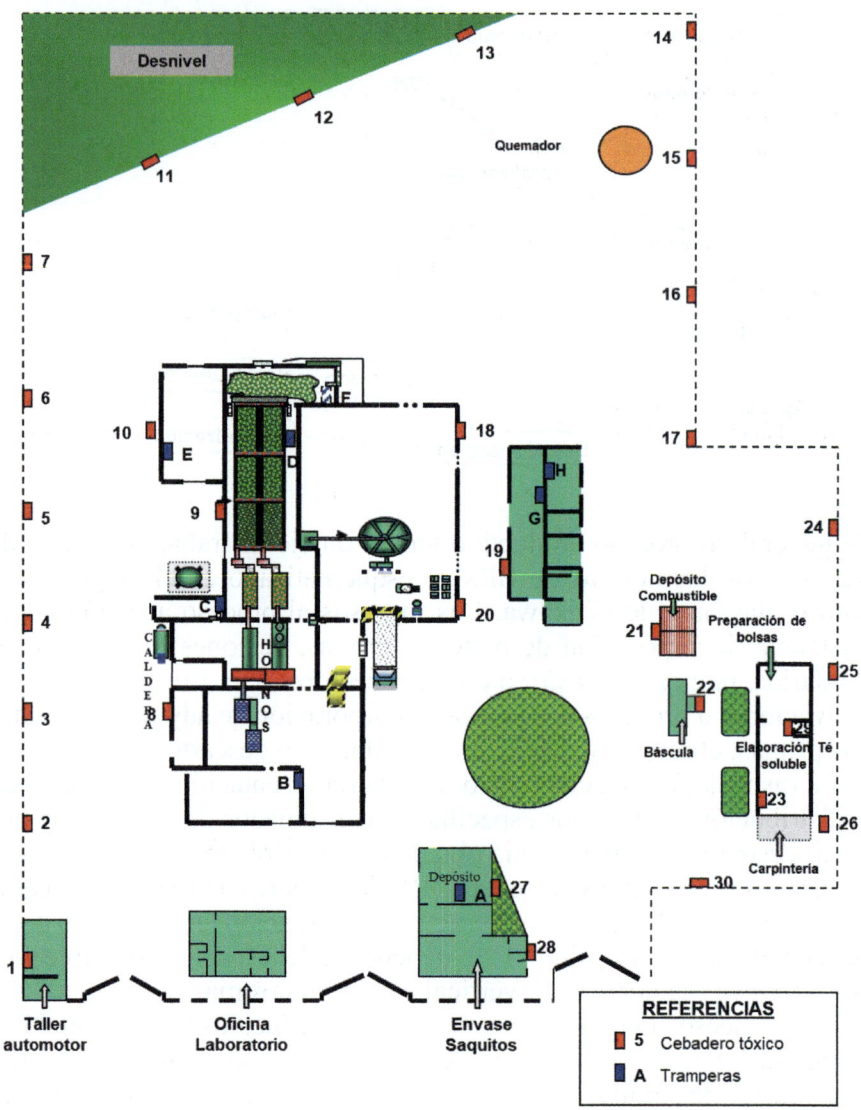

(A43) CONTROL DE ROEDORES

(Planilla de seguimiento) (F49)

Empresa   Código

RELEVAMIENTO DE CEBADEROS Y TRAMPERAS

Fecha: Cebo empleado:
Responsable:

Cebadero	Sin novedad	Falta cebadero	Cebo comido	Falta cebo	Cambio cebo	OBSERVACIONES	Firma
1							
2							
3							
4							
...							
Trampera							
A							
B							
C							
...							

Revisó: Fecha:

(A44) CONTROL DE CHACRAS

Proveedores materia prima "in natura" (F50)

		CONTROL EN CHACRA														R11	
		AÑO															

PRODUCTO: Superficie cultivada con Té:
Plaguicida Marca: Principio Activo: LOTE   FECHA VTO.
Aprobación Oficial Número   Organismo
Provisión Plaguicida   Propia   Otra
                                   Visitador
                                   responsable:

	DEPÓSITO				DOCUMENTACIÓN Y APLICACIONES								PLANTACIÓN		COSECHA			
	Estado General	Ubicación de Agroquímicos			Planilla de Aplicaciones							Intervalo	Estado Sanitario		Elementos		Firma	Firma
Fecha					Fecha	Area	Cantidad	Dilución	Método				Bien	Mal	Bien	Mal		
Visita	Orden	Desorden	Aislado	Mezclado	Última Aplicación	Aplicada	Químico Empleado	Realizada	Aplicación	Fecha	Hora	entre Aplicaciones					Colono	Auditor

OBSERVACIONES:
RECOMENDACIONES: CONCLUSIONES
                                                        2
                                                        1
                                                        Ed.   Fecha   Realizó   Aprobó

Bibliografía de consulta

- Aguayo R. *El Método Deming*. Editorial Vergara, 1993.
- Barrett NJ. *J. Infect.* 1986 May;12(3):265-72. Communicable disease associated with milk and dairy products in England and Wales: 1983-1984.
- Campelo, Díez, María *et al. Manual Terapéutico Schering-Plough*. Pág. 101. Guantes y mascarilla: Cómo afecta su uso a la sudoración. 08/07/2020.
- CDC. "Cómo prevenir reacciones alérgicas al látex de caucho en el trabajo".
- DHHS (NIOSH) Publicación N.º 97-135. julio de 1998 (Publicado en Internet).
- Chatgilialoglu C., Eriksson L.A., Krokidis M.G. Masi A., Wang S., Zhang R. *Journal American Chemical Society*. 2020, 4. "Oxygen Dependent Purine Lesions in Double-Stranded Oligodeoxynucleotides": Kinetic and Computational Studies Highlight the Mechanism for 5',8-Cyplopurine Formation.
- Clim professional. "Diferencia entre guantes desechables: vi "Diferencia entre guantes desechables: vinilo, nitrilo, vitrilo y látex". 26 de abril de 2021.
- Código Alimentario Argentino (CAA) – Ley 18294, Decreto 2126/1971.
- Cutting, Keith. Nursing Times. 01/11/2001. "The causes and prevention of maceration of the skin". *Nursing Times*. Avoidance and management of peri-wound maceration of the skin.
- D'Andrea, C.L. "Productos grasos". Silvestre, A.A. Coordinador *Toxicología de los alimentos*. Ed. Hemisferio Sur, 1995.

- Egg-Grading Manual. *Agricultural Handbook Number* 75: United States. Department of Agriculture. Agricultural Marketing Service.
- Hunter, J.E. and Applewhite, T.H. Reassessment of trans fatty acid availability in the U.S. diet. *American Journal Clin. Nutr.* 54:363-9, 1991.
- Interempresas. 21/05/2020. "¿Cómo cuidar y proteger la piel frente al uso constante de EPI?". https://www.interempresas.net/Proteccion-laboral/Articulos/304758-Como-cuidar-y-proteger-la-piel-frente-al-uso-constante-de-EPI.html
- Jones- Carson J., Yahashiri A., Ju-Kim J., Liu L., Fitzsimmons L.F., Weiss D.S., Vázquez-Torres A. *Science Advances*. 2020, 26;6(9): Nitric oxide disrupts bacterial cytokinesis by poisoning purine metabolism.
- Marples M.J. "Life on the human skin", *Scientific American*. 1969 Vol. 220, Issue 1.
- Mecmesin.com.es: "Prueba de aplastamiento".
- Mingzhong Ren 2, Yunjiang Yu 2, Xiaojun Luo 4, Bixian Mai 4. "Typical organic contaminants in hair of adult residents between inland and coastal capital cities in China: Differences in levels and composition profiles, and potential impact factors". *Sci Total Environ*, 2023 Apr 15:869:161559.
- Pithod, A. *Psicología y Ética de la Conducta*. Editorial Dunken. 2006.
- Presidencia de la Nación - Ministerio de producción y Trabajo - Secretaría de Agroindustria – Sal para consumo humano provenientes de salinas – abril 2019.
- Rainforest Alliance. "Programa de Certificación Rainforest Alliance".
- Rayman K., Malik N., Hurst A. *Applied and Environmental Microbiology*, 1983, p. 1450-1452 Vol. 46, No. 6, Failure of Nisin to Inhibit Outgrowth of *Clostridium botulinum* in a Model Cured Meat System.
- Rodríguez, Óscar. El Confidencial. 25 de mayo de 2020. "¿Son los guantes de nitrilo y látex buena defensa contra el coronavirus?".
- Shillinglaw, G. *Contabilidad de Costos, Análisis y Control*. El Ateneo. 2ª Edición.
- Smittle R., 1977, *Journal of Food Protection*. Vol 40, N°6, 415-422, June 1977. Microbiology of Mayonnaise and Salad Dressing: A Review.
- Somers E.B., and Taylor S.L. *J Food Prot*. Antibotulinal Effectiveness of Nisin in Pasteurized Process Cheese Spreads 1987, Oct;50(10):842-848.
- Techlabsystems.com: "Estallido mullen, principales diferencias".
- The Food and Drug law Institute, 1994 "Good Manufacturing Practice and Sanitation Requirements". Introduction to Food Law: "A Workshop on Government Regulations, legislative Action, and Industry Compliance". Washington, D.C. office for FDLI's Basic Food Law Workshops.

- Unión Europea. Diario Oficial. Actos no legislativos. REGLAMENTO (UE) N° 10/2011 DE LA COMISIÓN. 14/01/2011. Sobre materiales y objetos plásticos destinados a entrar en contacto con alimentos.
- Ville, C.A. Biología. Ed. EUDEBA. Sistema tegumentario. Sistema esquelético. 1961, 377-379.
- *Yeast*. 2011; 28: 505–526. Ed. Wiley Online Library.